北京林木释放挥发性
有机物组成与动态特征

李少宁　赵　娜　鲁绍伟　徐晓天　范雅倩　主编

中国林业出版社

图书在版编目(CIP)数据

北京林木释放挥发性有机物组成与动态特征 / 李少宁等主编.
--北京：中国林业出版社，2023.9
ISBN 978-7-5219-2355-1

Ⅰ.①北… Ⅱ.①李… Ⅲ.①森林植被-挥发性有机物-研究-北京 Ⅳ.①X513

中国国家版本馆 CIP 数据核字(2023)第 182273 号

策划编辑：甄美子
责任编辑：甄美子
封面设计：刘临川

出版发行：中国林业出版社
（100009，北京市西城区刘海胡同 7 号，电话 83143616）
电子邮箱：cfphzbs@163.com
网址：www.forestry.gov.cn/lycb.html
印刷：北京中科印刷有限公司
版次：2023 年 9 月第 1 版
印次：2023 年 9 月第 1 次印刷
开本：710mm×1000mm 1/16
印张：15
字数：240 千字
定价：60.00 元

北京林木释放挥发性有机物组成与动态特征

编 委 会

主　编：李少宁　赵　娜　鲁绍伟　徐晓天　范雅倩

副主编：叶　晔　赵云阁　安　菁

秘　书：陈明侠　李欣蕊

编　委：王君怡　陶雪莹　李绣宏　杨新兵　李　斌
　　　　王喜军　董　阳　张伟宁　陈　静　刘凤芹
　　　　彭　博　张智婷　张丽荣　杜　娟　盖立新
　　　　吴记贵　蒋　健　王小萌　程瑞义　王　可
　　　　张经纬　谷佳俊　董艳民　孙　琪　张洪亮
　　　　冯　培　李　林　刘　浩　房佳兴　赵加辉
　　　　王　倩　李佳赢　李婷婷

前言

自党的十九大把生态文明建设列入五位一体总布局后，生态文明建设成为我国未来建设的重点方向。森林因其多重生态效益(固碳制氧、维持大气平衡、涵养水源、防风固沙、滞尘降噪等)而成为生态建设的主体。森林作为植物源挥发性有机物(Biogenic Volatile Organic Compounds，BVOCs)的重要释放源，释放的BVOCs对于大气环境质量及全球碳循环平衡起到十分重要的影响，其中有些BVOCs对人体有益，被称为有益挥发性有机物，可作为一类重要医疗保健资源，能够增强人体免疫力、调节情绪、治疗慢性疾病，具有极高研究价值和应用前景。

城市森林主要树种基本由景观树种和经济林树种构成。景观树种在传统城市园林绿地植物选择和配置时，人们往往只注重植物环境适应性、抗病虫害能力、净化和美化环境效果，很少将化学生态效应考虑在内，更忽略了景观树种释放的BVOCs对环境质量、人体康健的正面影响。经济林作为林业生态体系重要组成部分，也是实现乡村振兴的重要一环，它将林业三大效益统一起来，是以生产果品、食用油料、饮料、调料、工业原料和药材等为主要目的的树种，种植面积逐年增加，约占林业总面积的20%和人工林种植面积的58.3%。经济林的观赏价值体现在春季观花、夏季观果，对其的生态保健价值研究较少。随着经济的高速发展，人们不满足于城市单调环境，短期旅游，尤其近郊乡村和森林旅游逐渐兴盛。城市林业生态化是城市可持续发展必由之路，随着人们对城市公园绿地、森林群落生态保健功能的日益重视，营造保健型风景园林和经济林，实现城市景观功能与生态功能协调统一势在必行。

本书的编者为北京市农林科学院林业果树研究所的科研人员，以北京市顺义区西部高丽营试验基地获得的第一手实验数据为基础，测定北京地区 8 种典型景观树种和 6 种常见经济林树种释放 BVOCs 的主要类别、组成成分和相对含量，分析各自 BVOCs 动态变化特征，筛选出有益 BVOCs 组分，为北京地区城市森林生态旅游规划和康养开发提供数据支持和理论依据。

编者殷切希望本书的出版能够引起相关人士对该领域更大的关注和支持，并希望对从事该领域研究的师生有所裨益。

本书的出版得到了北京市农林科学院科技创新能力建设项目“北京主要林木树种种质创新与生态功能评价”(KJCX20230209)、“北京山地 4 种林分水质效应研究”(KJCX20210409)、“北京森林生态质量状况监测基础数据平台建设”(KJCX20230306)；国家自然科学基金面上项目“基于模拟试验的北京园林绿化树种对 PM2.5 吸滞与分配机制研究”(32071834)、“园林绿化树种释放负离子能力及其对关键因子的响应机制”(32171844)；国家林业和草原局林业科技创新平台项目“北京燕山森林生态系统国家定位观测研究站运行补助”(2023132047)等项目的资助，在此表示感谢。

中国林业出版社对本书的出版给予了大力支持，编辑人员为此付出了辛勤劳动，在此也表示诚挚的谢意。

最后，恳切希望广大读者对本书中发现的问题和不足予以批评指正，以期进一步修订更改。

编　者

2023 年 3 月

目 录

第1章 绪论

1.1 引言

1.1.1 研究背景

挥发性有机物（Volatile Organic Compounds，VOCs）分为由人类活动产生的挥发性有机物，即人为源挥发性有机物（Anthropogenic Volatile Organic Compounds，AVOCs）和生物代谢排放到大气中的挥发性有机化合物，即生物源挥发性有机物（Biogenic Volatile Organic Compounds，BVOCs）。其中 BVOCs 种类极多，目前已知的主要来源为植物释放。全球 AVOCs 的年排量为 1.00×10^{8}t 左右，而植物每年释放的 BVOCs 则约为 11.50×10^{8}t，是 AVOCs 的 10 倍有余（Baldocchi et al.，1995；吕铃钥等，2015）。其中，森林所释放的 BVOCs 占全球 BVOCs 排放总量的 70%以上，含量约为 8.20×10^{8}t（郄光发等，2005）。植物在生理过程中向大气释放出大量 BVOCs，如异戊二烯、单萜、醚类、酯类等，其中异戊二烯、单萜烯类占比最大，约为 44%和 11%（蔡志全和秦秀英，2005），其中单萜烯等化合物对人体健康影响显著。

据统计，全中国亚健康人群已达到 70%（刘荣家，2018）。21 世纪是以健康消费为主的时代，城市化加速进展和沉重的社会竞争压力使人们越发向往到城市森林和城市绿地中去，享受微环境中绿色植物予之身心放松和康体保健功效。党的十九大报告提出“绿水青山就是金山银山”明确了生态文明建设现实意义，指出生态文明建设是中华民族永续发展千年大计。城市森林作为生态建设主体，其中景观树种和经济林树种，是构成城市生态系统的重要组成部分，具有潜在的生态功能和价值，其康体保健功效得益于植物释放有益 BVOCs 组分。现有研究大多开展植物释放所有 BVOCs，缺少针对性探讨对环境和人体健康有益 BVOCs 组分及含量特性。BVOCs 作为重要天然保健资源，如何最大限度地发挥绿色生态价值并满足人们热切保健游憩需求，是构建美丽城镇关键之一。因此，开展城市森林 BVOCs 释放特征、变化动态和有益 BVOCs 的研究，不仅满足准确估算北京地区 BVOCs 来源需要，还为未来科学评价北京地区林业产业生态服务功能提供理论依据。

1.1.2 研究目的

植物 BVOCs 对医疗保健方面的功效早在数千年前就被人们意识到并加以应用，例如，3000 多年以前人们就已经掌握了制取精油的技术，并利用这些芳香物质治疗疾病、祭祀求神、清洁身心等（Dong et al.，1999）。尽管人们对植物 BVOCs 的用途发现较早，但真正对其生态意义进行探究却是在最近二三十年才逐渐兴起的。

现阶段的人们对环境质量的要求不断提高、对生活水平的需求也日益加强，城市森林作为城市生态建设的重要一环，肩负着满足人们身心需求的重要使命。因而，城市森林建设中植物材料的选择与配置，除了要满足生态、景观这些外在的要求外，更要考虑植物本身对环境质量和人类身心健康的各种潜在影响。本研究通过测定北京市 8 种典型景观树种和 6 种常见经济林树种释放 BVOCs 的组成成分、动态变化特性、环境因子关系以及不同景观树种和经济林树种释放 BVOCs 的对比分析，寻找 BVOCs 中的有益组分，从化学生态学角度为城市园林绿化的树种种类选择、科学高效的配置提供理论依据，并对现有北京地区景观树种和经济林树种释放 BVOCs 中具有的保健、抑菌、净化空气等功效作出科学评价，为未来科学评价北京地区经济林产业生态服务功能提供理论依据和数据支持。

1.1.3 国内外研究进展

随着科学技术的不断发展，有机化学领域和分析化学实验领域都有了新的拓展，许多国家对森林释放 BVOCs 的种类、结构、功能从不同的角度和方式进行深层次、全方位的研究（Fall and Hewitt，1999；Owen et al.，2001；Klinger et al.，2002；孙启祥等，2004）。国外学者在植物 BVOCs 相关机理、森林植物 BVOCs 生理功能及生态影响等方面开展了大量分析研究（Guenther et al.，1994；Konig et al.，1995；Karl et al.，2013），大多是针对某种或某类 BVOCs 对大气与植物的影响方面，系统性、深层次研究欠缺，对于植物群落共同作用的研究也较为肤浅。进入 20 世纪 90 年代我国才对植物 BVOCs 展开研究，如今取得了一些初步的成果，主要集中在以下方面：

1.1.3.1 BVOCs 的主要合成途径

植物排放的 BVOCs 种类繁多，仅森林释放的 BVOCs 便达到 100 余种，主要包含异戊二烯、单萜烯类、芳香族化合物等。Guenther 等（1994）将全球植物释放的 BVOCs 分成 3 类，即异戊二烯、单萜烯类和其他 BVOCs，它们分别占比 44%、11%以及 45%。

（1）异戊二烯

20 世纪 80 年代初，有科学家提出了释放异戊二烯是植物光合作用与呼吸作用副产品的假设，20 多年后这个假设才被证实（Penuelas and Liusia，2003）。80 年代在美国东南部的野外研究中，用林冠塔上微电子显微装置首次证实了 BVOCs 是从林冠传输到大气圈（Kostas and Maria，2002）。21 世纪对异戊二烯产生和释放的研究取得了重大进展，它的基本生化途径被证实，植物合成过程最后一步所需的蛋白也被提纯（陈大华等，2000）。

长期以来，甲羟戊酸（MAV）被认为是植物异戊二烯化合物的唯一生物合成前体。异戊二烯是在植物叶绿体内通过甲羟戊酸途径产生的，由2分子乙酰辅酶A合成1分子异戊烯焦磷酸（IPP）或它的异构体3，3-二甲基丙烯基焦磷酸，异戊二烯由DMAPP脱焦磷酸产生。但随着深入研究，科学家们发现植物细胞质体中存在着第二条代谢途径——丙酮酸/磷酸甘油醛代谢途径。在这个代谢途径中，IPP的直接前体不是甲羟戊酸，而是在转酮酶作用下，由丙酮酸和3-磷酸甘油醛合成的5-磷酸木酮糖，这使得人们对植物异戊二烯代谢有了更新的认识（苟艳等，2017）。

（2）单萜烯类

人们很早就认识到植物释放单萜，与异戊二烯一样，由甲羟戊酸途径产生，包括从乙酰辅酶A合成IPP和DMAPP的过程。IPP或DMAPP通过异戊烯转移酶形成焦磷酸牻牛儿脂（GPP），在单萜环化酶的作用下形成单萜（Constable et al.，1999；徐应文等，2009）。单萜与异戊二烯的光依赖性相反，单萜的释放通常不需要光，针叶树幼叶在释放单萜的过程中同时具备光依赖性和非光依赖性的特点（魏恬恬等，2017）。单萜贮存结构和释放的非光依赖性表明单萜的挥发来自贮藏库，而不是其生理过程。

1.1.3.2 BVOCs的康体保健研究

据统计，多数植物释放的BVOCs具备较强生理活性和芳香气味，对人体生理和心理疾病具有保健功效（王茜，2019）。尤其是烯烃类、酯类、醛类、酮类、醇类、有机酸和其他类化合物有益组分（孙延军，2019），心理上可以舒缓情绪，令人身心放松（商天其等，2018）；生理上可以消炎抑菌、调节血压、抗癌抗肿瘤（吕杨等，2019）、增强免疫力、抗衰老及止血等功效（王茜等，2015）。参阅国内外有关植物释放的有益BVOCs书籍文献，主要包括10类对人体健康影响明显的有益成分（表1-1）。

表1-1　对人体健康有明显保健作用BVOCs组分

序号	类别	组成成分	有益功效
1	烯烃类（40）	α-蒎烯，3-蒈烯，莰烯，对薄荷-1（7），3-二烯，右旋萜二烯，（1R）-（+）-α-蒎烯，（+）-β-雪松烯，（+）-花侧柏烯，桧烯，长叶烯，（+）-α-长叶蒎烯，罗汉柏烯，（-）-β-花柏烯，α-愈创木烯，α-水芹烯，（Z）-β-罗勒烯，罗勒烯，α-柏木烯，姜烯，（+）-α-柏木萜烯，α-侧柏烯，α-香柠檬烯，α-金合欢烯，1，5，8-对-薄荷三烯，α-水芹烯，石竹烯，（±）-柠檬烯，萜品油烯，柏木烯，异长叶烯，香橙烯，α-芹子烯，反式罗勒烯，β-侧柏烯，松油烯，（-）-莰烯，（s）-（-）-柠檬烯，月桂烯，（1S）-（-）-α-蒎烯，水芹烯	提神醒脑、抗真菌、驱虫、杀虫、除螨、镇痛，抑菌杀菌、抑癌、抗炎、治疗高低血压、贫血和增强免疫力，多应用于医药原料和香精香料合成、镇咳祛痰。
2	酯类（16）	乙酸乙酯，丙酸芳樟酯，乙酸芳樟酯，异丁酸叶醇酯，乙酸叶醇酯，丙酸芳樟酯，水杨酸异辛酯，丙酸松油酯，苯甲酸苄酯，乙酸冰片酯，甲酸香叶酯，乙酸松油酯，乙酸异龙脑酯，γ-己内酯，乙酰乙酸乙酯，水杨酸甲酯	植物香气主要来源，使人心情愉悦，能镇痛抗炎和驱虫，是食用香料重要来源，对心血管有益。
3	醛类（13）	天然壬醛，癸醛，十一醛，正戊醛，异戊醛，己醛，十二醛，庚醛，（+/-）-薄荷醇，香茅醇，反式-2-己烯醛，柠檬醛，视黄醛	具有花草香气，类似抑菌杀菌、抗炎、医药品和食品合成原料。
4	酮类（5）	异佛尔酮，二氢-β-紫罗兰酮，左旋樟脑，樟脑，β-紫罗兰酮	抑制血管扩张、类风湿、抗炎抗氧化、化学防癌、抑菌杀菌。
5	醇类（18）	顺-3-己烯-1-醇（叶醇），壬醇，桉树醇，异植醇，植物醇，（+）-新薄荷醇，2-壬醇，柏木脑，环戊醇，红没药醇，橙花叔醇，（-）-反式松香芹醇，芳樟醇，雪松醇，（+/-）-薄荷醇，莰醇，左薄荷脑，龙脑	抑菌杀菌、改善血压、镇痛镇静助眠、缓解患者精神焦虑、抑菌、杀菌和降低肝脏脂肪累积。

（续表）

序号	类别	组成成分	有益功效
6	有机酸类（5）	醋酸，油酸，壬酸，癸酸，油酸	驱虫、抗菌、降低血液中有害胆固醇和保护心血管健康。
7	芳香烃类（3）	对伞花烃，甘菊蓝，邻伞花烃	消炎镇痛、抑菌止咳、医药原料。
8	酚类（2）	百里香酚、丁香酚	抗菌、抗氧化、驱虫、抗癌。
9	醚类（2）	α-细辛醚、β-细辛醚	抗痫。
10	酰胺类（1）	1-金刚烷乙胺	抑制流感病毒，制作抗菌药剂。

（1）烯烃类BVOCs有益成分研究

对人体有益烯烃类BVOCs按结构可分为单萜烯、倍半萜烯和脂肪烯，前两者是有益BVOCs主要成分（Radwan et al.，2017；Caser et al.，2018）。林静等（2018）采集分析四川5种典型康养植物挥发物成分及含量，实验表明柏木（*Cupressus funebris*）、马尾松（*Pinus massoniana*）、柳杉（*Cryptomeria fortune*）和香樟（*Cinnamomum septentrionale*）的单萜烯和倍半萜烯相对含量均在60%以上。Gao等（2005）对北京市4种针叶树挥发物释放特征研究发现，油松（*Pinus tabuliformis*）释放19种挥发物，其中右旋萜二烯、β-蒎烯、α-蒎烯、莰烯占总量85.08%；白皮松（*Pinus bungeana*）释放21种挥发物，其中β-蒎烯、右旋萜二烯、α-蒎烯、柏木烯占总量78.54%；红皮云杉（*Picea koraiensis*）释放17种挥发物，其中右旋萜二烯、α-蒎烯、月桂烯、莰烯、β-蒎烯占总量90.83%；雪松（*Cedrus deodara*）释放20种挥发物，其中右旋萜二烯、α-蒎烯、月桂烯占总量63.96%。

首先，植物单萜烯挥发物能够镇痛、抗炎杀菌，广泛应用于医药原料中（夏荃等，2018；赵学丽等，2019）。Geron等（2000）利用提取、蒸馏方法从湿地松（*Pinus elliottii*）、火炬松（*Pinus taeda*）、长叶松（*Pinus palustris*）等代表美国东南部主要森林树种中分离鉴定出 14 种重要单萜烯化合物，结果表明 α-蒎烯和 β-蒎烯是首要挥发物（Padhy et al.，2005）。目前对二者研究多集中离体植物保健药理方面，如 Chen 等（2014）发现马尾松挥发物 α-蒎烯通过抑制人肝癌细胞 BEL-7402 增殖，降低周期依赖性激酶 1（CDK1）活性，进而表达抗肿瘤效应。Orhan 等（2006）在研究黄连木（*Pistacia chinensis*）离体 α-蒎烯抗炎活性研究中，用 500mg/kg 的 α-蒎烯药品给予炎症小鼠，较健康小鼠表现出显著抗炎活性。此外，刘彬等（2020）利用 PCR 扩增技术对马尾松松材线虫外源施加 α-蒎烯和β-蒎烯标准样品，证实了二者可抑制线虫活性，为树木虫害生物防治提供了新思路。

其次，倍半萜烯挥发物同样具有杀菌消毒、抵抗炎症等多方面作用。李玲玉等（2020）采用动态封闭法探究干旱胁迫对马尾松挥发物排放影响，表明在干旱前后倍半萜烯始终以石竹烯和长叶烯为主要成分，二者占比均为倍半萜烯 90%以上。意大利学者 Ghelardini 等（2001）提取紫丁香（*Syringa oblata*）干花蕾主要成分石竹烯，对家兔和大鼠进行结膜反射试验，证明了石竹烯局部麻醉活性。墨西哥学者 Aguilar 等（2019）利用天然石竹烯对糖尿病小鼠进行为期 45 天实验观察，研究显示，石竹烯能够减轻小鼠焦虑感受和抑郁样行为，并显著降低血糖含量。Tsuruta 等（2011）在研究黑松（*Pinus thunbergii*）挥发物主要成分时发现，长叶烯对细菌和真菌具有较强抑制活性，能够控制赤潮浮游生物生长，对海洋生态环境有积极影响。作为植物挥发性提取物，长叶烯可以代替化学防治，发挥一定程度对抗寄生虫特性（Borges et al.，2016）。α-法呢烯，也称 α-金合欢烯，作为常见倍半萜烯，天然存在梨、苹果和柑橘（*Citrus reticulata*）等果皮香气中，具有花香气味（张文君等，2020）；罗汉柏烯、雪松烯和花侧柏烯，作为倍半萜类天然产物，大量存在于侧柏心材和边材中，有着优异的抗肿瘤和抗菌等生理活性（胡家栋，2019）。

（2）酯类 BVOCs 有益成分研究

酯类 BVOCs 能够明显改善情绪障碍，是康体保健重要成分。李晓光（2001）研究砂仁（*Amomum villosum*）挥发物主要成分乙酸龙脑酯药理作用，证实乙酸龙脑酯对番泻叶引起小鼠腹泻行为有抑制作用，能够缓解冰醋酸所致小鼠疼痛感受。熊唯琛等（2020）在分析合欢花（*Albizia julibrissin*）提取物对小鼠急性肝损伤作用机制中，发现挥发物乙酸乙酯通过降低肝脏 NO 水平，发挥保肝活性；乙酸乙酯也可作为萃取剂使用，能增强药物活性，如对鸡骨草（*Abrus cantoniensis*）分别使用乙酸乙酯、正丁醇和水进行萃取，得到的萃取物均能诱导肿瘤细胞发生凋亡，产生不同程度的抑制，其中乙酸乙酯提取物作用最强（李庭树等，2022）。

多数酯类都具有芳香气味，是植物香气和食用香料重要来源。吕杨（2019）对乌桕（*Sapium sebiferum*）叶片释放挥发物组分研究显示，单体成分含量最高为乙酸叶醇酯，是挥发物伴有青草香气主要贡献者。各类化合物中，乙酸芳樟酯伴有柑橘和花香，是高档香料和皂用香精主要成分（王秋亚等，2018）；乙酸松油酯具有薰衣草和柠檬混合清香（徐杨斌，2018）；丙酸芳樟酯伴有花香和果香（田卫环，2017）。3 种化合物均是我国《食品添加剂使用卫生标准》（GB 2760–2014）允许使用的食品用合成香料。

（3）醛类 BVOCs 有益成分研究

醛类 BVOCs 有益成分包括萜烯醛和脂肪醛。植物释放醛类化合物主要为脂肪醛。林富平（2012）研究桂花（*Osmanthus fragrans*）释放挥发物动态变化规律时，发现金桂、银桂、丹桂和四季桂叶片释放 BVOCs 均以已醛、天然壬醛和癸醛等醛类为主要成分。日动态变化研究中，银桂和四季桂的天然壬醛和癸醛、丹桂的已醛和天然壬醛全天都能检测到，金桂只有癸醛一天中都有释放。贾晓轩（2016）对北京市 8 月、9 月、10 月银杏林和红松（*Pinus koraiensis*）林挥发物释放规律研究发现，各月银杏枝叶和银杏林以及红松枝叶和红松林释放醛类主要成分均为天然壬醛和癸醛。可见，已醛、天然壬醛和癸醛是植物释放主要醛类化合物。多项研究表明，已醛有青草香气，天然壬醛有柑橘和玫瑰气味，癸醛有花香，人体在自然状态下嗅觉其芳香气味，可使人产生美好感觉（李娟，2009；谢小洋，2016；闫秋菊，2019）。

现有萜烯醛研究更多关注其生理生态作用机制，代表成分有柠檬醛和香茅醛。郝蕙玲等（2011）研究香茅醛对白纹伊蚊行为反应影响，发现高浓度香茅醛能够趋避伊蚊，低浓度则有引诱作用。由于化学药物治疗癌症很大程度影响心脏正常活动，Darinee 等（2015）利用天然成分柠檬醛联合阿霉素对人离体淋巴瘤细胞进行抗性试验，在不损害正常细胞前提下，柠檬醛能够增加促凋亡蛋白 BAK 表达，降低抗凋亡蛋白 BCL-XL 表达至 5.26 倍，极大地发挥其抗癌活性。目前，柠檬醛和香茅醛已在食品化工、香精香料和医疗保健等方面发挥重要作用（刘树文，2009；贾潜等，2019；陈怡君等，2020）。

（4）酮类 BVOCs 有益成分研究

酮类 BVOCs 有益成分研究较少，更多关注萜烯酮类特征成分樟脑、β-紫罗兰酮。张薇等（2007）选取湖南植物园银杏、香樟、枫香（*Liquidambar formosana*）等 20 种园林植物研究挥发物抑菌作用。结果表明，各挥发物组分中，樟脑抑菌效果最显著，能够有效抑制大肠杆菌、金黄色葡萄球菌等多种细菌活性，绿化中对经空气传播的流行疾病有一定控制意义。在提取樟树挥发物樟脑配制芳香蒸汽试验对清醒豚鼠咳嗽反映时，发现 500mg 樟脑芳香剂显著缓解小鼠咳嗽，证实了樟脑具有潜在镇咳功效（熊颖等，2009）。β-紫罗兰酮广泛存在香水、化妆品等香料中。Liu 等（2004a，2004b，2005）多次开展 β-紫罗兰酮对人胃癌细胞生存和凋亡影响实验，发现β-紫罗兰酮通过抑制细胞周期蛋白转录表达，可诱导癌细胞凋亡。

此外，异佛尔酮和左旋樟脑都具有类似樟脑和薄荷香味。异佛尔酮作为医药原料，制备血管扩张药物环扁桃酯，治疗脑动脉硬化、脑外伤后遗症等血管障碍疾病有临床功效（杨水萌，2018；卢昌利，2020）。左旋樟脑是迷迭香精油、六经头痛片主要成分（张晓燕等，2017；牛彪等，2019），能够镇痛和兴奋神经中枢（李俊妮，2020）。陈云霞等（2020）利用 GC-MS 辅助鉴别 4 种樟属木材时发现，猴樟（*Cinnamomum bodinieri*）、卵叶桂（*Cinnamomum rigidissimum*）、辣汁树（*Cinnamomum tsangii*）和钝叶桂（*Cinnamomum bejolghota*）挥发组分均含有左旋樟脑。

（5）醇类 BVOCs 有益成分研究

萜烯形成的醇生态保健功能显著。特征组分包括芳樟醇、龙脑和（+/-）-薄荷醇等。芳樟醇伴有铃兰花香，有“香料美王”之誉（李树炎，2020），是栀子（*Gardenia jasminoides*）、黄连（*Coptis chinensis*）、茉莉（*Jasminum sambac*）等植物主要香气成分（安会敏等，2020；金蕾，2020；徐晓俞等，2020）。Re 等（2000）研究芳樟醇药理活性时发现，其对小鼠中枢神经系统（CNS）具有镇静作用，以芳樟醇为主要成分的薰衣草精油联合植物芳香疗法能够镇静助眠，缓解患者精神焦虑（Reis et al.，2017；许金钗，2020）。Paraschos 等（2011）采用 GC-MS 提取分析乳香木（*Boswellia carterii*）BVOCs 主要成分，发现芳樟醇对大肠杆菌、念珠菌抗菌活性较强。龙脑常作为中药辅药或引药，周小虎（2014）进行透皮吸收试验，证实了龙脑可显著增加甲硝唑、氟脲嘧啶的透皮渗透率，提高外用药临床疗效。姜梦丽（2015）研究睡眠剥夺大鼠行为机制，结果显示芳冰鼻吸剂［芳樟醇、（+/-）-薄荷醇和龙脑］可以调节大鼠海马区 5-HT、NA、DA 含量，降低心率，获得镇静安眠效果。

脂肪醇类 BVOCs 气味芳香，有较强的杀菌、消炎解热、抗肿瘤、改善记忆作用（Guzmán et al.，2012；2015）。如顺-3-己烯-1-醇（叶醇）几乎存在所有绿色植物中，伴有强烈青草香气，是植物“绿色”本体在气味上的体现（熊皓平，2004；刘俊，2017）。研究表明，叶醇是绿茶、红豆杉（*Taxus chinensis*）、金叶女贞（*Ligustrum vicaryi*）、马比木（*Nothapodytes pittosporoides*）等植物释放主要芳香 BVOCs 之一（杨水萌，2018；卫强，2019；范培珍等，2020）。Rajendran 等（2019）尝试从植物化学角度研究抗癌活性，证实了天然成分香茅醇对乳腺癌具有化学防治功效，可有效抑制癌症发病率。

（6）有机酸类 BVOCs 有益成分研究

有机酸类 BVOCs 广泛分布于植物的叶、根，特别是果实中。棕榈酸作为植物精油中常见的有机酸类 BVOCs，通过影响细菌（金黄色葡萄球菌）能量代谢，减弱对营养物质的吸收利用，使其生长繁殖缓慢，同时也具有抗肿瘤的作用，通过抑制蛋白激酶 B 及其磷酸化，使胰岛素瘤细胞 MIN6 细胞凋亡。此外，棕榈酸还可用于配制食用香料或作为食品添加剂的原料（王威等，2010；吴静，2017；刘欣怡等，2022）。醋酸具有来源广泛、经济易得和抑菌杀菌的优点，是常见的酸度调节剂，常与盐配合作为防腐剂，添加到食品中（关洪全等，2003；马志春，2015）。姚贻烈等（2015）研究桐花树（*Aegiceras corniculatum*）活体枝叶 BVOCs 成分组成，对比分析无花枝叶和开花带果枝叶，得出后者释放壬酸和辛酸等有机酸类含量超过前者10%，已被证实是多数花果和食品香气共有成分（林翔云，2007）。Bandyopadhyay 等（2016）试图阐明阿江榄仁（*Terminalia arjuna*）提取物主要成分油酸的生理活性机制，以雄性白化大鼠为实验对象，发现油酸对白化大鼠肾上腺素诱导的心肌损伤具有保护作用。

（7）芳香烃类、酚类、醚类和酰胺类 BVOCs 有益成分研究

由于芳香烃类、酚类、醚类和酰胺类相对较少，故本书将四者归纳为一点进行论述。

对-伞花烃，作为少数有益芳香烃类 BVOCs，中草药宽叶杜香（*Ledum palustre*）挥发油中筛选出的有效成分，临床证实有显著祛痰、止咳、平喘功效，可用于治疗慢性支气管炎，使痰液变稀（张树臣和叶金梅，1979）。甘菊蓝作为萘的同分异构体，Ogata 等（2005）提取母菊（*Matricaria recutita*）中甘菊蓝配制溶剂，分析志愿者实验前后反应，观察到甘菊蓝具有抗炎作用，可以缓解气管插管患者术后疼痛感。Kalil 等（2014）的实验结果也证实了这一结论。

酚类 BVOCs 是重要的营养 VOCs，是潜在抗氧化剂的主要来源，具有抑菌杀菌作用，预防常见的如心血管疾病、癌症和其他与年龄有关的退行性疾病。例如，百里香酚是一种单萜酚类，主要来源于唇形科（Labiatae）植物，如百里香（*Thymus mongolicus*）等，具有抗菌、抗氧化、驱虫、抗癌等作用，常作为食品香料和食品添加剂，通过破坏细胞膜的完整性，降低细胞活力，达到杀菌的效果（高永生等，2022）。丁香酚天然存在于唇形科和木犀科（Oleaceae）等植物的精油中，具有强烈丁香香气和温和辛香，对人体非常有益。作为天然防腐剂，丁香酚通过分解破坏微生物（白色念珠菌）的细胞壁，增加细胞膜通透性，导致细胞死亡，具有抑菌和抗菌作用，并

能与抗生素进行协同作用，虽然减少抗生素使用量，但治疗效果不变（Zhou et al.，2018；高永生等，2022）。

研究发现，有益醚类 BVOCs 可以从植物中提取，例如，α-细辛醚和 β-细辛醚作为石菖蒲（*Acorus tatarinowii*）药效物质的研究热点，具有抗痫作用。国外学者通过对 PTZ 及 KA 癫痫小鼠模型研究发现，该物质能显著降低癫痫发生率、癫痫潜伏期、发作严重程度以及死亡率，且毒副作用低（Meng et al.，2014；赵颖等，2022）。

氮（N）是空气中最多的元素，也是植物生长发育的必要元素，但酰胺类 BVOCs 研究较少，有些酰胺类 BVOCs 用于医疗方面，如 1-金刚烷乙胺主要用于制造各类左旋氧氟沙星胶囊、片剂等抗菌药制剂，对各类抗流感病毒有很好抑制作用（辛建创等，2013）。

1.1.3.3 BVOCs 的时间性变化特征

（1）森林释放 BVOCs 的季节变化特征

森林释放 BVOCs 具有明显的季节性变化规律（刘荣家，2018）。春、夏和秋是 BVOCs 释放 3 个主要季节。从不同树种的释放情况来看，春、夏、秋季中的任何月份都可能成为某一树木平均释放速率最高的一个时期。而夏、秋两季节是大多数树木释放 BVOCs 速率较高的时期。Simon 等（2001）在 1994—1998 年中对最能代表法国森林生态系统的 32 种树木展开释放 BVOCs 的试验，结果显示，森林 BVOCs 的释放量以年为单位具有显著的年际变化特征。BVOCs 的月平均释放速率：7 月、8 月>9 月、10 月>4 月、5 月>1 月、2 月。其中 7 月、8 月的 BVOCs 释放量为全年释放总量一半有余，这与 Hakola 等（2003）研究芬兰松林 BVOCs 释放规律的结果大概一致。桉属（*Eucalyptus*）植物释放 BVOCs 的规律则不同于上述试验，异戊二烯释放速率在 6 月达到最大（Guenther et al.，1991），比松属提前 1 个月左右。Street 等（1997）研究了沙地树木 BVOCs 的释放规律，结果表明，沙地树木 BVOCs 平均释放速率在 10 月达到峰值，比 5 月高出 2 倍。一些实验也显示，在春季某些植物释放 BVOCs 含量可达到最大。Kim（2001）对美国东南部的湿地松进行试验探索发现，春季时湿地松的 BVOCs 释放速率大，且明显高于夏、秋两季，其中萜烯类化合物的释放速率为全年最高。北美黄松（*Pinus ponderosa*）的单萜类化合物释放速率也是春季最高，其中 5 月的平均释放速率比 7 月高出 17 倍。高超等（2019）研究表明，BVOCs 的平均释放速率从 3 月开始明显增加，7 月达到最大值，9 月、10 月则开始逐渐下降，其中 7 月、8 月的释放量超过了全年释放总量的一半。Khedive 等（2017）研究表明，刺槐（*Robinia pseudoacacia*）和法桐（*Platanus acerifolia*）在夏季均排放出大量的异戊二烯，但在秋季，刺槐比法桐的异戊二烯排放量高近 2 倍。王金凤等（2022）对春、夏、秋、冬 4 个季节木荷（*Schima superba*）枝叶 BVOCs 的成分组成和相对含量进行了比较，发现 BVOCs 种类数量在春季最多，冬季最少。由此可知，森林 BVOCs 的释放情况随不同树种、不同时间而具有多样性，且季节性变化特征明显，BVOCs 释放旺季一般为春季和夏季，释放淡季一般为冬季。

（2）森林释放 BVOCs 的日变化特征

森林 BVOCs 释放速率在 1 天内符合明显的日变化特征，一般具体表现为白天高于夜晚，下午高于上午。周琦等（2020）检测到 8：00樟树叶片以萜烯类为主（68.11%），在大面积种植樟树的森林里，早晨是进行森林康养活动的最佳时间。李双江等（2019）通过对梨树和柿子（*Diospyros kaki*）研究发现，上午（9：00～11：00）总 BVOCs 的释放速率高于下午（15：00～17：00）。陈颖等（2009）观测沈阳市 4 种乔木树种 BVOCs 排放速率日变化曲线多表现为单峰型，排放高峰一般出现在中午或下午，且夜间几乎均不排放异戊二烯。Street 等（1997）分别对意大利石松（*Pinus pinea*）和冬青栎（*Quercus ilex*）进行观察测试，发现二者 BVOCs 释放速率的峰值都出现在白天，但具体到达的时间并不一致。意大利石松 BVOCs 的释放速率在白天呈上升趋势，直至 14：00～16：00 达到峰值，随后开始下降，基本符合国外许多研究结果。Pio 等（2005）对栓皮栎（*Quercus variabilis*）进行了探究发现，栓皮栎并不释放异戊二烯，取而代之的是释放大量的单萜类化合物，其中柠檬烯的释放速率在夜间明显增加，释放量达到了夜间 BVOCs 总量的 80%。李坤（2015）研究发现，尾叶桉（*Eucalyptus urophylla*）叶片 BVOCs 释放速率表现出明显的日变化特性。在一天内，BVOCs 释放速率在中午（12：00~14：00）达到峰值，早上和傍晚时段较弱，日落后基本为 0。这说明植物种类不同，其 BVOCs 释放的规律也不同。

1.1.3.4　森林释放 BVOCs 的观测方法

自 20 世纪 60 年代以来，人们逐渐将注意力放在 BVOCs 的排放观测与模拟上（Went，1960）。至今，逐步形成了 4 类观测技术体系：实验室分析法、便携检测法、微气象法和遥感估算法。

（1）实验室分析法

实验室分析法可检测 BVOCs 的成分及其浓度，并进而据此估算植株尺度的排放速率，包括野外采样和室内检测 2 个环节。首先，野外采样的目标对象一般是枝、叶或整个植株，采样途径主要有 2 种：一种是封闭式采集法，即针对采样部位和整株植物的大小，分别用袋子、广口瓶和试管等仪器对植物释放异戊二烯和其他 BVOCs 进行采样（Guenther et al.，2006）；另一种是动态顶空吸附采集法，通过采样泵抽气，将其抽到吸附管中，BVOCs 可附着于吸附剂上，再对其使用热脱吸附手段，将 BVOCs 还原成气态（邓晓军，2005）。

其次，室内检测使用的主要是 GC- MS（Helmig et al.，1999；Li and Klinger，2000）、SIFT- MS（Smith，2011）和 PTR-MS（Holst et al.，2010）等基于质谱原理工作的仪器，以及 GC - FID（Tzitzikalaki et al.，2015）、GC-PID（Zannoni et al.，2015）等气相色谱仪联用不同离子化的仪器。该 BVOCs 观测方法较为传统，应用广泛。但由这一方法得到的排放速率具有不容忽视的不确定性，具体表现：一是人为封闭环境下的观测数据对于完全自然环境的代表性有待讨论（王志辉等，2003）；二是冠层内部间一些物质的沉降和损失并不清楚，需要考虑在封闭环境中的化学反应（Fuentes et al.，2000）。另外，在叶片和植株尺度上得到的排放速率能否表征植被冠层尺度的排放速率尚需推敲（Geron et al.，2001）；且难以被长期、连续的监测（Fuentes et al.，1996）。

（2）便携检测法

便携检测法主要用配有表面声波检测器（郭霞等，2012）的电子鼻和便携式光离子化检测器（Photo Ionization Detector，PID）（鲍春等，2017）检测小范围空气中的 BVOCs 主要组分浓度。

①电子鼻是一种电化学传感器芯片，通过模拟人类嗅觉系统，可以对挥发性物质产生电信号，应用在实验中可以实现快速实时的分析，且提高测量精度。

②PID 把高能紫外灯作为光源，在高能紫外辐射作用下使空气中几乎所有的有机物和部分无机物电离，被测物质进入仪器的离子化室，经过紫外灯照射，使得处于稳定结构的分子电离，在电场的作用下刚刚产生的离子和电子会形成微小的电流，进而由电流的大小来推算出被测物质在空气中的含量。PID 的优点是：仪器操作相对简单，易于野外观测使用；缺点是：在测量前必须知道混合气体中有机物的组分，对于未知的混合气体不能进行直接测定，并且使用前需要进行校正。

（3）微气象法

微气象法目前用于测量植被群落尺度下 BVOCs 的排放量，目前比较流行的微气象方法主要为梯度扩散法、涡度相关法与拓宽湍涡累积法 3 种。

①梯度扩散法是指在大气边界层，用排放源上方两层间的梯度浓度和大气涡度扩散系数来表示该点的排放通量。

②涡度相关法作为测量陆地生态系统碳通量的一种常用的微气象学方法（延芳芳，2012），在采样时结合超声风速仪进行研究（Guenther and Hills，1998）。

③拓宽湍涡累积法也是基于涡度相关理论的一种微气象方法，是在湍涡累积法的基础上，Businger 和 Oncley（1990）提出的简化方法，即条件采样法。该方法装置复杂程度不高，适宜于长时间的连续观测，但由于该方法涉及多个微气象经验参数，因此难以大范围地统一使用（Mochizuki et al.，2014；Bai et al.，2016）。

（4）遥感估算法

遥感是现阶段条件下可以大尺度（区域、大洲和全球）对地表现象检测的有效手段（陈洪萍等，2014；吴炳方和邢强，2015）。在对 BVOCs 进行监测的过程中，目前缺少直接监测 BVOCs 主要组分的传感器，故而现在一般是通过检测烯烃类物质的氧化物甲醛的浓度，再转换为 BVOCs 的排放量。Kelly 等（2000）首次使用 GOME 传感器的数据反演了北美地区空气柱体甲醛浓度，并分析了其对异戊二烯排放量的指示意义。这个实验具有一定的时代意义，但仍存在一些无法避免的误差：①空气中甲醛的排放源较多，无法与植物异戊二烯排放量确定严格的对应关系，因而用甲醛浓度估算异戊二烯排放量具有不准确性。②遥感检测的一般是空气柱体的总量，难以将其换算成近地面异戊二烯的浓度。综上，目前尚未用遥感手段观测大范围的 BVOCs 排放量，因此目前大洲和全球尺度陆地生态系统的 BVOCs 排放量的直接观测仍近乎空白。

1.1.3.5 内在因素对 BVOCs 释放的影响

（1）不同树种释放 BVOCs 差异

各树种释放 BVOCs 组成成分和相对含量差异与树种科属有关，按所在科属分类，禾本科（Gramineae）、棕榈科（Arecaceae）、壳斗科（Fagaceae）中的栎属（*Quercus*）主要释放异戊二烯，而青冈属（*Fagus*）和栲属（*Castanea*）几乎不释放异戊二烯。同样，松科（*Pinaceae*）的云杉属（*Picea*）大多释放异戊二烯，而其他属不释放异戊二烯。悬铃木属（*Plantanus*）、鼠李属（*Rhamnus*）和桉属植物大多也释放异戊二烯（Beijamin et al.，1996；高媛，2019）。以云杉属、松属（*Pinus*）为代表的松科、以侧柏属（*Platycladus*）为代表的柏科（Cupressaceae）和以桦木属（*Betula*）为代表的桦木科（Betulaceae）主要释放萜烯类（谢小洋等，2016；井潇溪，2020）。对于经济林来说，同科属释放 BVOCs 主要类别存在相似性，但由于具体品种不同，各自释放 BVOCs 组成成分和相对含量差异较大，如陈友吾等（2015）收集 8 月美国山核桃（*Carya illinoinensis*）与山核桃（*C. cathayensis*）叶片 BVOCs，共鉴定出 50 种 BVOCs，主要释放醇类、酯类和烷烃类 BVOCs，但各自含量差异较大。可见，异戊二烯的释放在植物属间有明显的差异。

（2）树木器官对 BVOCs 释放影响

植物不同器官释放 BVOCs 的种类和相对含量也有很大的差异。

按照释放部位的不同，可分为叶、花和果。其中，叶主要包括烷烃类、萜烯类、酯类、醛类和醇类 BVOCs（乜兰春等，2006；Li et al.，2021）；还有一些含氮和硅 BVOCs，如羟基脲、硅氧烷（硅油）等（刘五梅，2012；王元成等，2022）。从叶片类型的角度上，阔叶树以排放异戊二烯为主，针叶树则以排放单萜烯为主（张倩等，2018）。由花释放的 BVOCs 以芳香烃类、萜烯类、醇类 BVOCs 和醛类为主，乔飞等（2016）检测出‘阿蒂莫耶’番荔枝（*Annona squamosa*）花朵在不同发育阶段有 37 种主要 BVOCs，释放具有一定特殊香气的 BVOCs 如 4-甲基-5-乙烯基噻唑、芳樟醇和罗勒烯引诱传粉昆虫，传粉昆虫则通过识别植物的花香气味来寻找目标植株植物。由果合成释放的 BVOCs 与叶片类似（袁亚丽，2019），但酯类、醛类和醇类会多于叶片释放的 BVOCs，尤其在果实膨大期和果实成熟期 BVOCs 释放速率显著高于坐果期（李双江，2019）。

（3）树木发育阶段对 BVOCs 释放影响

树龄和叶龄等也会影响 BVOCs 释放特征。通常幼龄树 BVOCs 释放量较大（商天其等，2019）。Street 等（1997）研究表明，在相同的生长环境下，幼龄期意大利石松枝叶 BVOCs 的释放速率是成熟龄期的 3~4 倍。Kim（2001）发现，4 年生湿地松释放萜烯类速率是 7 年生树龄的 8 倍多。由于异戊二烯释放依赖于叶片光合与呼吸作用，当叶片完全展开并成熟时，释放异戊二烯含量增加，成熟期叶片 BVOCs 释放量高于展叶期，原因是叶片在成熟期时，异戊二烯的释放速率才会增加（Feng et al.，2019）。因此，叶片的发育程度能反映植物异戊二烯合成活性的高低（Kuzma and Fall，1993）。此外，处于花期和果期时，经济林 BVOCs 释放量高于只有叶存在的时期。

1.1.3.6 外在因素对植物释放 BVOCs 的影响作用

（1）光照对植物 BVOCs 释放的影响

植物释放异戊二烯的速率受光照的有效辐射影响。在暗环境或光照强度低的情况下，植物异戊二烯释放速率低，随着光照辐射的强度增加，异戊二烯的释放速率亦在增加。张福珠等（1994）首次测定华北落叶阔叶林的 BVOCs 释放量，发现光照对植物释放 BVOCs

的影响最强。Baldocchi 等（1995）在对温带植物异戊二烯的研究发现，植物异戊二烯的释放有光饱和点；而在热带，一些植物异戊二烯的释放率与光强成线性相关（Lerdau and Gershenzon，1997）。贾凌云等（2012）对杨树叶片进行持续光照，发现增加了其光合速率和异戊二烯的释放水平，同时持续的光照也诱导了总呼吸。实验表明，呼吸作用可能有助于光合作用的正常运行和光照下植物异戊二烯的释放。通常认为，光合电子转移可影响叶绿体内 ATP 或 DMAPP 的合成，ATP 或 DMAPP 的浓度又可控制异戊二烯合成酶的活性，故而，光照先影响异戊二烯合成酶的活性，然后控制异戊二烯的合成及释放。

相较异戊二烯，叶片内单萜合成酶对光照强度的敏感性较小，多数试验表明，与异戊二烯受光调控不同，单萜烯几乎对光不具有依赖性。Leung 等（2010）研究我国香港绿地植被发现，单萜烯释放量在日间和夜间无明显变化。单萜烯合成不依赖于植物光合作用，在植物体内有特定的存储结构，［如松树的树脂道、冷杉（*Abies fabri*）］的树脂泡、桉树的储存洞等，其释放量受到植物内部结构的影响（林威，2019）。植物在夜间几乎不排放异戊二烯，其释放时间正好与光合作用的时间相同；而单萜烯的排放量在白天与夜间则无明显变化（林威等，2019）。

（2）温度对植物 BVOCs 释放的影响

温度是影响植物释放 BVOCs 的最大因子，能影响异戊二烯和单萜烯相应合成酶的活性，随着温度的升高，两者的合成速率增大，但温度超过一定限度时，植物单萜烯的释放速率会受到一定程度的抑制。而当温度超过合成酶的耐受值时，后者失活，导致相应的 BOVCs 呈现先升高后降低的趋势（花圣卓等，2016）。Guidolotti 等（2019）设置不同的温度梯度研究温度和桉树 BVOCs 释放量的关系，将 30℃ 作为试验温度起点，并用 ^{13}C 标记叶片，发现随着外界温度上升到 45℃，桉树叶片异戊二烯释放量增加，而当温度高于 45℃ 时，异戊二烯释放量减少。郭霞（2012）研究表明，单萜的释放量对高温有依赖性，多数研究者也认为温度是支配单萜烯释放的重要因素，植物的单萜烯释放速率会随温度升高而增大。

（3）湿度对植物 BVOCs 释放的影响

不同湿度对不同植物释放 BVOCs 有不同的影响。绝大部分树种的 BVOCs 释放速率会与环境湿度变化成正比，但也有少数树种 BVOCs 的释放速率与环境湿度变化成反比，更有甚者表现为对周围环境湿度的变化不敏感。例如，Janson（1993）对欧洲赤松（*Pinus sylvestris*）的研究表明，欧洲赤松的单萜释放率与空气湿度的变化密切相关，当环境湿度增加时，可加快 BVOCs 的释放，且改变树木释放的 BVOCs 组分，当空气湿度指数小于 40%时，单萜释放速率会骤减。

（4）臭氧对植物 BVOCs 释放的影响

臭氧对植物 BVOCs 的释放有一定的影响。王举位等（2011）用气相色谱分析测定了单萜烯的质量浓度，结果表明，排放总量随臭氧质量浓度变化较明显，臭氧质量浓度的升高在一定程度上促进了单萜烯的排放。

（5）胁迫对植物 BVOCs 释放的影响

植物释放 BVOCs 明显受到外界胁迫（如昆虫、人为扰动等）的影响，植物释放 BVOCs 速率的增幅会因物种、受损叶比例的不同而有所差异。昆虫的取食方式也会决定植物 BVOCs 的排放量，例如，咀嚼式昆虫使植物排放的 BVOCs 浓度多于刺吸式昆虫，人工切割的叶片排放的 BVOCs 浓度高于完整叶片等。高伟等（2013）利用 SPIMS-1000 BVOCs 在线检测质谱仪分别对人工机械损伤过的松科松属马尾松样品与新鲜完整的松科松属马尾松样品释放 BVOCs 含量进行对比分析，结果显示：马尾松释放的 BVOCs 成分以单萜为主，当叶片受到大面积机械损伤后，BVOCs 的释放量会显著提高，且明显检测出（Z）-3-己烯醛等物质。由此可推测，某些植物受到害虫入侵时，会通过改变其释放的挥发性物质种类及含量来抵御害虫的进一步侵害。

1.1.3.7 气味 ABC 分类法判别花和果的香韵

早期，花果香气由人类嗅觉感来判断，香气没有精确的度量单位。1965 年里曼尔将天然香料香气类型归类为 18 种，这个分类法过于依赖客观事实，香料品种有限（林翔云，2013）。罗伯特在此基础上，将合成香料纳入其中，按香韵和香型特征进行分类，如将甲基紫罗兰酮划分到鸢尾香类（林翔云，2015）。因为该香料的香气具有复合香韵特征，单一类型香气类型并不能很好概括其香气类型。后期，由 Dowthwaite 提出的气味 ABC 分类法，将大自然中的各种 BVOCs 的气味分类成 26 种，每种香韵以首字母为简写，是目前定量描述和区分气味的较为直观的方法（Dowthwaite et al.，1999）。我国学者林翔云参考捷里聂克香气分类体系和我国叶心农学者等的香气环渡理论，加上现代芳香疗法的一些概念，认为气味 ABC 法 26 个字母未能全面地概括大自然的各种香气，在 Dowthwaite 系统分类法的基础上新增了 6 种由大小写字母组合形成新的描述性字符，将香气 BVOCs 组分在这 32 种香韵中所占的百分比进行定量描述，并提供了各香气 BVOCs 组分的香比强值（组分与苯乙醇的比值，纯的苯乙醇香气强度为 10）；根据一个体系中各单一组分的相对含量、该组分的香比强值以及在各香韵的 ABC 百分比值，即可计算出该体系中各香韵的比例，从而确定某一对象的香型（林翔云，2015；乔飞等，2015）。目前在香蕉、杧果、梨和番荔枝各部位 BVOCs 香气中有所应用（乔飞等，2015a；2015b；梁水连，2021；陈杨杨，2019）。

1.1.3.8 BVOCs 应用与争议

早在 20 世纪 30 年代就有植物“芳香疗法”，近年来，俄罗斯“植物气体诊疗所”、德国“森林医院”、日本“森林浴场”等均从机理上证实了有益 BVOCs 生态保健效益。

事物普遍具有两面性，植物释放 BVOCs 也不例外。研究表明，某些植物释放 BVOCs 会对人体产生不利影响，如暴马丁香（*Syringa reticulata*）释放的 BVOCs 含有大量里哪醇、苯甲醛和苯乙醛；珍珠梅（*Sorbaria sorbifolia*）释放的乙酸甲酯和含氮类 BVOCs 均具有刺激性，长时间嗅闻使人精神高度紧张（高岩，2005；高媛，2019）。同时，植物 BVOCs 与大气中其他化合物发生化学反应，产生危害人体健康的新物质。其中 NO_x 主要来源于城市汽车尾气和化石燃料燃烧

（The Royal Society，2008；程灏旻，2021），BVOCs 与 NO_x 反应形成臭氧，是形成臭氧的前体物（刘东焕，2016；Lun et al.，2020）。事实上，并非有害气体存在就会影响身心健康，还受到环境因素和浓度制约。研究已经证实，大部分有害成分含量极其微弱，容易被氧化，如夹竹桃（*Nerium oleander*）释放的丙稀醛容易被氧化成丙烯酸。我们应该对植物释放 BVOCs 有更加清晰的认知，重视绿色植物 BVOCs 有益功能。

1.2 研究区概况

1.2.1 北京市基本概况

北京市隶属我国华北平原，总面积 $1.64\times10^6hm^2$，包括山地面积 $1.01\times10^6hm^2$，平原面积 $0.63\times10^6hm^2$，平均海拔 43.5m，最高海拔 2100m。北京处于暖温带大陆性季风气候地区，春秋时节短，冬夏时节长，季节鲜明。春季少降雨，多风沙；夏季温度高，雨水充沛，易发生洪涝灾害；秋季天气凉爽，较干燥；冬季寒冷，少雪。年平均气温为 10~13℃，最低气温-27.4℃，最高气温 42℃以上。多年平均降水量 626mm，但分配不均，80%以上的降雨集中在夏季 7~8 月，相比华北平原的其他城市，北京降水较多。

1.2.2 研究地概况

研究地位于北京市顺义区高丽营镇白马路南，是承接顺义新城辐射和功能转移的枢纽带，也是首都经济开发区和温榆河绿色生态走廊的延伸区域，其地理位置为东经 116°29′41″，北纬 40°11′08″。试验地处于北温带半湿润大陆性季风气候区，夏季炎热多雨，冬季寒冷干燥，春季雨量少且蒸发量大。年均气温 11.9℃，最低气温 -20.2℃，最高气温 40.5℃，年均日照时数 2484.0h，年无霜期 195 天左右。年均相对湿度 50%，年均降水量约 575.5mm，为华北地区降水量较均衡的地区之一，全年 75%的降水集中在夏季。风向以北风和西北风为主，冬、春两季风多、风速大。基地内种植多种乔木树种，包括油松、侧柏（*Platycladus orientalis*）、刺槐、桧柏（*Sabina chinensis*）、白皮松、银杏（*Ginkgo biloba*）、槐树（*Sophora japonica*）、垂柳（*Salix babylonica*）、毛白杨（*Populus tomentosa*）和栾树（*Koelreuteria paniculata*）等；经济林树种主要包括不同品种的苹果、桃、李、梨、山楂和枣等；草本植物主要包括附地菜（*Trigonotis peduncularis*）和灰灰菜（*Chenopodium albnm*）等。

1.3 研究方法

1.3.1 研究材料

1.3.1.1 景观树种的选取

在试验地选取北京市 8 种典型景观树种：4 种常绿针叶树种（侧柏、油松、桧柏、白皮松）、4 种落叶阔叶树种（垂柳、银杏、栾树、槐树）作为供试树种。8 种树种生长健康、树龄（8 年）相同，树种见表 1-2。

表 1-2 景观树种基本情况

树种	拉丁名	科属	林型	林龄（a）	树高（m）	冠幅（m）
侧柏	*Platycladus orientalis*	柏科侧柏属	常绿乔木	8	3.2	1.4
油松	*Pinus tabuliformis*	松科松属	常绿乔木	8	1.9	1.1
桧柏	*Sabina chinensis*	柏科圆柏属	常绿乔木	8	1.3	0.9
白皮松	*Pinus bungeana*	松科松属	常绿乔木	8	1.1	0.6
垂柳	*Salix babylonica*	杨柳科柳属	落叶乔木	8	5.8	3.2
银杏	*Ginkgo biloba*	银杏科银杏属	落叶乔木	8	2.6	0.8
栾树	*Koelreuteria paniculata*	无患子科栾树属	落叶乔木	8	5.8	2.6
槐树	*Sophora japonica*	蝶形花科槐属	落叶乔木	8	6.2	3.5

1.3.1.2 经济林树种的选取

在试验地选取北京市 6 种经济林树种苹果‘嘎啦’品种（*Malus domestica*. cv. Gala）、桃‘瑞光 28’品种（*Prunus persica* cv. Ruiguang 28）、李‘沸腾’品种（*Prunus salicina* cv. Feiteng）、梨‘早红考密斯’品种（*Pyrus communis* cv. Early Red Comice）、山楂‘小金星’品种（*Cralaegus pinnatifida*. cv. Xiao Jinxing）和枣‘芒果冬枣’品种（*Ziziphus jujuba* cv. Mangguo Dongzao）为供试树种，树龄均为 14 年左右，见表 1-3。

表 1-3　经济林树种基本情况

样树	胸径（cm）	树高（m）	冠幅（m）	林龄（a）	年生长周期	鉴定人
苹果	7.51±0.05	3.22±0.21	3.53±0.18	15	4.1~10.18	张强研究员
桃	7.13±0.10	2.72±0.12	2.69±0.10	14	4.5~10.9	任飞副研究员
李	6.23±0.09	2.86±0.17	2.27±0.27	14	4.1~10.30	姜凤超副研究员
梨	8.74±0.10	2.72±0.12	2.69±0.10	13	4.8~11.3	刘松忠副研究员
山楂	6.92±0.12	2.18±0.11	2.06±0.13	13	4.4~11.1	董宁光副研究员
枣	10.09±0.11	3.88±0.18	2.60±0.42	14	4.15~11.13	潘青华研究员

1.3.2　BVOCs 的采集

1.3.2.1　采样前准备

采集装置由 50cm×70cm 采样袋、250mL 干燥塔、硅胶管、解析管和 QC-1S 型大气采样仪组成。气体干燥塔内填经 160℃高温烘烤过的活性炭颗粒，两端用玻璃棉堵住。连接软管选用硅胶管。采样前使用 TP-2040 型多功能解吸管处理装置在 100mL/min 氮气（纯度：N_2≥99.9992%）的吹扫下，将内填 Tenax-TA 吸附管在 270℃活化 2h，吹走其中的内含物，活化完成后，立即密封两端，外面包一层锡箔纸。包裹好的吸附管置于装有活性炭的干燥器内，将干燥器放在 4℃冰箱中冷藏，可保存 10 天。

1.3.2.2　采样时间

（1）景观树种的采样时间

在 2019 年 4~10 月，每月上、中、下旬各选择 1 个晴朗无风的天气，从 8：00~18：00 对景观树种每隔 2h 进行一次 BVOCs 的采集。每个树种选取生长势一致，树龄相同的 3 个单株为采样标准株，选取每个采样标准株向阳背风且叶面无损伤的叶片进行 3 次活体植物动态顶空套袋采集。因 8 月为雨季，降雨频繁，故 8 月没有采样。

（2）经济林树种的采样时间

在 2021 年 4~10 月的上、中和下旬选择晴朗无风的天气进行采样，采样前几天保证没有大风大雨，采样当天的空气湿度也需要低于 60%，以免对实验结果产生显著影响。每个经济林树种选取生长势一致，树龄相同的 3 个单株为采样标准株，选取每个采样标准株向阳背风且健康无缺刻的枝叶进行 3 次活体树种动态顶空套袋采集。

（1）日变化测定时间

2021年5~10月对桃和苹果枝叶采样，采样时间为8：00~18：00，每隔2h进行一次BVOCs的采集。

（2）月变化测定时间

2021年4~10月对6种经济林树种枝叶采样，采样时间为上午的9：00~11：00。

（3）花期采样

在除去枝上叶片后，对6种经济林树种花量基本相同的花枝采样，采样时间为上午10：00~11：00。采集时间：苹果花、桃花、李花和梨花为4月，山楂花为5月，枣花为6月。

（4）果期采样

在除去枝上叶片后，对6种经济林树种果量基本相同的果枝采样，采样时间为上午10：00~11：00。膨大期采集时间：苹果、桃果、李果、梨果和山楂果为6月，枣果为8月；成熟期采集时间：桃果、李果和梨果为7月，苹果为8月，山楂果和枣果为9月。

1.3.2.3 采样步骤

（1）抽气

将选好的枝叶连同一根硅胶管用采样袋套上，硅胶管连接大气采样仪进气口。袋上端开一小口用管连接装有活性炭的干燥塔下端，活性炭干燥塔上端连接硅胶管并用夹子夹紧。打开大气采样器抽气，直至袋内基本没有空气为止。

（2）充气

将活性炭干燥塔上端连接的硅胶管夹子松开，连接大气采样仪出气口，拔掉与进气口相连的硅胶管并用夹子夹紧。打开大气采样仪充气，直到袋内气体体积达到袋总体积的2/3左右停止。

（3）循环

重复抽气与充气的过程3次，最后一次气充足，大气采样仪复位，静置10min。

（4）采集

将经活化的内填Tenax-GR的吸附管插至管中间，把用夹子夹紧的硅胶管松开，插到大气采样仪的进气口，使整个实验形成闭合回路。将大气采样仪时间调至20min（景观树种）或25min（经济林树种）进行采样，调节流量计旋转至气体流量为200mL/min。

（5）记录

样品采集完成后，迅速取下吸附管，拧紧吸附管两端的铜帽子，外面包裹一层锡箔纸，记录采样点位、时间、环境温度、大气压、风速、流量和吸附管编号等信息，拿到实验室进行分析。

1.3.3 BVOCs的分析

本实验对植物释放的BVOCs气体样品分析鉴定采用自动热脱附-气相色谱/质谱联用仪（TCT/GC/MS）。TCT装置型号：CPG-4010 PTI（Chrompack公司产）。GC装置型号：Trace™ 2000（CE Instruments公司产）。MS装置型号：Voyager（Finnigan，Thermo-Quest公司产）。

TCT工作条件：将吸附管置入260℃温度的热脱附解析装置内，解析后利用液氮将冷阱冷却至-25℃，冷阱随即逐渐升温至300℃，脱附完成经传输线（250℃）进入气相色谱中，进行下一步分离操作。

GC工作条件：He为载气，流速为1.0mL/min，进行色谱柱程序升温。

MS工作条件：EI离子源电离，质量范围29~350m/z，接口温度250℃。

1.3.4 BVOCs的鉴定

经GC/MS分析获得原始数据-总离子流图（total ion current，TIC），图中出现各峰代表化学信息经TurboMass Ver 5.4.2版本软件分析、Nist 2008 Library标准谱库检索，进行核对和确认，得到每种BVOCs组分化学结构、分子式等信息。

1.3.5 数据处理

研究采用TurboMass Ver 5.4.2、Nist 2008 Library标准谱库对不同树种各BVOCs组分进行定性分析，查阅文献资料筛选有益成分，再利用Excel 2010、WPS 2019和Origin 2018对不同树种、不同时间、不同组分类别和相对含量进行数据处理，绘制图表。其中，相对含量采用峰面积归一化方法进行计算（李少宁等，2022a），公式如下：

$$C_1\ (\%) = \frac{A_1}{A_{总}} \times 100\% \tag{1-1}$$

式中，C_1为BVOCs的相对含量（%）；A_1为各BVOCs峰面积（mAn·min）；$A_{总}$为BVOCs峰面积总和（mAn·min）。

经济林树种花和果的香气类型用*ABC*气味分析法进行香韵特征量化，其计算公式（陈杨杨，2019）为：

$$香韵\ (\%) = \frac{香气组分相对含量\ i \times 香比强值 \times 香韵\ ABC\ 值}{\sum_{i}^{n}(香气组分相对含量\ i \times 香比强值 \times 香韵\ ABC\ 值)} \tag{1-2}$$

式中，香比强值为各BVOCs组分与苯乙醇香气强度的比值；纯净苯乙醇香气强度为10；香韵*ABC*值是任意一种BVOCs在32种香韵中不同的百分比（%）。

1.4 研究内容

本研究以北京市典型景观树种和常见经济林树种为研究对象，研究其释放BVOCs的组成及含量、时空变动特征分析，依托北京市顺义高丽营实验基地，利用固体吸附剂，采用活体植物动态顶空采集法与气相色谱-质谱法。分析内容如下：

（1）景观树种释放BVOCs的组成和动态变化特征

采用动态顶空吸附法和自动热脱附-气相色谱/质谱联用仪（TCT/GC/MS）技术采集景观树种生长季（4~10月）释放BVOCs，对8种典型景观树种释放BVOCs成分和含量进行分析与比较，揭示景观树种释放BVOCs的组成和动态变化特征。

（2）侧柏和垂柳释放有益BVOCs组分和相对含量时间动态变化

选取针阔叶各一代表树种侧柏和垂柳，采集鉴定生长季（春、夏、秋）两树种释放的有益BVOCs组分和相对含量，比较分析各自总有益BVOCs、各类别有益BVOCs以及各有益类别组分的相对含量和种类数量季节以及日动态变化，阐明两树种生长季有益BVOCs随时间释放动态性。

（3）8种景观树种释放有益BVOCs组分和相对含量释放特征

利用动态顶空套袋法采集自然状态下8种景观树种单株释放的

有益 BVOCs，借助 TCT/GC/MS 分析技术检测鉴定不同树种释放有益 BVOCs 的类别成分和相对含量，揭示 8 种景观树种有益 BVOCs 的释放组成。

(4) 有益 BVOCs 不同树种间动态对比分析

采集鉴定北京市 4 个针叶树种和 4 个阔叶树种释放的有益 BVOCs，以各有益类别 BVOCs 为主线，比较分析其在不同树种间的波动特异性，以及在侧柏和垂柳 3 个生长季随时间的变化趋势，剖析各有益类别 BVOCs 的变动规律。

(5) 常见经济林树种叶片释放 BVOCs 组分生长季动态变化

采用动态顶空采集法对不同月份和不同季节 6 种经济林树种叶片释放的 BVOCs 进行采集，基于 TCT/GC/MS 分析技术，分析比较各叶片释放的 BVOCs 组成成分、BVOCs 总量（TVOC）和不同 BVOCs 类别（烷烃类、烯烃类、芳香烃类、酯类、醛类、有机酸类、酮类和醇类等）数量及相对含量的动态变化。筛选出在不同季节和不同月份 6 种叶片释放的有益 BVOCs 成分，分析有益 BVOCs 组分动态变化规律和主要释放成分。

(6) 典型经济林树种叶片释放 BVOCs 组分日变化

选择典型树种苹果和桃，在不同月份采集一天内不同时间点（8：00~18：00）叶片释放的 BVOCs，分析其 BVOCs 总量（TVOC）和不同 BVOCs 类别（烷烃类、烯烃类、芳香烃类、酯类、醛类、有机酸类、酮类和醇类等）数量及相对含量的动态变化。筛选出苹果叶和桃叶在各月一天内释放的有益 BVOCs 成分，分析有益 BVOCs 组分动态变化规律和主要释放成分。

(7) 盛花期花朵释放 BVOCs 组分分析

采集 6 种经济林树种盛花期花朵释放的 BVOCs，分析不同 BVOCs 类别（烷烃类、烯烃类、芳香烃类、酯类、醛类、有机酸类、酮类和醇类等）数量及相对含量差异，比较各花朵花香类型。

(8) 不同时期果实释放 BVOCs 组分分析

采集 6 种经济林树种果实膨大期和果实成熟期的果实释放的 BVOCs，分析不同 BVOCs 类别（烷烃类、烯烃类、芳香烃类、酯类、醛类、有机酸类、酮类和醇类等）数量及相对含量差异，比较各果实果香类型。

(9) 6种经济林树种不同器官（叶、花和果）释放 BVOCs 组分对比分析

对不同物候期6种树种叶、花和果释放的 BVOCs 类别（烷烃类、烯烃类、芳香烃类、酯类、醛类、有机酸类、酮类和醇类等，相对含量及成分进行对比分析，阐明同一树种叶、花和果释放 BVOCs 存在共性和差异性。

1.5 技术路线

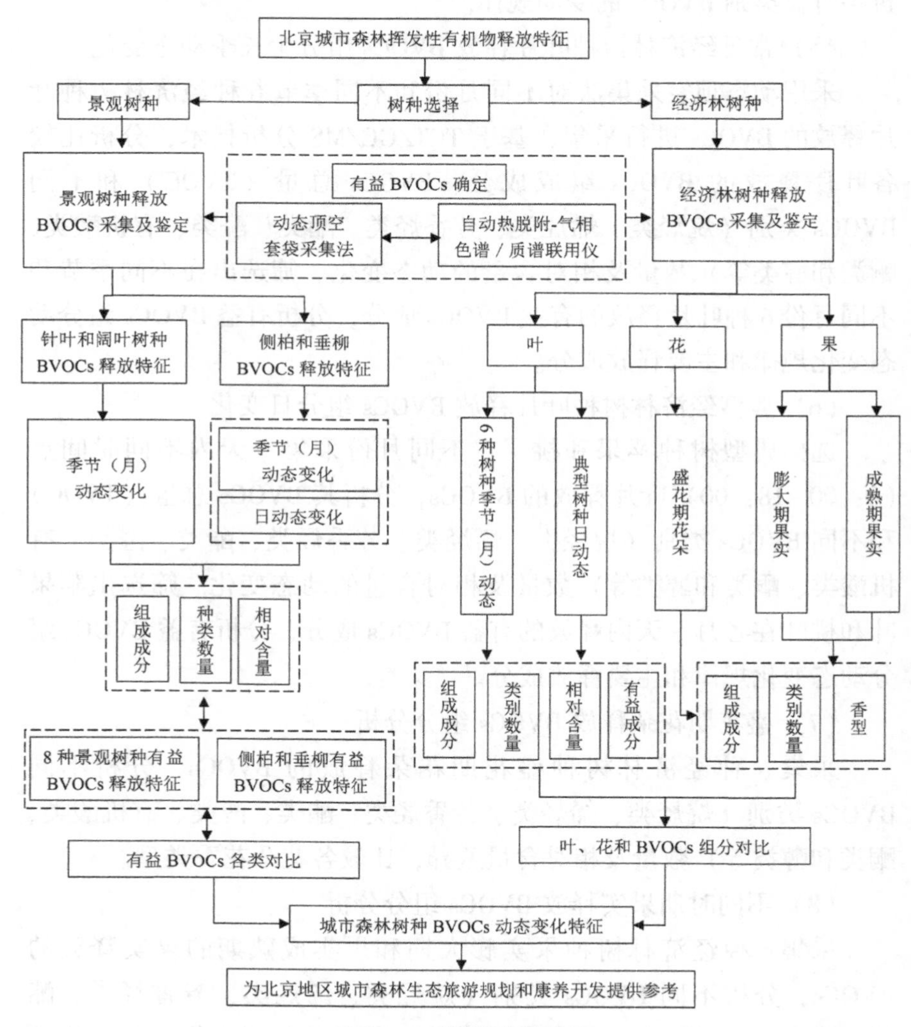

图1–1 技术路线图

第2章

北京地区8种典型景观树种释放挥发性有机物动态变化特征

2.1 4种典型针叶树种释放BVOCs的组成及动态特征

2.1.1 侧柏释放BVOCs的组成及动态特征

2.1.1.1 侧柏释放BVOCs的组成及含量

选取晴朗无风的天气，8：00~18：00每2h采集1次侧柏释放的BVOCs。经检测得到65种BVOCs，其成分及含量为烷烃类10种、烯烃类13种、芳香烃类6种、酯类4种、醛类10种、有机酸类1种、酮类6种、醇类15种（表2-1）。烯烃类化合物中的α-蒎烯、β-蒎烯、柠檬烯、柏木烯、桧烯等化合物，酯类化合物中的乙酸松油酯和丙酸芳樟酯，还有醛类化合物中的天竺葵醛、月桂醛等化合物均具有清新空气、舒缓人体压力的功能。具体表现为烯烃类（60.12%±16.31%）>醛类（11.46%±5.27%）>烷烃类（10.60%±1.82%）>芳香烃类（9.17%±13.19%）>醇类（5.37%±7.04%）>酮类（2.64%±1.67%）>酯类（0.60%±0.62%）>有机酸类（0.11%±0.13%）。

表 2-1 侧柏释放 BVOCs 的组成及含量

	化合物	分子式	分子量	含量（%）					
				测定时间					
				8:00	10:00	12:00	14:00	16:00	18:00
烷烃类	正戊烷	C_5H_{12}	72	2.15	—	0.74	0.26	—	0.34
	癸烷	$C_{10}H_{22}$	142	3.56	1.24	0.26	—	—	—
	正十三烷	$C_{13}H_{28}$	184	1.27	0.82	0.91	1.02	—	—
	正庚烷	C_7H_{16}	100	0.27	—	—	—	—	—
	十四烷	$C_{14}H_{30}$	198	5.32	—	5.19	—	—	—
	正十九烷	$C_{19}H_{40}$	268	—	0.95	0.25	0.35	0.40	1.65
	正三十六烷	$C_{36}H_{74}$	506	—	0.46	0.21	0.39	1.79	—
	十六烷	$C_{16}H_{34}$	226	—	7.22	1.66	8.59	9.74	5.54
	三十二烷	$C_{32}H_{66}$	450	—	0.81	—	—	—	0.17
	壬烷	C_9H_{20}	128	—	—	0.08	—	—	—
烯烃类	3-蒈烯	$C_{10}H_{16}$	136	2.03	12.39	2.47	—	—	—
	右旋萜二烯	$C_{10}H_{16}$	136	16.58	9.87	15.93	14.99	12.55	10.93
	长叶烯	$C_{15}H_{24}$	204	0.57	2.69	—	—	—	—
	1-辛烯	C_8H_{16}	112	2.02	1.10	0.75	0.57	—	—
	α-蒎烯	$C_{10}H_{16}$	136	12.52	18.22	11.56	40.85	37.35	40.06
	beta-蒎烯	$C_{10}H_{16}$	136	0.34	—	—	1.11	2.48	—
	alpha-柏木烯	$C_{15}H_{24}$	204	—	0.45	—	—	—	—
	桧烯	$C_{10}H_{16}$	136	—	1.67	10.92	—	5.92	11.73
	萜品油烯	$C_{10}H_{16}$	136	—	0.57	3.83	2.69	2.03	2.39
	莰烯	$C_{10}H_{16}$	136	—	—	0.45	—	—	—
	1-庚烯	C_7H_{14}	98	—	—	1.36	—	—	—
	月桂烯	$C_{10}H_{16}$	136	—	—	13.35	9.98	9.46	8.66
	环庚三烯	C_7H_8	92	—	—	1.28	0.70	2.26	1.08
芳香烃类	甲苯	C_7H_8	92	6.28	2.98	—	2.77	—	—
	乙基苯	C_8H_{10}	106	4.93	1.23	0.56	—	—	0.08
	间二甲苯	C_8H_{10}	106	16.92	—	—	—	—	5.32
	邻二甲苯	C_8H_{10}	106	6.65	5.33	0.83	—	—	—
	萘	$C_{10}H_8$	128	0.34	0.31	0.24	—	—	—
	β-甲基萘	$C_{11}H_{10}$	142	—	0.21	—	—	—	—

（续表）

化合物		分子式	分子量	含量（%）					
				测定时间					
				8:00	10:00	12:00	14:00	16:00	18:00
酯类	乙酸乙酯	$C_4H_8O_2$	88	1.06	0.86	0.44	—	—	—
	乙酸松油酯	$C_{12}H_{20}O_2$	196	0.53	0.26	—	—	—	0.20
	丙烯菊酯	$C_{19}H_{26}O_3$	302	—	—	0.01	—	—	—
	丙酸芳樟酯	$C_{13}H_{22}O_2$	210	—	—	—	—	0.14	0.13
醛类	正戊醛	$C_5H_{10}O$	86	1.27	0.83	0.56	—	1.54	1.07
	己醛	$C_6H_{12}O$	100	7.12	3.07	1.96	1.81	1.82	1.99
	庚醛	$C_7H_{14}O$	114	1.40	1.63	0.36	0.79	0.49	0.44
	天竺葵醛	$C_9H_{18}O$	142	2.02	1.44	16.84	2.20	2.33	1.62
	癸醛	$C_{10}H_{20}O$	156	0.83	0.50	0.69	1.13	1.22	1.46
	辛醛	$C_8H_{16}O$	128	1.05	0.91	0.74	1.58	1.50	1.13
	安息香醛	C_7H_6O	106	—	0.93	—	—	—	—
	丁醛	C_4H_8O	118	—	—	0.05	—	—	—
	戊二醛	$C_5H_8O_2$	100	—	—	0.06	0.06	—	—
	月桂醛	$C_{12}H_{24}O$	184	—	—	—	—	—	0.34
有机酸类	十八烯酸	$C_{18}H_{34}O_2$	282	0.14	—	—	—	0.28	0.23
酮类	3-庚酮	$C_7H_{14}O$	114	0.48	—	0.28	—	—	—
	环己酮	$C_6H_{10}O$	98	1.31	1.12	—	0.66	1.94	0.87
	异佛尔酮	$C_9H_{14}O$	138	0.26	—	0.89	1.11	0.94	0.19
	苯乙酮	C_8H_8O	120	—	0.30	—	—	0.30	—
	2-戊酮	$C_5H_{10}O$	86	—	—	0.96	3.58	—	—
	甲基庚烯酮	$C_8H_{14}O$	126	—	—	0.34	0.34	—	—
醇类	香茅醇	$C_{10}H_{20}O$	156	0.17	—	—	—	—	—
	(+/-) -薄荷醇	$C_{10}H_{20}O$	156	0.23	0.15	0.14	0.32	0.48	0.32
	雪松醇	$C_{15}H_{26}O$	222	0.37	—	—	—	—	—
	1-十七醇	$C_{17}H_{36}O$	256	—	0.65	0.31	—	—	0.81
	(S) - (+) -1, 3-丁二醇	$C_4H_{10}O_2$	90	—	17.34	—	—	—	—
	2-壬醇	$C_9H_{20}O$	144	—	1.46	1.17	—	—	—
	桉树醇	$C_{10}H_{18}O$	154	—	—	0.20	0.42	0.54	
	植物醇	$C_{20}H_{40}O$	296	—	—	0.17	—	—	—

（续表）

	化合物	分子式	分子量	含量（%）					
				测定时间					
				8:00	10:00	12:00	14:00	16:00	18:00
醇类	萜烯醇	$C_{10}H_{18}O$	154	—	—	0.14	0.22	—	—
	α-萜品醇	$C_{10}H_{18}O$	154	—	—	0.11	—	—	—
	4-甲基环己醇	$C_7H_{14}O$	114	—	—	0.05	—	—	—
	正丁醇	$C_4H_{10}O$	74	—	—	1.11	—	—	—
	环戊醇	$C_5H_{10}O$	86	—	—	—	1.55	—	1.27
	芳樟醇	$C_{10}H_{18}O$	154	—	—	—	0.24	0.40	—
	十九烷醇	$C_{19}H_{40}O$	284	—	—	—	—	1.85	—

注：—为未检测到化合物。

侧柏释放 BVOCs 的总离子流如图 2-1 所示。

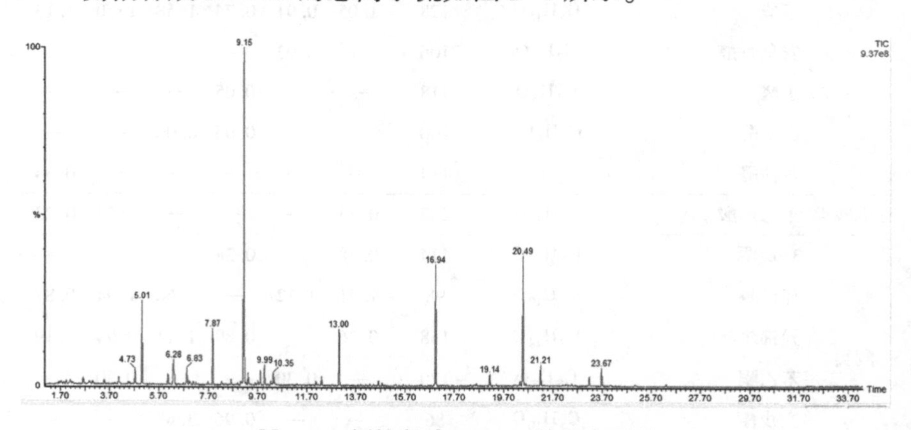

图 2-1　侧柏释放 BVOCs 的总离子流

2.1.1.2　侧柏释放 BVOCs 的季节动态特征

根据季节规律，现将月份划分为春季（3~5 月）、夏季（6~8 月）、秋季（9~11 月）、冬季（12 月至翌年 2 月），根据植物生长季规律，本实验只讨论春、夏、秋三季。如图 2-2 所示，侧柏在生长季中释放 BVOCs 含量表现为烯烃类>烷烃类>芳香烃类>醛类>酯类>醇类>酮类，有机酸类、其他类化合物仅在夏季释放，含量不足 1%在此不予分析。

侧柏释放的烯烃类化合物（图 2-2B）为侧柏生长季中释放含量

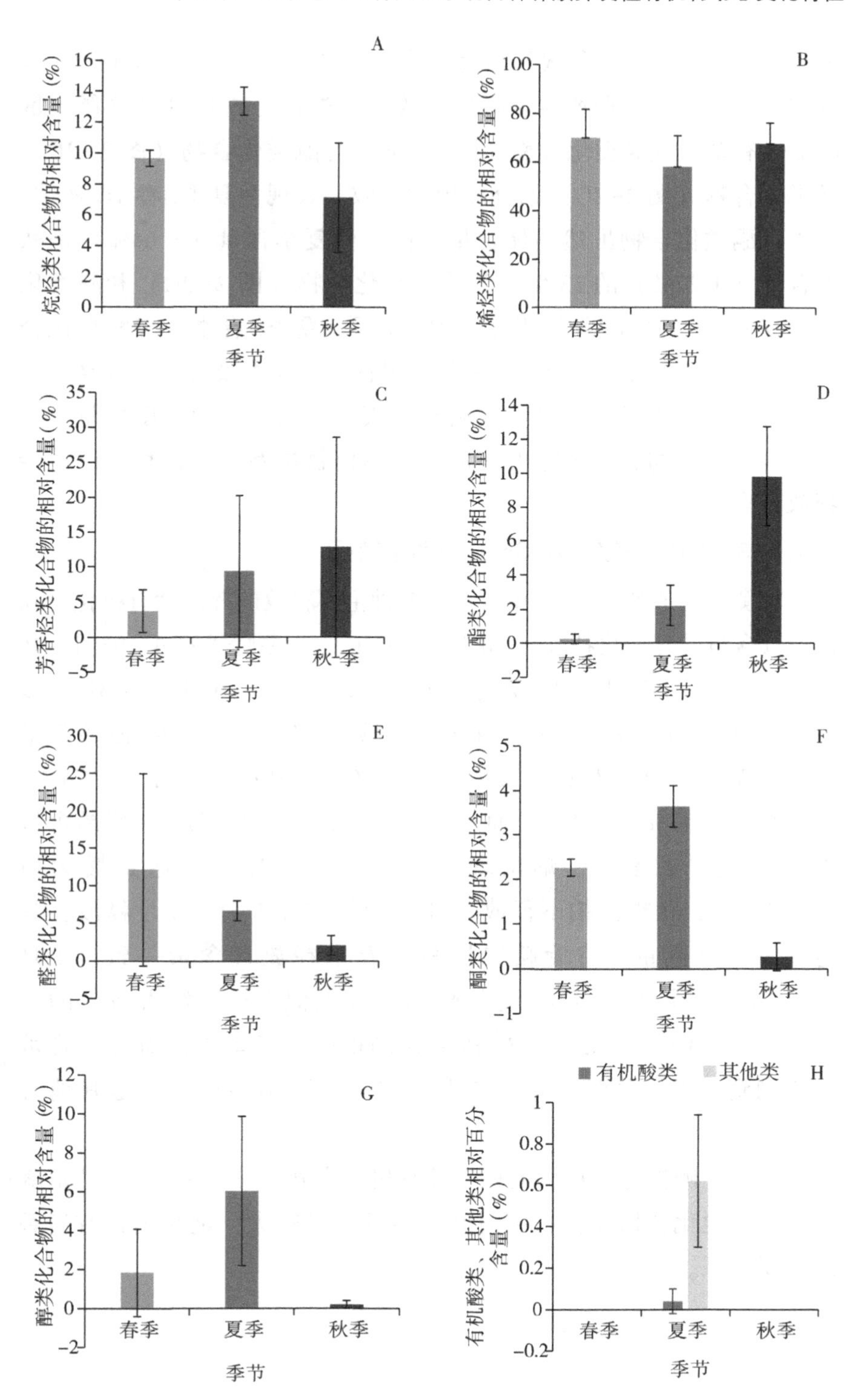

图 2-2　不同季节侧柏释放 BVOCs 的含量变化

最高的化合种类，其释放规律为春季（70.1%）>秋季（67.69%）>夏季（58.05%），春秋两季侧柏释放烯烃类化合物含量是总释放量的2/3有余。烷烃类化合物（图2-2A）与酮类化合物（图2-2F）、醇类化合物（图2-2G）的释放规律一致，表现为夏季>春季>秋季。其中，酮类化合物虽然整体含量不高，但夏季含量（3.64%）是秋季含量（0.27%）的13倍。芳香烃类化合物（图2-2C）和酯类化合物（图2-2D）的释放规律一致，秋季>夏季>春季，与醛类化合物（图2-2E）相反。侧柏作为常绿树种，其秋季吸附能力较高，易把空气中的芳香烃类污染物吸附至叶表面，从而增加浓度含量。醛类化合物是植物香气的重要来源，春季植物更新，相比夏、秋季会释放更多的醛类化合物。

2.1.1.3 侧柏释放BVOCs的月动态特征

在侧柏释放的BVOCs中，选择8种主要释放的挥发性有机化合物讨论其含量的月变化特征。如图2-3所示，α-蒎烯贯穿4~10月，10月（47.91%）>9月（28.77%）>7月（27.19%）>6月（15.31%）>5月（11.56%）>4月（0.54%），即随着月份增长，α-蒎烯含量增大；β-蒎烯4月释放量最大（11.95%），其次是7月（7.74%）和9月（7.51%），对侧柏而言，温度变化不是其释放β-蒎烯含量多少的主要因素；桧烯出现在4~7月，5月含量达到最大值（10.92%），秋季侧柏不释放。月桂烯集中在5月、6月释放，其他月份释放微量；右旋萜二烯只在春季释放且含量一致（4月15.87%、5月15.93%）。柠檬烯的香气类似香橙，给人清爽的感觉，使人放松。柠檬烯与3-蒈烯在侧柏的生长季中仅有2个月可以检测到，天竺葵醛含量于5月达到峰值（16.84%），是其他月份的8倍有余。

综上，侧柏每月释放的挥发性有机化合物以α-蒎烯、天竺葵醛为主，其他化合物仅在特定时间产生且含量较大，是侧柏具有清香的重要来源。

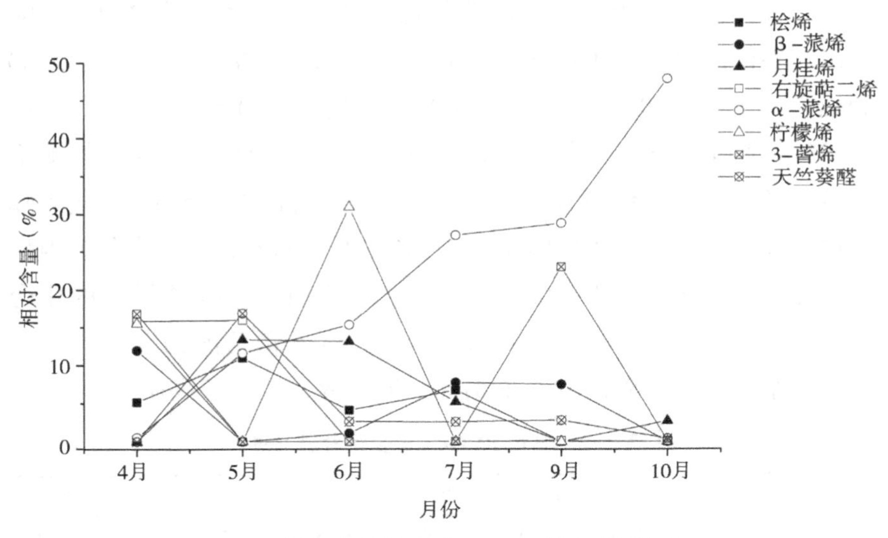

图 2-3　侧柏释放芳香类 BVOCs 的含量月变化

2.1.1.4　侧柏释放 BVOCs 的日动态特征

由表 2-2 侧柏 BVOCs 日变化含量可知，侧柏释放化合物以烯烃类（60.12%±16.31%）为主，其次是醛类（11.46%±5.27%）、烷烃类（10.60%±1.82%）、芳香烃类（9.17%±13.20%）、醇类（5.37%±7.04%）、酮类（2.64%±1.67%），最后是酯类（0.60%±0.62%）和有机酸类（0.11%±0.13%）。烯烃类化合物主要包括 α-蒎烯、右旋萜二烯、桧烯、月桂烯、萜品油烯等，整体含量由 8:00的 34.06%随时间变化逐渐增至 18:00 的 74.84%，绝大部分化合物变化趋势与此相符，但也有在上午达到含量峰值的，如右旋萜二烯、3-蒈烯、1-辛烯等。侧柏在不同时刻释放的有机物不尽相同，长叶烯、alpha-柏木烯只出现在上午，月桂烯、环庚三烯则出现在下午，而 1-庚烯、莰烯仅出现在中午。

醛类化合物是侧柏释放含量第二多的有机物，其含量在 12:00 达到峰值（21.25%）再逐渐回落。天竺葵醛是侧柏释放的主要醛类化合物，其含量变化趋势与整体相符，12:00 含量可达 16.84%，己醛、庚醛、癸醛、辛醛也是侧柏固定释放的有机化合物。月桂醛具有强烈的脂肪香气，类似松叶油的芳香，只出现在 18:00（0.34%）。

与醛类化合物相反，烷烃类化合物及芳香烃类化合物在 12:00 均出现谷值。烷烃类化合物含量由 8:00 的 12.57%开始下降，12:00 到达第一个谷值 9.30%，然后回升，直到 18:00 到达第二个谷值 7.70%。芳香烃类化合物由 8:00 的 35.12%开始骤降，16:00 检测不到芳香烃物质，直到 18:00，回升到 5.40%。酯类化合物的含量先降低再升高，14:00 未检测出酯类化合物，而后回升，主要成分为丙酸芳樟酯。醇类化合物共检测出 15 种，是侧柏释放种类最多的化合物，峰值出现在 10:00（19.61%）。（+/-）-薄荷醇为全天固定释放，香茅醇、雪松醇仅出现在 8:00，芳樟醇、桉树醇只在下午出现。

表 2-2　侧柏 BVOCs 日变化含量（%）

时间	烷烃类	烯烃类	芳香烃类	酯类	醛类	有机酸类	酮类	醇类
8:00	12.57	34.06	35.12	1.59	13.68	0.14	2.05	0.77
10:00	11.50	46.97	10.07	1.12	9.31	0	1.42	19.61
12:00	9.30	61.91	1.63	0.44	21.25	0	2.47	3.41
14:00	10.61	70.88	2.77	0	7.56	0	5.69	2.75
16:00	11.94	72.05	0	0.14	8.90	0.28	3.18	3.26
18:00	7.70	74.84	5.40	0.33	8.04	0.23	1.05	2.39
平均含量	10.60	60.12	9.17	0.60	11.46	0.11	2.64	5.37

2.1.2　油松释放 BVOCs 的组成及动态特征

2.1.2.1　油松释放 BVOCs 的组成及含量

选取油松生长季的数据进行讨论（表 2-3），由油松释放可检测出 48 种 BVOCs，其中烷烃类化合物 5 种，烯烃类化合物 11 种，芳香烃类化合物 7 种，酯类化合物 3 种，醛类化合物 8 种，酮类化合物 4 种，醇类化合物 8 种，其他类 2 种。烯烃类化合物中α-蒎烯、桧烯、右旋萜二烯、长叶烯等化合物，醛类化合物中的辛醛、己醛、天竺葵醛、L-（-）-甘油醛等化合物具有独特香气，使人心情愉悦。油松释放烯烃类化合物（87.22%）>醛类化合物（5.62%）>芳香烃类化合物（3.01%）>醇类化合物（1.81%）>烷烃类化合物（1.21%）>酮类化合物（0.56%）>酯类化合物（0.37%）>有机酸类化合物（0.34%）>其他类化合物（0.20%）。

表 2-3　油松释放 BVOCs 的组成及含量

	化合物	分子式	分子量	含量（%）
烷烃类	环戊烷	C_5H_{10}	70	0. 10
	癸烷	$C_{10}H_{22}$	142	0. 10
	正十三烷	$C_{13}H_{28}$	184	0. 32
	十六烷	$C_{16}H_{34}$	226	0. 57
烯烃类	正三十六烷	$C_{36}H_{74}$	506	0. 11
	4-甲基-1-戊烯	C_6H_{12}	84	0. 47
	α-蒎烯	$C_{10}H_{16}$	136	21. 75
	桧烯	$C_{10}H_{16}$	136	0. 58
	莰烯	$C_{10}H_{16}$	136	1. 12
	beta-蒎烯	$C_{10}H_{16}$	136	2. 08
	月桂烯	$C_{10}H_{16}$	136	22. 19
	萜品油烯	$C_{10}H_{16}$	136	0. 19
	右旋萜二烯	$C_{10}H_{16}$	136	36. 52
	（S）－（－）－柠檬烯	$C_{10}H_{16}$	136	0. 76
	长叶烯	$C_{15}H_{24}$	204	1. 17
	石竹烯	$C_{15}H_{24}$	204	0. 39
芳香烃类	乙基苯	C_8H_{10}	106	0. 43
	间二甲苯	C_8H_{10}	106	1. 39
	邻二甲苯	C_8H_{10}	106	0. 69
	4-异丙烯基甲苯	$C_{10}H_{12}$	132	0. 35
	萘	$C_{10}H_8$	128	0. 05
	β-甲基萘	$C_{11}H_{10}$	142	0. 05
	α-甲基萘	$C_{11}H_{10}$	142	0. 06
酯类	乙酸乙酯	$C_4H_8O_2$	88	0. 07
	烯虫酯	$C_{19}H_{34}O_3$	310	0. 01
	丁酸芳樟酯	$C_{14}H_{24}O_2$	224	0. 30
醛类	正戊醛	$C_5H_{10}O$	86	0. 16
	己醛	$C_6H_{12}O$	100	0. 71
	庚醛	$C_7H_{14}O$	114	0. 15
	辛醛	$C_8H_{16}O$	128	0. 26
	天竺葵醛	$C_9H_{18}O$	142	0. 45
	癸醛	$C_{10}H_{20}O$	156	0. 17
	L-（－）－甘油醛	$C_3H_6O_3$	90	0. 15
	甜瓜醛	$C_9H_{16}O$	140	3. 57

（续表）

	化合物	分子式	分子量	含量（%）
酮类	2-戊酮	$C_5H_{10}O$	86	0.22
	环己酮	$C_6H_{10}O$	98	0.16
	苯乙酮	C_8H_8O	120	0.07
	异佛尔酮	$C_9H_{14}O$	138	0.11
醇类	1，3-丁二醇	$C_4H_{10}O_2$	90	0.25
	3-甲基苯甲醇	$C_8H_{10}O$	122	0.49
	2-丁基辛醇	$C_{12}H_{26}O$	186	0.08
	（+/-）-薄荷醇	$C_{10}H_{20}O$	156	0.07
	桉树醇	$C_{10}H_{18}O$	154	0.08
	花生醇	$C_{20}H_{42}O$	298	0.10
	左薄荷脑	$C_{10}H_{20}O$	156	0.26
	正丁醇	$C_4H_{10}O$	74	0.47
其他	左旋樟脑	$C_{10}H_{16}O$	152	0.09
	甘菊蓝	$C_{10}H_8$	128	0.11

油松释放 BVOCs 的总离子流如图 2-4 所示。

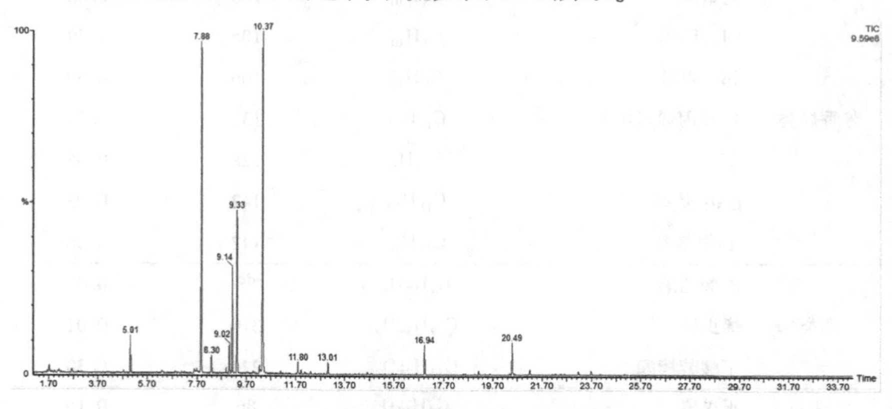

图 2-4 油松释放 BVOCs 的总离子流

2.1.2.2 油松释放 BVOCs 的季节动态特征

如图 2-5 所示，油松在生长季中释放 BVOCs 含量表现为烯烃类>烷烃类>醛类>芳香烃类>醇类>有机酸类>酯类>酮类。

油松释放化合物以烯烃类（图 2-5B）为主，夏季最高，其含量是该季度总含量的 90.82%，即油松在夏季主要释放烯烃类化合物，

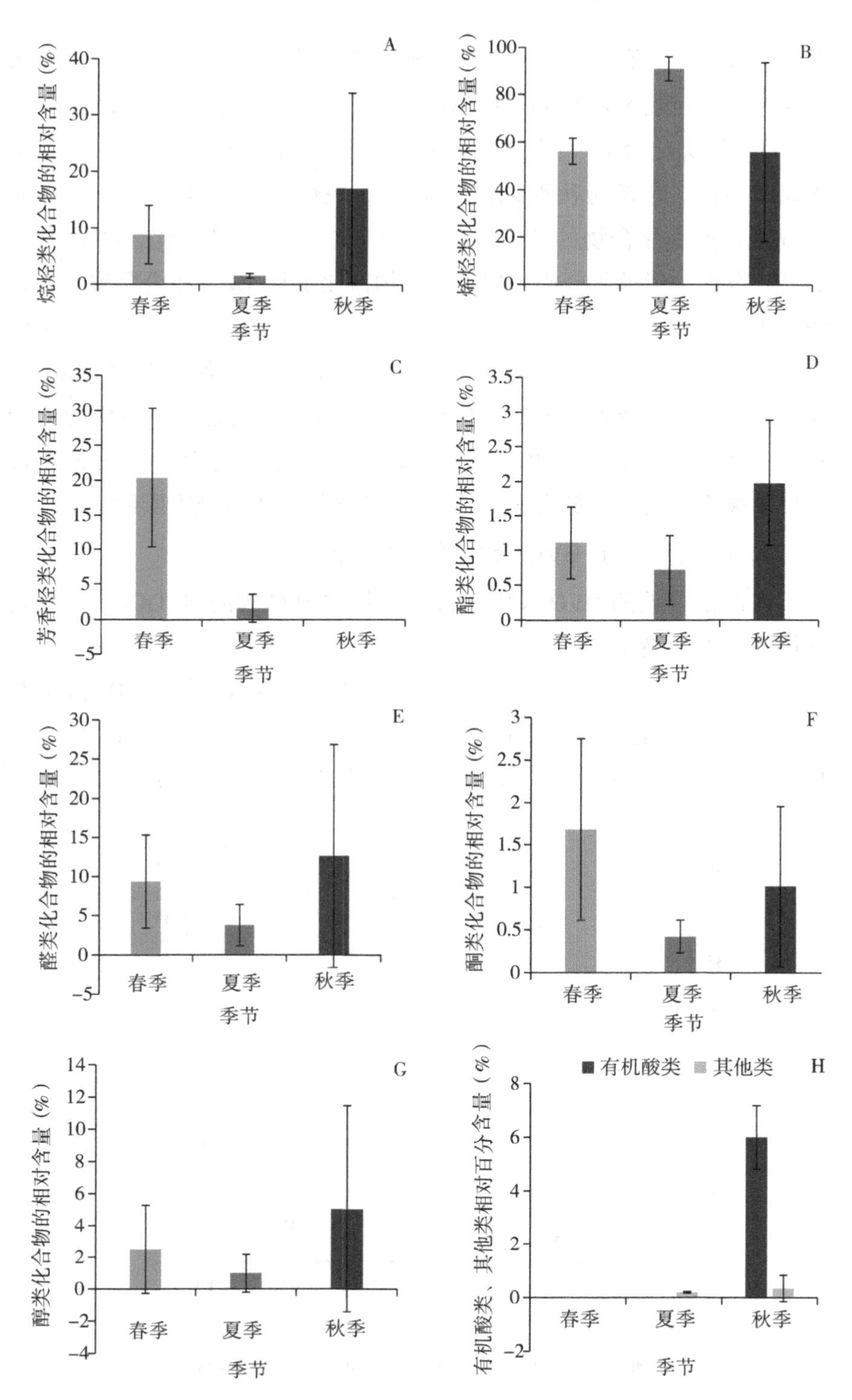

图 2–5　不同季节油松释放 BVOCs 的含量变化

春（56.16%）、秋（55.92%）两季烯烃类化合物含量基本持平，占该季度的1/2。油松释放的烷烃类化合物（图2-5A）、酯类化合物（图2-5D）、醛类化合物（图2-5E）和醇类化合物（图2-5G）的季节变化规律一致，表现为秋季>春季>夏季。烷烃类化合物的秋季含量为17.09%，醛类化合物的秋季含量是12.63%，是除烃类化合物外的主要释放类别；酯类化合物与醇类化合物占比不足5%。油松释放的芳香烃类化合物与酮类化合物的峰值都出现在春季，芳香烃类化合物含量表现为春季（20.35%）>夏季（1.61%），秋季未检测到其含量浓度，这与其他树种的芳香烃季节变化趋势不一致，可能是由于油松的针叶叶片不易吸附本地浓度中的芳香烃物质。有机酸类化合物（图2-5H）于秋季被检测到，含量为6%，可能是油松从土壤中吸附所致。

2.1.2.3 油松释放 BVOCs 的月动态特征

在油松释放的BVOCs中，选择7种主要释放的BVOCs，讨论其含量的月变化特征。

如图2-6所示，油松生长季内可持续检测到α-蒎烯、β-蒎烯与天竺葵醛，α-蒎烯含量值较大：5月（42.36%）>6月（21.75%）>10月（15.49%）>7月（14.29%）>9月（6.59%）>4月（5.58%）；

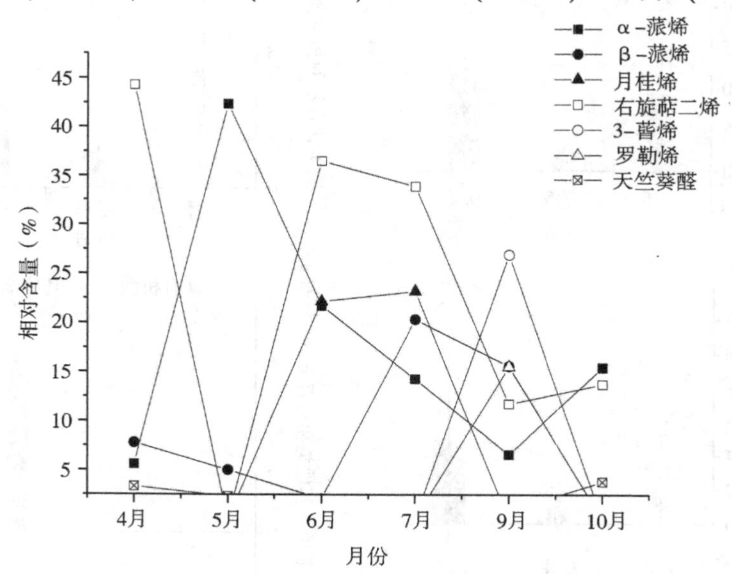

图2-6 油松释放芳香类BVOCs的含量月变化

β-蒎烯含量最大值出现在 7 月达到 20.37%，其次是 9 月为 15.62%，其他月份不足 10%；天竺葵醛浓度值较低，最高值出现在 10 月为 3.83%，其不是油松释放的主要 BVOCs。月桂烯出现在夏季（6 月、7 月），平均含量值为 22%，其他月份不被释放；右旋萜二烯在 4 月、6 月、7 月是油松释放含量最高的有机化合物，4 月（44.29%）>6 月（36.52%）>7 月（33.90%）；3-蒈烯（26.94%）与罗勒烯（15.56%）仅出现在 9 月，与此同时，9 月 α-蒎烯、β-蒎烯、右旋萜二烯的含量均低于平均值。

综上，油松每月释放的有机化合物有所差异，且每种化合物的含量受不同因素影响并不相同，但不同类别的化合物总含量基本持平。

2.1.3　桧柏释放 BVOCs 的组成及动态特征

2.1.3.1　桧柏释放 BVOCs 的组成及含量

选取桧柏生长季的数据进行讨论，如表 2-4 所示，由桧柏释放可检测出 48 种 BVOCs，其中烷烃类化合物 4 种、烯烃类化合物 12 种、芳香烃类化合物 7 种、酯类化合物 2 种、醛类化合物 7 种、有机酸类化合物 1 种、酮类化合物 5 种、醇类化合物 11 种。

表 2-4　桧柏释放 BVOCs 的组成及含量

化合物		分子式	分子量	含量（%）
烷烃类	壬烷	C_9H_{20}	128	0.09
	癸烷	$C_{10}H_{22}$	142	0.47
	正十三烷	$C_{13}H_{28}$	184	0.51
	正十六烷	$C_{16}H_{34}$	226	6.07
烯烃类	4-甲基-1-戊烯	C_6H_{12}	84	4.64
	α-蒎烯	$C_{10}H_{16}$	136	18.11
	莰烯	$C_{10}H_{16}$	136	2.08
	环庚三烯	C_7H_8	92	1.20
	beta-蒎烯	$C_{10}H_{16}$	136	2.34
	1-辛烯	C_8H_{16}	112	1.17
	月桂烯	$C_{10}H_{16}$	136	10.33
	1-甲基-4-（1-甲基乙基）-1,4-环己二烯	$C_{10}H_{16}$	136	4.30

（续表）

	化合物	分子式	分子量	含量（%）
烯烃类	萜品油烯	$C_{10}H_{16}$	136	4.61
	长叶烯	$C_{15}H_{24}$	204	0.64
	松油烯	$C_{10}H_{16}$	136	10.39
芳香烃类	乙基苯	C_8H_{10}	106	0.35
	邻二甲苯	C_8H_{10}	106	1.10
	偏三甲苯	C_9H_{12}	120	0.17
	4-异丙基甲苯	$C_{10}H_{14}$	134	0.24
	4-异丙烯基甲苯	$C_{10}H_{12}$	132	1.49
	萘	$C_{10}H_8$	128	0.58
	α-甲基萘	$C_{11}H_{10}$	142	0.42
酯类	醋酸正戊酯	$C_7H_{14}O_2$	130	0.08
	乙酸 2-甲基丁酯	$C_7H_{14}O_2$	130	0.17
醛类	己醛	$C_6H_{12}O$	100	1.62
	庚醛	$C_7H_{14}O$	114	0.26
	2-乙基己醛	$C_8H_{16}O$	128	0.69
	安息香醛	C_7H_6O	106	0.47
	辛醛	$C_8H_{16}O$	128	0.52
	天竺葵醛	$C_9H_{18}O$	142	1.12
	癸醛	$C_{10}H_{20}O$	156	0.58
有机酸类	异丁酸	$C_4H_8O_2$	88	0.14
酮类	3-庚酮	$C_7H_{14}O$	114	0.63
	环已酮	$C_6H_{10}O$	98	1.10
	异佛尔酮	$C_9H_{14}O$	138	4.69
	甲基庚烯酮	$C_8H_{14}O$	126	0.48
	苯乙酮	C_8H_8O	120	0.57
醇类	(S) - (+) -1，3-丁二醇	$C_4H_{10}O_2$	90	0.73
	2-（正己氧基）乙醇	$C_{16}H_{36}O_3$	146	0.11
	环戊醇	$C_5H_{10}O$	86	0.43
	左薄荷脑	$C_{10}H_{20}O$	156	1.03
	异戊烯醇	$C_5H_{10}O$	86	0.18
	2-乙基己醇	$C_8H_{18}O$	130	0.14
	(+/-) -薄荷醇	$C_{10}H_{20}O$	156	0.15

（续表）

	化合物	分子式	分子量	含量（%）
醇类	萜烯醇	$C_{10}H_{18}O$	154	8.89
	α-萜品醇	$C_{10}H_{18}O$	154	0.36
	十九烷醇	$C_{19}H_{40}O$	284	0.48
	植物醇	$C_{20}H_{40}O$	296	3.11

桧柏释放 BVOCs 的总离子流如图 2-7 所示。

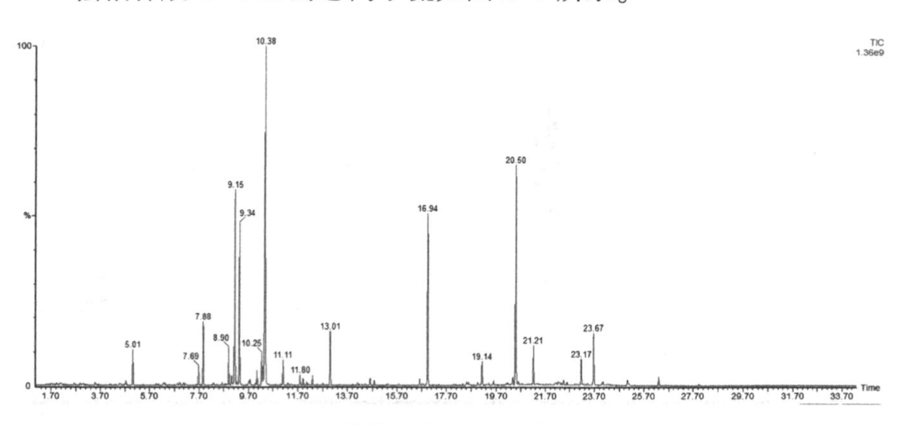

图 2-7　桧柏释放 BVOCs 的总离子流

2.1.3.2　桧柏释放 BVOCs 的季节动态特征

随季节不同，桧柏释放 BVOCs 的动态变化特征如图 2-8 所示。桧柏在整个生长季中释放的 BVOCs 成分含量为烯烃类>芳香烃类>烷烃类>醛类>醇类>酯类>酮类>其他类>有机酸类。烯烃类化合物表现为夏季（72.01%）>春季（65.48%）>秋季（10.39%）（图 2-8B）；醇类化合物表现为夏季（8.44%）>春季（3.33%）>秋季（2.62%）（图 2-8G）。二者作为植物释放的主要物质，该浓度变化符合植物生长季规律，夏、春季植物生长活动旺盛，呼吸速率快；而秋季天气骤冷，植物生命活动缓慢，故而含量降低。

烷烃类化合物呈秋季（35.33%）>夏季（8.71%）>春季（5.62%）（图 2-8A），芳香烃类化合物表现为秋季（37.55%）>春季（17.02%）>夏季（2.23%）（图 2-8C）。烷烃、芳香烃的重要来源是周边环境，由于秋季植物进入缓释期，且空气质量下降，颗粒

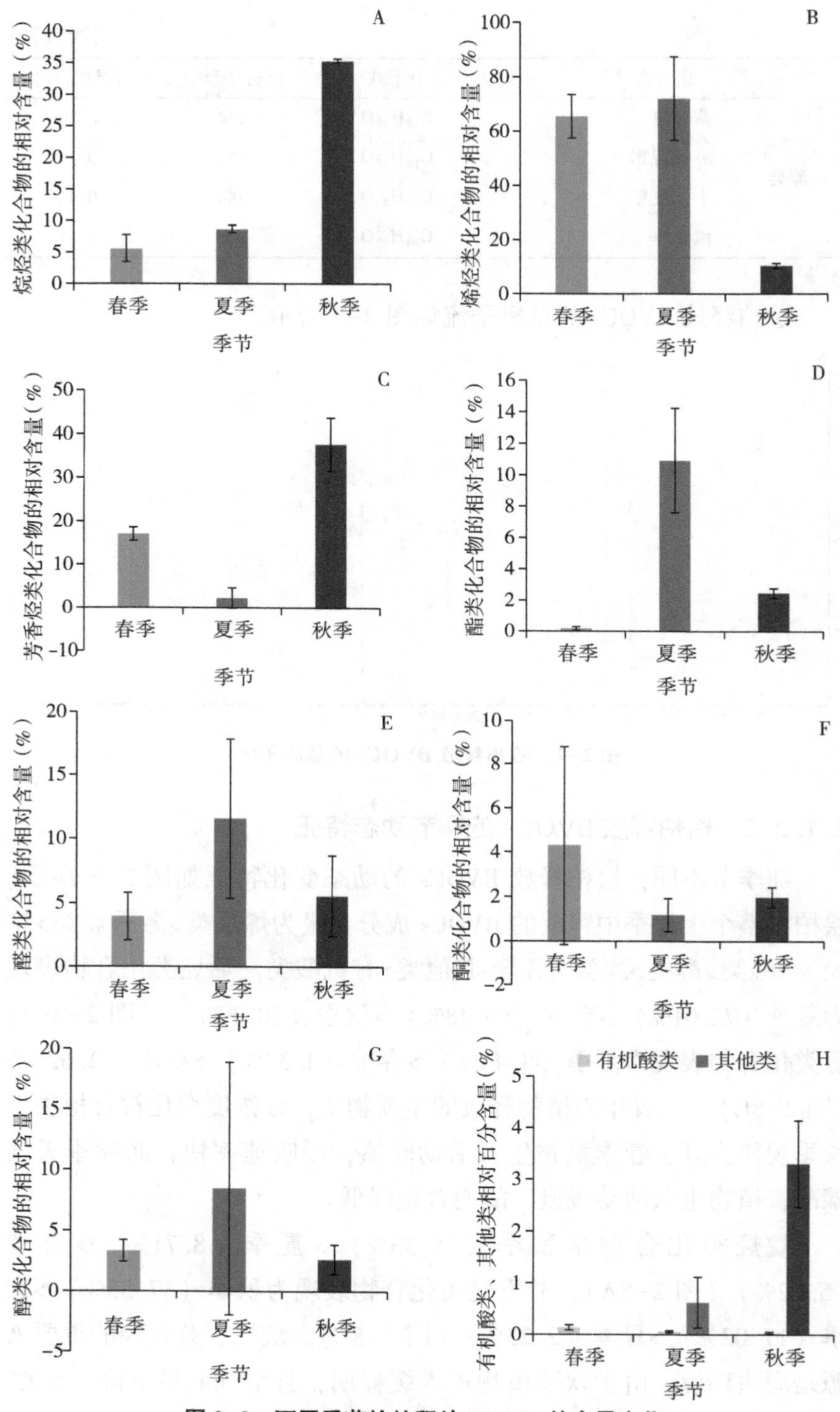

图 2-8　不同季节桧柏释放 BVOCs 的含量变化

空气物吸附于叶片上，导致两类化合物含量均在秋季达到最高值。酯类化合物呈夏季（10.91%）>秋季（2.45%）>春季（0.18%）（图 2－8D），醛类化合物同样表现为夏季（11.58%）>秋季（5.56%）>春季（3.94%）（图 2－8E），酯类、醛类化合物是桧柏具有清香的重要来源。

2.1.3.3　桧柏释放 BVOCs 的月动态特征

根据已采集的桧柏释放 BVOCs，现选择 8 种主要释放的挥发性有机化合物，讨论其含量的月变化特征。

如图 2–9 所示，α–蒎烯、天竺葵醛为桧柏每月都能检测到的 BVOCs，但含量不高，α–蒎烯含量最高为 4 月仅为 9.01%，天竺葵醛含量 10 月最低，仅有 0.22%；月桂烯、松油烯集中出现在 2~7 月，9~10 月未检测到；柠檬烯只出现在 6 月、7 月，其中 6 月释放量达到该月总含量的 51.20%。由图 2–9 可知，桧柏释放的 BVOCs 因为月份不同而呈现极大差异化。但以天竺葵醛为例，其在 9 月达到含量最大值（4.63%），极大程度上弥补了 9 月芳香类化合物释放量少的情况。

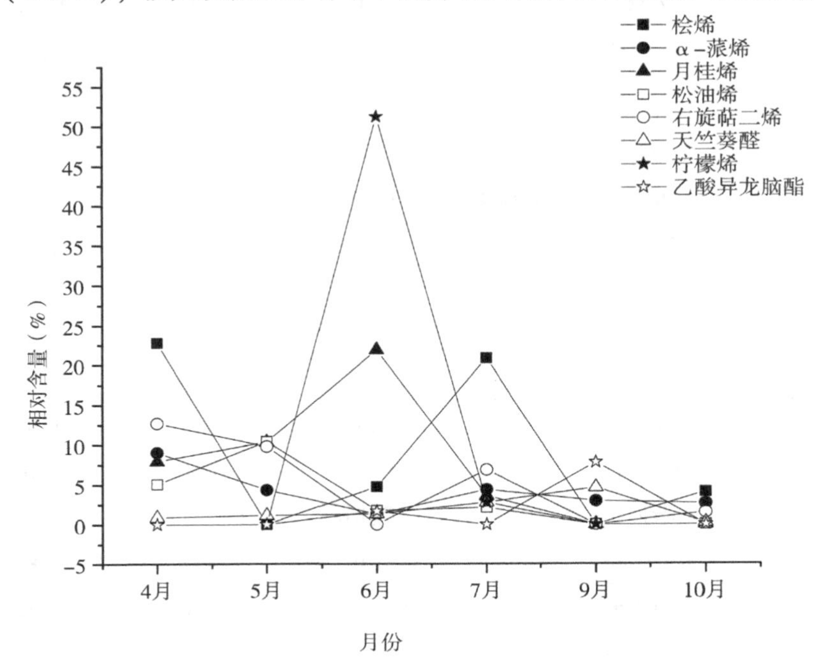

图 2–9　桧柏释放芳香类 BVOCs 的含量月变化

2.1.4 白皮松释放 BVOCs 的组成及动态特征

2.1.4.1 白皮松释放 BVOCs 的组成及含量

选取白皮松生长季的数据进行讨论，如表 2-5 所示，共 51 种 BVOCs 是白皮松释放并检测出的，其中烷烃类化合物 7 种、烯烃类化合物 7 种、芳香烃类化合物 4 种、酯类化合物 2 种、醛类化合物 10 种、有机酸类化合物 1 种、酮类化合物 7 种、醇类化合物 12 种、其他类 1 种。

表 2-5 白皮松释放 BVOCs 的组成及含量

	化合物	分子式	分子量	含量（%）
烷烃类	2，2，4-三甲基戊烷	C_8H_{18}	114	0.41
	壬烷	C_9H_{20}	128	0.42
	正十三烷	$C_{13}H_{28}$	184	2.01
	三十二烷	$C_{32}H_{66}$	450	1.35
	正二十一烷	$C_{21}H_{44}$	296	0.50
	十六烷	$C_{16}H_{34}$	226	15.41
	正十九烷	$C_{19}H_{40}$	268	2.09
烯烃类	4-甲基-1-戊烯	C_6H_{12}	84	1.74
	1-辛烯	C_8H_{16}	112	1.86
	（1R）-（+）-α-蒎烯	$C_{10}H_{16}$	136	0.35
	莰烯	$C_{10}H_{16}$	136	0.47
	桧烯	$C_{10}H_{16}$	136	2.39
	beta-蒎烯	$C_{10}H_{16}$	136	2.85
	月桂烯	$C_{10}H_{16}$	136	8.62
芳香烃类	乙基苯	C_8H_{10}	106	0.65
	邻二甲苯	C_8H_{10}	106	1.76
	间异丙基甲苯	$C_{10}H_{14}$	134	7.19
	α-甲基萘	$C_{11}H_{10}$	142	0.81
酯类	左旋乙酸龙脑酯	$C_{12}H_{20}O_2$	196	1.72
	β-丁内酯	$C_4H_6O_2$	86	0.10

（续表）

	化合物	分子式	分子量	含量（%）
醛类	正戊醛	$C_5H_{10}O$	86	0.95
	己醛	$C_6H_{12}O$	100	2.67
	水芹醛	$C_7H_{14}O$	114	0.86
	丁醛	$C_6H_{14}O_2$	118	1.18
	2-乙基丁醛	$C_6H_{12}O$	100	2.70
	辛醛	$C_8H_{16}O$	128	11.14
	天竺葵醛	$C_9H_{18}O$	142	4.24
	癸醛	$C_{10}H_{20}O$	156	2.19
	月桂醛	$C_{12}H_{24}O$	184	0.18
	十八醛	$C_{18}H_{36}O$	268	0.35
有机酸类	异丁酸	$C_4H_8O_2$	88	0.34
酮类	3-庚酮	$C_7H_{14}O$	114	0.62
	2-戊酮	$C_5H_{10}O$	86	0.23
	环己酮	$C_6H_{10}O$	98	3.91
	甲基庚烯酮	$C_8H_{14}O$	126	1.45
	苯乙酮	C_8H_8O	120	0.98
	异佛尔酮	$C_9H_{14}O$	138	1.47
	异薄荷酮	$C_{10}H_{18}O$	154	0.11
醇类	1，3-丁二醇	$C_4H_{10}O_2$	90	2.16
	3-甲基-3-丁烯-1-醇	$C_5H_{10}O$	86	1.82
	戊醇	$C_5H_{12}O$	88	0.95
	叶醇	$C_6H_{12}O$	100	0.49
	3-丁烯-1-醇	C_4H_8O	72	0.19
	辛醇	$C_8H_{18}O$	130	0.98
	左薄荷脑	$C_{10}H_{20}O$	156	1.28
	月桂烯醇	$C_{10}H_{18}O$	154	0.30
	2-丁基辛醇	$C_{12}H_{26}O$	186	0.55
	花生醇	$C_{20}H_{42}O$	298	0.41
	植物醇	$C_{20}H_{40}O$	296	0.39
	十九烷醇	$C_{19}H_{40}O$	284	1.62
其他类	左旋樟脑	$C_{10}H_{16}O$	152	0.61

白皮松释放醛类化合物（26.45%）>烷烃类化合物（22.19%）>

烯烃类化合物（18.28%）>醇类化合物（11.12%）>芳香烃类化合物（10.41%）>酮类化合物（8.77%）>酯类化合物（1.82%）>其他类化合物（0.61%）>有机酸类化合物（0.34%）。白皮松释放各类 BVOCs 含量较为平均，其中醛类化合物含量最高，醇类化合物种类最多，其他类化合物及有机酸类化合物含量极少，可被忽略。其中辛醛为醛类化合物中含量最高的有机物，达到 11.14%，具有明显的芳香性气味，同天竺葵醛（4.24%）、月桂烯（8.62%）一样，可用于工业上配制精油。

白皮松释放 BVOCs 的总离子流如图 2-10 所示。

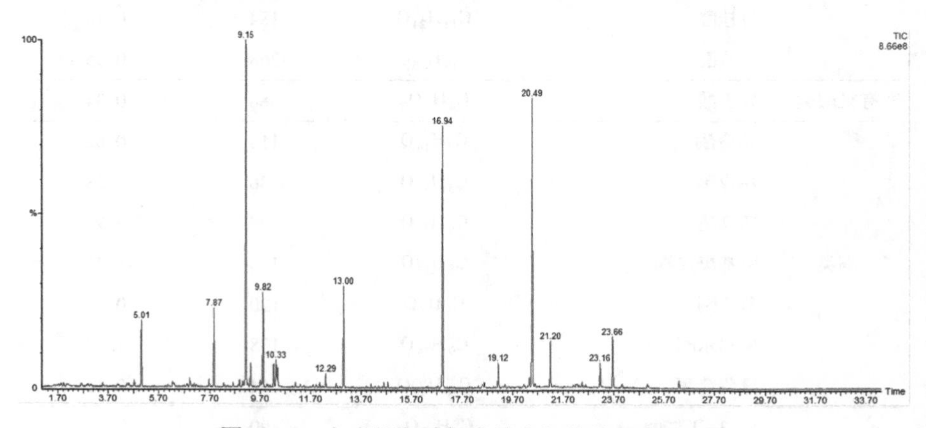

图 2-10 白皮松释放挥发性有机物的总离子流

2.1.4.2 白皮松释放 BVOCs 的季节动态特征

如图 2-11 所示，白皮松在生长季中释放 BVOCs 含量表现为烯烃类>烷烃类>芳香烃类>醛类>醇类>酮类>酯类，有机酸类、其他类化合物仅在夏季释放，含量不足 1%在此不予分析。

白皮松释放的烷烃类化合物（图 2-11A）与芳香烃类化合物（图 2-11C）含量均在秋季达到峰值，烷烃类化合物：秋季（34.91%）>夏季（13.28%）>春季（10.51%）；芳香烃类化合物：秋季（29.39%）>春季（6.67%）>夏季（6.17%），秋季芳香烃化合物含量接近于夏季的 5 倍，很多芳香烃化合物来源于环境本底浓度，这是因为秋季植物代谢较慢，因此大量杂质被吸附。烯烃类化合物（图 2-11B）作为含量最高的有机物，其与酯类（图 2-11D）、

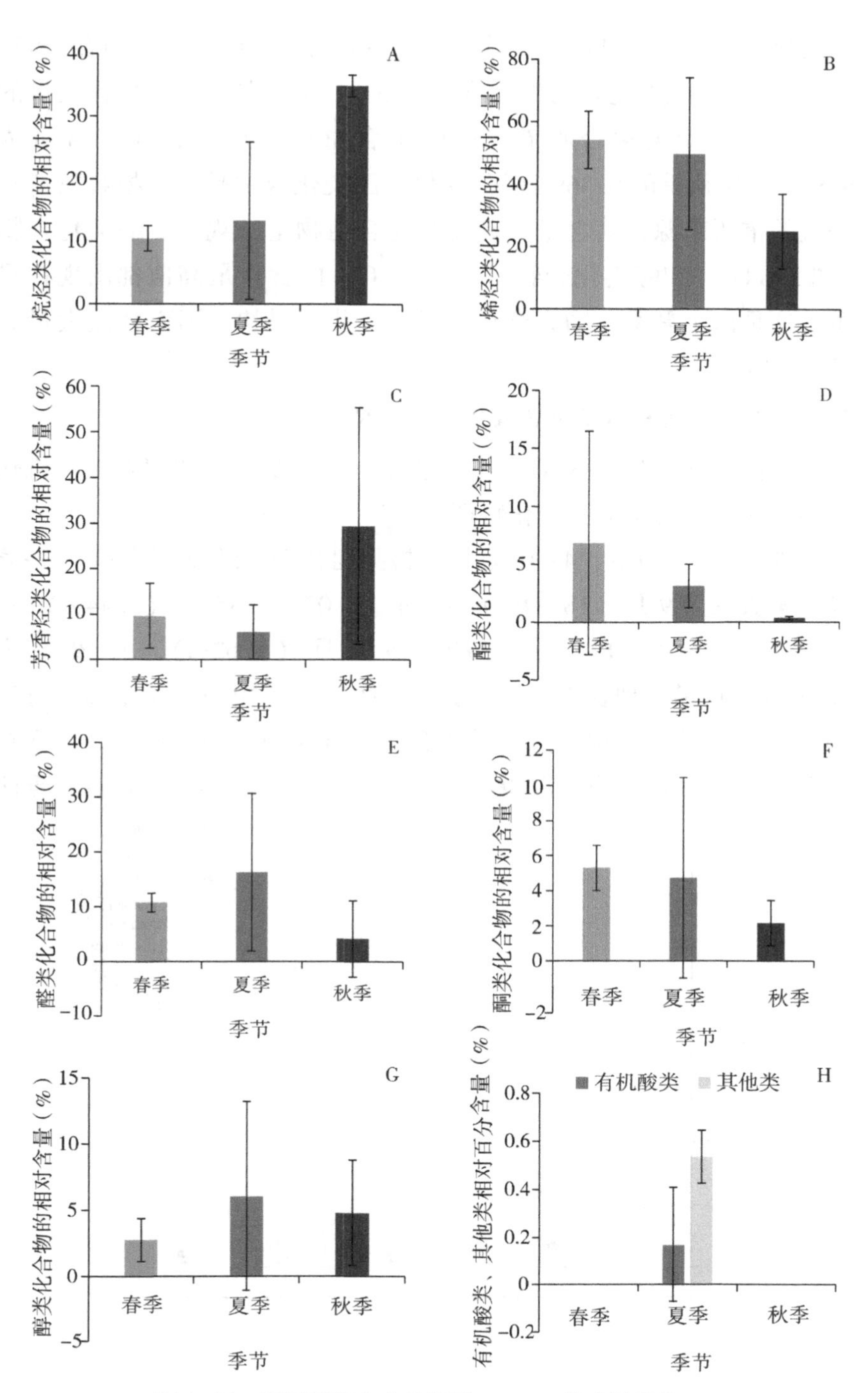

图 2-11　不同季节白皮松释放 BVOCs 的含量变化

酮类化合物（图 2-11F）的季节动态变化特征一致，表现为春季>夏季>秋季。烯烃类化合物春季含量为 54.17%，占该季度总释放量的一半有余。酯类化合物春、秋两季含量差异较大，春季含量为 6.83%，比秋季的 0.36%高了 19 倍，酯类化合物是白皮松释放清新香气的重要来源，其含量变动特征符合植物生长规律。醛类化合物（图 2-11E）和醇类化合物（图 2-11G）的含量最高值都出现在夏季，这是由于夏季植物光合作用最好，代谢最快，因而释放大量有益性 BVOCs。

2.1.4.3　白皮松释放 BVOCs 的月动态特征

在白皮松释放的 BVOCs 中，选择 8 种主要释放的挥发性有机化合物，讨论其含量的月变化特征。

如图 2-12 所示，4~10 月均可检测到 β-蒎烯和天竺葵醛，β-蒎烯含量表现为 9 月（18.34%）>4 月（9.02%）>5 月（3.44%）>6 月（2.85%）> 10 月（2.17%）> 7 月（1.62%），月较差为 16.72%。桧烯出现在 5 月、6 月、10 月，其中 10 月含量最高，可达 15.71%；右旋萜二烯是芳香类化合物中含量最高的有机物，出现在 4 月、5 月、7 月，分别占 36.41%、25.25%和 56.89%，是春、夏两

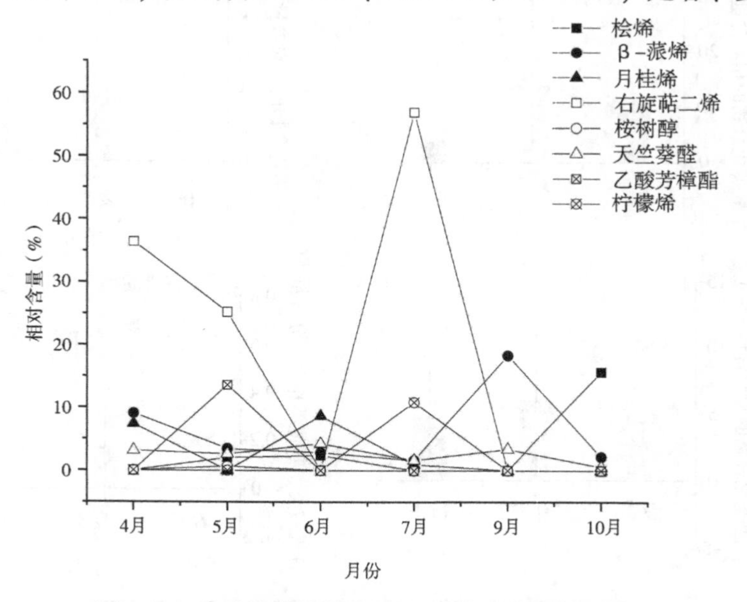

图 2-12　白皮松释放芳香类 BVOCs 的含量月变化

季 BVOCs 的重要组成成分；除此之外，乙酸芳樟酯出现在 5 月（13.57%），柠檬烯出现在 10 月（10.83%），桉树醇出现在 5 月（2.28%），是一萜醇，类似樟脑的气味，可用于天然香料。

综上，白皮松每月释放的 BVOCs 并不完全一致，有些化合物只在特定的时间或条件下产生，但所有化合物一起相辅相成，共同组成白皮松释放的 BVOCs。

2.1.5　讨论

针叶树种在生长季中释放 BVOCs 含量最高的化合物种类为烯烃类，但不同树种其释放规律不同。侧柏：春季（70.1%）>秋季（67.69%）>夏季（58.05%）；油松：夏季（90.82%）>春季（56.16%）>秋季（55.92%）；桧柏：夏季（72.01%）>春季（65.48%）>秋季（10.39%）；白皮松：春季（54.17%）>夏季（49.67%）>秋季（24.22%）。油松、桧柏、白皮松的烯烃释放量均在秋季最低，可能是由于秋季多风，早晚温差较大，不利于烯烃类物质储存；侧柏释放的主要烯烃类化合物含量：α-蒎烯>右旋萜二烯>月桂烯；油松主要释放的右旋萜二烯>月桂烯>α-蒎烯；桧柏：α-蒎烯>松油烯>月桂烯；白皮松：月桂烯>β-蒎烯>桧烯。虽然不同树种释放化合物的含量有所不同，但主要的烯烃类化合物基本一致，且当某种化合物高到一定程度时，其他的同类化合物含量会相对降低（黄洛华等，2001）。侧柏的烯烃类化合物含量表现为晚上（78.84%）>早上（34.06%），这与陈霞（2015）研究的金桂释放烯烃类日变化规律一致，烯烃类化合物浓度随温度升高而降低，到 14:00之后温度降低，其释放量开始回升。白皮松 6 月的烯烃释放量极低，但 7 月仅右旋萜二烯的含量就达 56.89%，因此其夏季烯烃含量平均值高于秋季。

烷烃类化合物与芳香烃类化合物释放量在针叶树释放的化合物类别中排名第 2、第 3。桧柏和白皮松的烷烃释放情况都表现为秋季>夏季>春季，同时秋季也是油松烷烃释放量最高的季节，这是由于烷烃的重要来源是周边环境，由于秋季植物进入缓释期，且空气质量下降，空气颗粒物吸附于叶片上，导致其含量在秋季达到最高值。

桧柏和白皮松的芳香烃类化合物释放情况也一致，为秋季>春季>夏季，秋季的侧柏芳香烃释放含量也是高于其他季节，芳香烃主要来源是本地浓度，由于实验基地在高速路出口旁，有汽车尾气的间接影响，再加上秋季无风时空气流速较小，因此植物易聚集芳香烃、烷烃等化合物污染。油松的芳香烃类化合物释放主要集中在春季，随后含量骤减，这与其他树种的变化趋势不一致，可能是由于油松的针叶叶片不易吸附本地浓度中的芳香烃类 BVOCs。

针叶树种释放醛类、酯类、酮类、醇类及有机酸类化合物，随树种不同，其变化规律也不相同。醛类化合物是植物香气的重要来源，春季植物更新，夏季树种盛放，其含量也较秋季更多；酯类化合物是树种除烯烃类、醛类以外的第三大香气来源，其释放量也集中在春、夏两季；油松的有机物种类释放规律与其他三种树木有所不同，侧柏、桧柏及白皮松的醇类释放量也集中在夏季。油松秋季被检测出有机酸类化合物，含量为 6%，可能是油松从土壤中吸附所致（李继泉等，2001）。其他树种有机酸类化合物含量不足 1%，可忽略不计。

2.1.6 小结

针叶树种释放 BVOCs 的种类间含量差异明显。针叶树种释放 BVOCs 以烯烃类化合物为主，含量为总释放量的 56.22%~68.38%，其组成成分包括 α-蒎烯、β-蒎烯、桧烯、柠檬烯、3-蒈烯、右旋萜二烯、月桂烯和 alpha-柏木烯等；烷烃类化合物与芳香烃类化合物次之，总计占比为 17.66%~26.32%，其组成成分包括十二烷、十四烷、十九烷和 α-甲基萘等；酯类、醛类、酮类、醇类以及有机酸类化合物共占比 13.96%~16.14%，虽含量较少，但包括乙酸松油酯、丙酸芳樟酯、辛醛、癸醛、天竺葵醛、月桂醛、雪松醇、萜烯醇等在内的有机化合物均为针叶树种释放特有清新气味的重要来源，对人的身心具有良好的调节作用，可安定情绪，缓解疲劳。

释放烯烃类 BVOCs 时，侧柏季节变化规律表现为春季（70.1%）>秋季（67.69%）>夏季（58.05%）；油松、桧柏表现为夏季>春季>秋季，油松释放相对含量一般高于桧柏；白皮松表现为春季>夏季>秋季。即烯烃类 BVOCs 主要在春、夏两季释放。释放醛类 BVOCs 时，油松表现为秋季>春季>夏季；桧柏表现为夏季>秋季>春季；侧柏显示春季（12.14%）>夏季（6.65%）>秋季（2.08%）；白皮松则为夏季（16.27%）>春季（10.76%）>秋季（4.15%）。即大部分针叶树种在夏季更易释放醛类化合物。

不同针叶树种释放 BVOCs 季节动态变化特征存在一定共性。针叶树种释放的烯烃类化合物含量表现为晚上>早上，烯烃类化合物浓度随温度升高而降低，温度降低则浓度升高。

2.2 典型阔叶树种释放挥发性有机物的组成及动态特征

2.2.1 垂柳释放 BVOCs 的组成及动态特征

2.2.1.1 垂柳释放 BVOCs 的组成及含量

选取风和日丽的天气，8:00~18:00 每 2h 采集 1 次垂柳释放的 BVOCs，经检测得到 98 种 BVOCs，其成分及含量如表2-6所示，其中烷烃类 11 种、烯烃类 9 种、芳香烃类 9 种、酯类 9 种、醛类 16 种、有机酸 5 种、酮类 11 种、醇类 26 种、其他 2 种。具体表现为烯烃类（24.53% ± 14.37%）> 烷烃类（17.65% ± 9.93%）> 醇类（15.17%±7.8%）>芳香烃类（13.51%±23.81%）>醛类（10.34%±2.59%）>酯类（10.22%±8.01%）>酮类（7.06%±2.5%）>有机酸类（0.65%±0.82%）。其中异戊二烯是垂柳释放的烯烃类化合物中主要组成成分，可调节树木与环境的关系（张继文，1997）。

表 2-6 垂柳释放 BVOCs 的组成及含量

化合物		分子式	分子量	含量（%）					
				测定时间					
				8:00	10:00	12:00	14:00	16:00	18:00
烷烃类	己烷	C_6H_{14}	86	—	—	—	—	3.01	6.25
	正庚烷	C_7H_{16}	100	1.72	—	0.42	—	—	—
	壬烷	C_9H_{20}	128	2.62	0.60	—	—	—	—
	癸烷	$C_{10}H_{22}$	142	—	0.27	—	—	—	—
	十一烷	$C_{11}H_{24}$	156	—	—	—	—	4.06	—

（续表）

化合物		分子式	分子量	含量（%）					
				测定时间					
				8:00	10:00	12:00	14:00	16:00	18:00
烷烃类	正十三烷	$C_{13}H_{28}$	184	—	0.78	0.87	—	1.87	—
	十四烷	$C_{14}H_{30}$	198	5.44	—	—	11.48	—	—
	十六烷	$C_{16}H_{34}$	226	2.29	6.85	3.14	1.83	10.88	21.23
	正十九烷	$C_{19}H_{40}$	268	—	6.48	—	0.48	2.36	3.19
	三十二烷	$C_{32}H_{66}$	450	—	0.44	—	1.57	0.73	2.08
	正三十六烷	$C_{36}H_{74}$	506	0.73	0.90	—	0.09	0.31	0.92
烯烃类	（1R）-（+）-α-蒎烯	$C_{10}H_{16}$	136	0.26	0.29	0.44	—	—	—
	长叶烯	$C_{15}H_{24}$	204	0.94	—	—	2.65	—	—
	异戊二烯	C_5H_8	68	6.75	35.40	38.05	19.45	18.04	8.67
	4-甲基-1-戊烯	C_6H_{12}	84	—	1.75	0.07	1.47	1.26	1.49
	环庚三烯	C_7H_8	92	—	3.62	—	—	—	—
	1-辛烯	C_8H_{16}	112	—	1.14	1.05	1.51	0.81	—
	正十四烯	$C_{14}H_{28}$	196	—	—	—	0.20	—	—
	alpha-柏木烯	$C_{15}H_{24}$	204	—	—	—	0.56	—	—
	1-十三烯	$C_{13}H_{26}$	182	—	—	—	—	1.35	—
芳香烃类	甲苯	C_7H_8	92	11.31	—	—	—	—	—
	3-乙基甲苯	C_9H_{12}	120	6.62	—	0.44	—	—	—
	间二甲苯	C_8H_{10}	106	27.27	—	—	—	—	—
	连三甲苯	C_9H_{12}	120	1.68	—	—	—	—	—
	偏三甲苯	C_9H_{12}	120	5.70	2.17	—	—	—	—
	乙基苯	C_8H_{10}	106	7.90	2.54	1.08	1.37	1.39	3.53
	萘	$C_{10}H_8$	128	1.41	1.28	0.90	1.68	—	—
	丙苯	C_9H_{12}	120	—	1.40	—	—	—	—
	均三甲苯	C_9H_{12}	120	—	0.69	0.66	—	—	—
酯类	丙酸芳樟酯	$C_{13}H_{22}O_2$	210	0.38	—	0.48	—	—	—
	乙酸叶醇酯	$C_8H_{14}O_2$	142	—	0.89	14.91	7.58	14.79	15.33
	丙烯酸异丙酯	$C_6H_{10}O_2$	114	—	—	0.64	—	—	—
	乙酸芳樟酯	$C_{12}H_{20}O_2$	196	—	—	0.18	0.17	—	—
	乙酸苯酯	$C_8H_8O_2$	136	—	—	—	0.18	—	—
	醋酸辛酯	$C_{12}H_{26}O_3$	172	—	—	—	0.40	—	—

（续表）

化合物		分子式	分子量	含量（%）					
				测定时间					
				8:00	10:00	12:00	14:00	16:00	18:00
酯类	鸢尾酯	$C_{12}H_{22}O_2$	198	—	—	—	0.71	—	—
	乙酸冰片酯	$C_{12}H_{20}O_2$	196	—	—	—	0.23	—	—
	异丁酸丁酯	$C_8H_{15}O_2$	144	—	—	—	—	3.02	1.42
醛类	庚醛	$C_7H_{14}O$	114	0.81	0.98	0.78	1.14	0.58	2.10
	辛醛	$C_8H_{16}O$	128	1.09	1.16	—	—	—	—
	天竺葵醛	$C_9H_{18}O$	142	2.26	3.09	2.71	2.62	3.26	3.19
	癸醛	$C_{10}H_{20}O$	156	1.24	—	1.94	0.98	2.37	4.05
	2-苯基丙醛	$C_9H_{10}O$	134	0.64	—	—	—	—	—
	己醛	$C_6H_{12}O$	100	—	6.29	2.31	1.79	1.45	—
	糠醛	$C_5H_4O_2$	96	—	0.54	0.44	—	—	—
	正戊醛	$C_5H_{10}O$	86	—	1.41	1.13	0.03	—	—
	2-乙基丁醛	$C_6H_{12}O$	100	—	—	0.34	0.80	0.53	—
	月桂醛	$C_{12}H_{24}O$	184	—	—	0.82	0.24	0.26	—
	L-（-）-甘油醛	$C_3H_6O_3$	90	—	—	—	1.34	—	—
	2-甲基戊醛	$C_6H_{12}O$	100	—	—	—	0.09	—	0.67
	15烷醛	$C_{15}H_{30}O$	226	—	—	—	0.13	—	—
	安息香醛	C_7H_6O	106	—	—	—	—	1.65	1.79
	十一醛	$C_{11}H_{22}O$	170	—	—	—	—	0.55	—
	丁醛	C_4H_8O	118	—	—	—	—	—	0.46
有机酸类	甘油酸	$C_3H_6O_4$	106	0.23	—	—	—	—	1.39
	异丁酸	$C_4H_8O_2$	88	—	0.26	0.33	0.18	0.22	0.91
	丙基丙二酸	$C_6H_{10}O_4$	146	—	—	—	0.15	—	—
	反式乌头酸	$C_6H_3O_6$	174	—	—	—	0.04	—	—
	己酸	$C_6H_{12}O_2$	116	—	—	—	0.22	—	—
酮类	2-甲基环戊酮	$C_6H_{10}O$	98	0.91	—	—	—	—	—
	异佛尔酮	$C_9H_{14}O$	138	2.56	2.80	3.56	3.33	—	2.14
	苯乙酮	C_8H_8O	120	0.45	1.78	1.02	0.28	0.39	0.75
	苯丁酮	$C_{10}H_{12}O$	148	—	1.12	—	—	—	—
	环己酮	$C_6H_{10}O$	98	—	2.59	1.12	3.83	1.67	3.18
	甲基庚烯酮	$C_8H_{14}O$	126	—	0.85	1.02	1.09	0.85	2.11

（续表）

化合物		分子式	分子量	含量（%）					
				测定时间					
				8:00	10:00	12:00	14:00	16:00	18:00
酮类	烯丙基丙酮	$C_6H_{10}O$	98	—	—	0.45	—	—	—
	3-庚酮	$C_7H_{14}O$	114	—	—	0.29	—	0.22	—
	羟丙酮	$C_3H_6O_2$	74	—	—	0.42	0.52	0.72	—
	异薄荷酮	$C_{10}H_{18}O$	154	—	—	0.20	—	—	—
	2，3-辛二酮	$C_8H_{14}O_2$	142	—	—	—	0.12	—	—
醇类	反式-1，2-环戊二醇	$C_5H_{10}O_2$	102	0.23	—	—	—	—	—
	辛醇	$C_8H_{18}O$	130	4.07	—	4.59	8.26	3.64	6.64
	左薄荷脑	$C_{10}H_{20}O$	156	0.52	1.74	1.59	2.13	—	2.73
	cis-2-甲基环己醇	$C_7H_{14}O$	114	0.68	0.40	—	—	—	—
	花生醇	$C_{20}H_{42}O$	298	0.54	—	—	—	1.00	1.71
	1，3-丁二醇	$C_4H_{10}O_2$	90	—	1.47	2.29	—	—	—
	4-甲基环己醇	$C_7H_{14}O$	114	—	1.86	0.68	0.64	—	—
	叶醇	$C_6H_{12}O$	100	—	0.98	4.33	5.55	7.58	—
	月桂烯醇	$C_{10}H_{18}O$	154	—	0.52	—	0.61	0.37	—
	3-莰醇	$C_{10}H_{18}O$	154	—	0.17	—	0.46	0.28	—
	十九烷醇	$C_{19}H_{40}O$	284	—	0.60	—	—	—	—
	2-丁基辛醇	$C_{12}H_{26}O$	186	—	1.01	—	2.61	1.07	—
	2-己基-1-癸醇	$C_{16}H_{34}O$	242	—	0.23	—	0.77	0.64	—
	戊醇	$C_5H_{12}O$	88	—	—	1.57	—	—	—
	3，4-二甲基-1-戊醇	$C_7H_{16}O$	116	—	—	0.27	—	—	—
	alpha-松油醇	$C_{10}H_{18}O$	154	—	—	0.72	—	—	—
	2-庚醇	$C_7H_{16}O$	116	—	—	—	0.05	—	—
	2-苯基-2-丙醇	$C_9H_{14}O$	136	—	—	—	0.32	0.25	—
	芳樟醇	$C_{10}H_{18}O$	154	—	—	—	0.25	—	—
	DL-萜品醇	$C_{10}H_{20}O$	156	—	—	—	0.27	—	—
	L-薄荷醇	$C_{10}H_{20}O$	156	—	—	—	2.51	—	—
	异植醇	$C_{20}H_{40}O$	296	—	—	—	0.78	—	—
	植物醇	$C_{20}H_{40}O$	296	—	—	—	0.63	0.20	—
	（+/-）-薄荷醇	$C_{20}H_{40}O_2$	156	—	—	—	2.13	—	2.05
	仲戊醇	$C_5H_{12}O$	88	—	—	—	—	2.88	—
	二十六醇	$C_{26}H_{54}O$	382	—	—	—	—	0.93	—

（续表）

化合物		分子式	分子量	含量（%）					
				测定时间					
				8:00	10:00	12:00	14:00	16:00	18:00
其他类	甘菊蓝	$C_{10}H_8$	128	0.73	—	—	—	—	—
	左旋樟脑	$C_{10}H_{16}O$	152	—	0.67	—	0.49	0.41	—

注：—为未检测到化合物。

垂柳释放 BVOCs 的总离子流如图 2-13 所示。

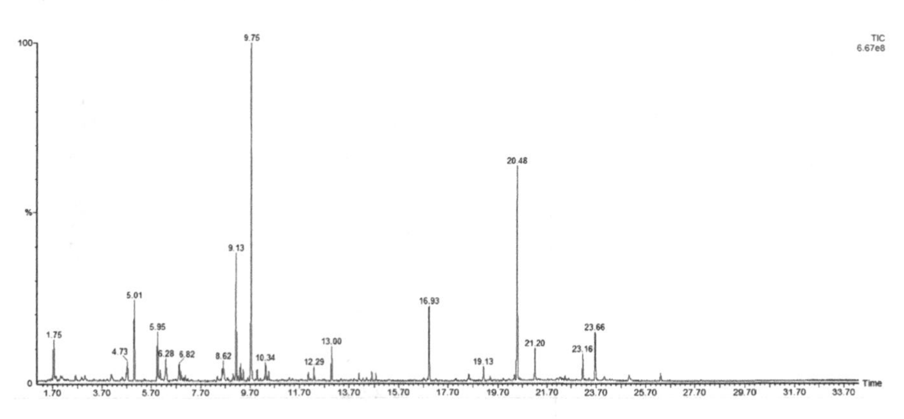

图 2-13　垂柳释放 BVOCs 的总离子流

2.2.1.2　垂柳释放 BVOCs 的季节动态特征

如图 2-14 所示，垂柳在生长季中释放 BVOCs 含量表现为芳香烃类>烯烃类>烷烃类>醇类>醛类>酯类>酮类>有机酸类>其他类化合物。

芳香烃类化合物（图 2-14C）为垂柳生长季中释放含量最高的化合种类，主要出现在春、夏两季，分别为 61.08%、42.69%，占当季总释放量的一半，但进入秋季，芳香烃类化合物含量骤减至 10.95%，仅为秋季释放总量的 1/10。

垂柳释放的烷烃化合物（图 2-14A）、醛类化合物（图 2-14E）与醇类化合物（图 2-14G）规律一致，为秋季>夏季>春季，该规律与芳香烃类化合物正好相反。烷烃类化合物是垂柳放含量第三高的化合物，其季节含量相差不大，标准差为 7.71%。秋季在垂柳的释放物中检测到较高含量的己醛（6.24%），具有芳香气味。垂柳释放

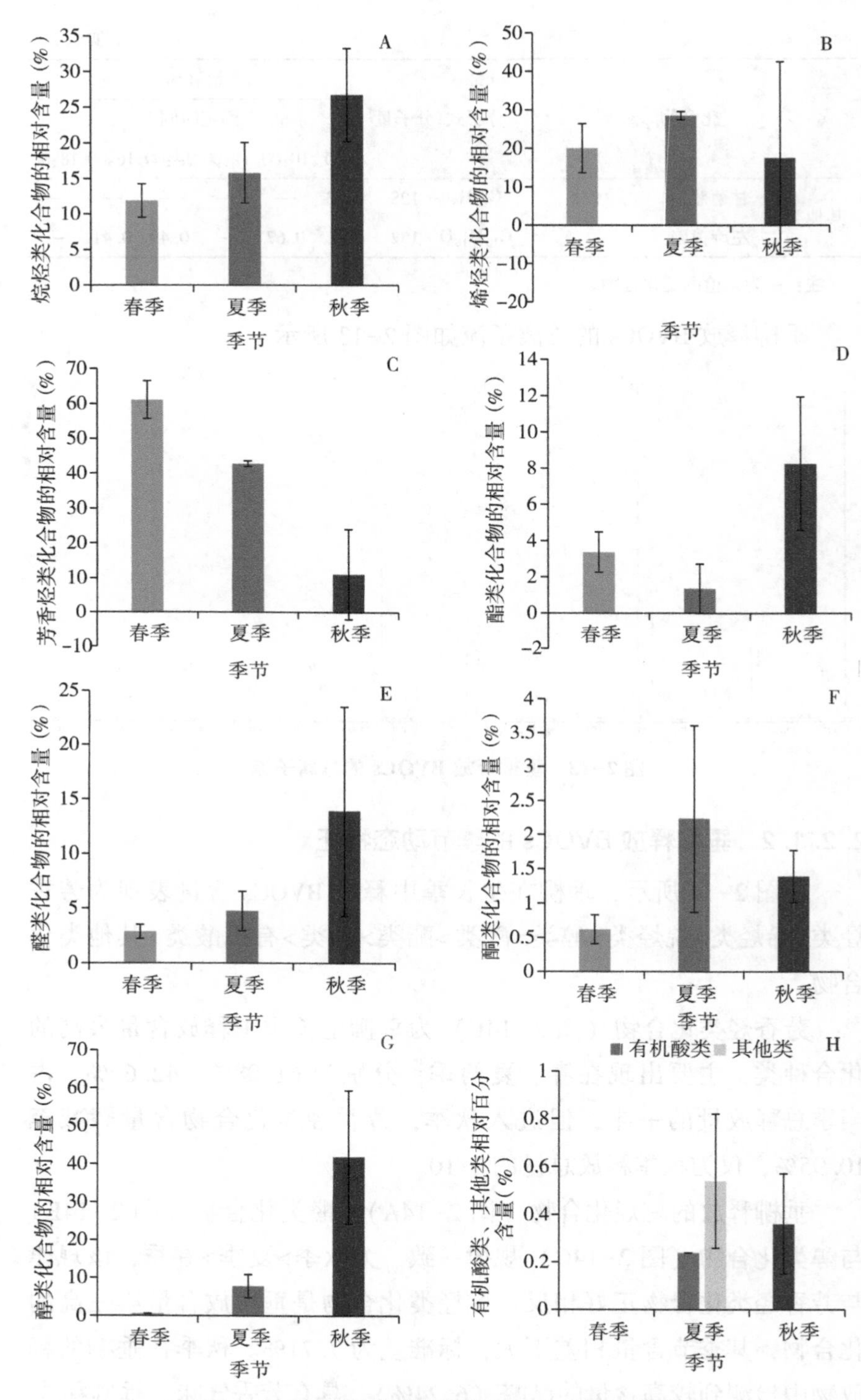

图 2-14　不同季节垂柳释放 BVOCs 的含量变化

的醇类化合物季节分布不均，具体表现为秋季（41.87%）>夏季（7.78%）>春季（0.16%），即在秋季释放的醇类化合物最多，在春季几乎不释放。

烯烃类化合物（图 2-14B）、酯类化合物（图 2-14D）与醛类化合物是植物具备芳香的重要来源。垂柳释放烯烃类化合物符合生长季规律：夏季（28.50%）>春季（20.05%）>秋季（17.44%）；酯类化合物表现为秋季（8.25%）>春季（3.36%）>夏季（1.35%）。因此，垂柳释放的 BVOCs，其不同种类的含量会随季节的变化而调整，但总释放量基本保持一致。

2.2.1.3　垂柳释放 BVOCs 的月动态特征

辛醛、癸醛、己醛以及长叶烯等化合物为阔叶树种释放量高的化合物，这些化合物使得空气中具有明显的清新感，调节人体的身心感受，使人感到舒缓和安逸，从而达到消除疲劳，重振精神的作用（Yatagai，2011）。在垂柳释放的 BVOCs 中，选择 7 种主要释放的挥发性有机化合物，讨论其含量的月变化特征。

垂柳释放量最大的挥发性有机化合物是异戊二烯，它具有显著的种间差异，常见于柳属、桉属、悬铃木属。如图 2-15 所示，异戊二烯存在于垂柳的完整生长季中，其浓度含量呈“单峰型”，峰值出现在 7 月（12.48%）。辛醛、天竺葵醛和左薄荷脑同样存在于垂柳的完整生长季中，且三者含量都呈波动趋势，辛醛含量浮动不大，振幅约 0.24%；天竺葵醛最大值出现在 9 月，为 3.92%，最小值出现在 7 月，为 0.82%，相差 3.1%；左薄荷脑属醇类化合物，含量虽小，但其是垂柳释放的常见化合物，最大值出现在 9 月，为 1.55%，是 7 月释放量的 7 倍。

α-蒎烯呈“U”形曲线，从 4 月开始（5.5%）含量递减至 7 月无释放，随后上升至 10 月（5.77%）。垂柳仅在夏、秋两季释放长叶烯和己醛，己醛在 9 月的释放量较大，为 6.24%，是同期含量最大的醛类化合物。癸醛含量逐月增高，但 10 月不释放。

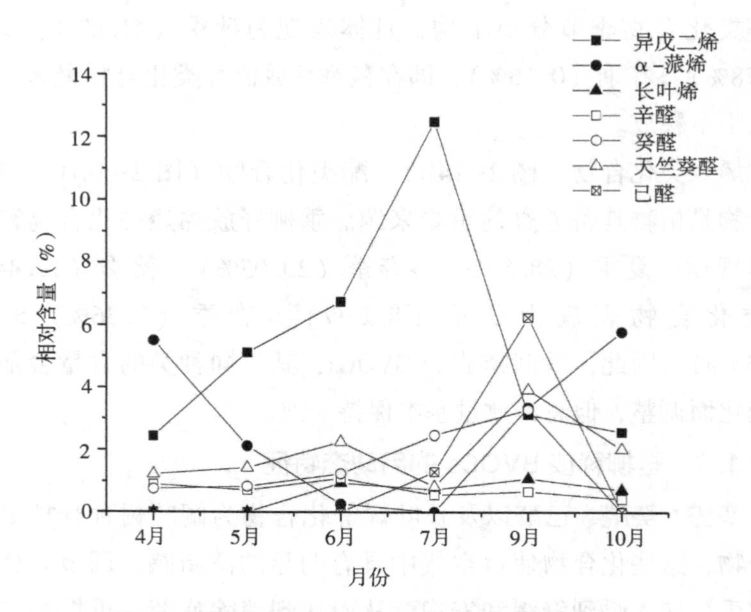

图 2-15　垂柳释放芳香类 BVOCs 的含量月变化

2.2.1.4　垂柳释放 BVOCs 的日动态特征

由表 2-7 垂柳 BVOCs 日变化含量可知，垂柳释放 BVOCs 日含量具体表现为烯烃类（24.53%±14.37%）>烷烃类（17.65%±9.93%）>醇类（15.17%±7.8%）>芳香烃类（13.51%±23.81%）>醛类（10.34%±2.59%）>酯类（10.22%±8.01%）>酮类（7.06%±2.5%）>有机酸类（0.65%±0.82%）。

烯烃类化合物的主要成分为异戊二烯，随温度升高，异戊二烯合成酶活性增强，异戊二烯释放量增大，12:00（38.05%）>10:00（35.40%）>8:00（6.75%）；但当温度开到一定界限，异戊二烯合成酶的活性开始降低，异戊二烯释放量也开始降低，12:00（38.05%）>14:00（19.45%）>16:00（18.04%）>18:00（8.67%）。

除了异戊二烯，垂柳释放烯烃类化合物还包括 α-蒎烯、长叶烯、1-辛烯、柏木烯等。α-蒎烯只出现在 4~6 月且含量极低，不足 1%；长叶烯在 7 月的释放量最高，为 2.36%；1-辛烯集中释放在5~9月且含量近似相等；柏木烯存在且仅存在于 7 月，只有 0.56%。

醛类化合物的时间变化特征也很明显：8:00~10:00其含量为上升趋势，12:00~14:00温度最高，含量降低，14:00出现谷值，为9.15%，然后随着温度降低，含量回升。垂柳释放的烷烃类化合物含量最低值出现在12:00为4.42%，18:00出现的最大值33.68%是它的8倍有余。垂柳释放芳香烃类化合物的时间变化特征显著，8:00芳香烃类化合物含量为61.90%，是该时刻释放BVOCs的主要组成成分，但8:00之后，芳香烃类化合物含量骤减至8.08%，直到1.39%。考虑到试验地地理位置特殊，处于高速路口旁，如此显著的浓度差异也许不能排除早高峰的因素。

表2-7　垂柳BVOCs日变化含量（%）

时间	烷烃类	烯烃类	芳香烃类	酯类	醛类	有机酸类	酮类	醇类
8:00	12.80	7.95	61.90	0.38	6.04	0.23	3.92	6.05
10:00	16.33	42.19	8.08	0.89	13.47	0.26	9.14	8.97
12:00	4.42	39.61	3.09	16.22	10.48	0.33	8.08	16.04
14:00	15.45	25.83	3.05	9.27	9.15	0.59	9.18	27.98
16:00	23.22	21.46	1.39	17.81	10.65	0.22	3.85	18.85
18:00	33.68	10.16	3.53	16.75	12.27	2.30	8.17	13.13
平均含量	17.65	24.53	13.51	10.22	10.34	0.65	7.06	15.17

2.2.2　槐树释放BVOCs的组成及动态特征

2.2.2.1　槐树释放BVOCs的组成及含量

选取槐树生长季的数据进行讨论，见表2-8所示，由槐树释放可检测出46种BVOCs，其中烷烃类化合物10种、烯烃类化合物5种、芳香烃类化合物7种、酯类化合物1种、醛类化合物9种、有机酸类化合物1种、酮类化合物4种、醇类化合物9种。烯烃类化合物中1-辛烯、罗勒烯、异戊二烯等化合物，醛类化合物中的天竺葵醛、辛醛等化合物以及醇类化合物中植物醇、（+/-）-薄荷醇等化合物可使空气清爽，缓解疲劳。具体表现为芳香烃类（42.12%）>烷烃类（21.65%）>醛类（16.62%）>醇类（9.99%）>烯烃类（4.62%）>酮类（3.12%）>酯类（1.38%）>有机酸类（0.20%）。

表 2-8　槐树释放挥发性有机物的组成及含量

	化合物	分子式	分子量	含量（%）
烷烃类	己烷	C_6H_{14}	86	4.69
	壬烷	C_9H_{20}	128	1.05
	癸烷	$C_{10}H_{22}$	142	2.51
	十一烷	$C_{11}H_{24}$	156	3.87
	正十三烷	$C_{13}H_{28}$	184	3.94
	十六烷	$C_{16}H_{34}$	226	3.95
	正十九烷	$C_{19}H_{40}$	268	0.11
	正二十八烷	$C_{28}H_{58}$	394	0.91
	三十二烷	$C_{32}H_{66}$	450	0.24
	正三十六烷	$C_{36}H_{74}$	506	0.38
烯烃类	3-蒈烯	$C_{10}H_{16}$	136	0.41
	1-辛烯	C_8H_{16}	112	0.96
	罗勒烯	$C_{10}H_{16}$	136	0.39
	壬烯	C_9H_{18}	126	1.46
	异戊二烯	C_6H_{12}	68	1.39
芳香烃类	甲苯	C_7H_8	92	7.44
	乙基苯	C_8H_{10}	106	5.51
	间二甲苯	C_8H_{10}	106	17.95
	邻二甲苯	C_8H_{10}	106	6.70
	丙苯	C_9H_{12}	120	1.32
	3-乙基甲苯	C_9H_{12}	120	2.47
	均三甲苯	C_9H_{12}	120	1.03
酯类	乙酸乙酯	$C_4H_8O_2$	88	1.38
醛类	L-（-）-甘油醛	$C_3H_6O_3$	90	0.13
	4-戊烯醛	C_5H_8O	84	0.23
	己醛	$C_6H_{12}O$	100	6.40
	青叶醛	$C_6H_{10}O$	98	1.72
	庚醛	$C_7H_{14}O$	114	1.44
	2，4-己二烯醛	C_6H_8O	96	0.34
	辛醛	$C_8H_{16}O$	128	2.89
	癸醛	$C_{10}H_{20}O$	156	0.13
	天竺葵醛	$C_9H_{18}O$	142	3.35

（续表）

	化合物	分子式	分子量	含量（%）
有机酸类	异丁酸	$C_4H_8O_2$	88	0. 20
酮类	3-庚酮	$C_7H_{14}O$	114	0. 36
	苯乙酮	C_8H_8O	120	0. 86
	环己酮	$C_6H_{10}O$	98	1. 46
	异佛尔酮	$C_9H_{14}O$	138	0. 44
醇类	1，3-丁二醇	$C_4H_{10}O_2$	90	1. 51
	植物醇	$C_{20}H_{40}O$	296	0. 28
	3-甲基环己醇	$C_7H_{14}O$	114	2. 72
	顺式 1，4-丁烯二醇	$C_4H_8O_2$	88	0. 28
	(+/-) -薄荷醇	$C_{20}H_{40}O_2$	156	0. 40
	青叶醇	$C_6H_{12}O$	100	2. 87
	二十六醇	$C_{26}H_{54}O$	382	0. 58
	2-己基-1-癸醇	$C_{16}H_{34}O$	242	0. 40
	2-丁基辛醇	$C_{12}H_{26}O$	186	0. 96

槐树释放 BVOCs 的总离子流如图 2-16 所示。

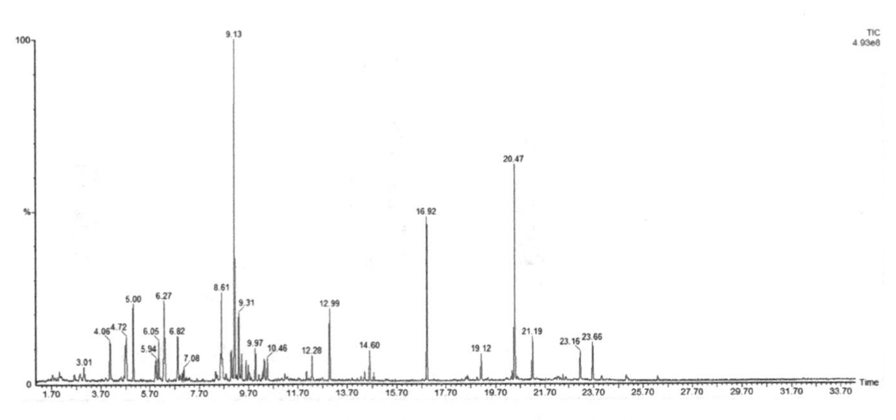

图 2-16　槐树释放 BVOCs 的总离子流

2. 2. 2. 2　槐树释放 BVOCs 的季节动态特征

如图 2-17 所示，槐树在整个生长季中释放的 BVOCs 成分含量为烯烃类>芳香烃类>醇类>烷烃类>醛类>酯类>酮类>有机酸类>其

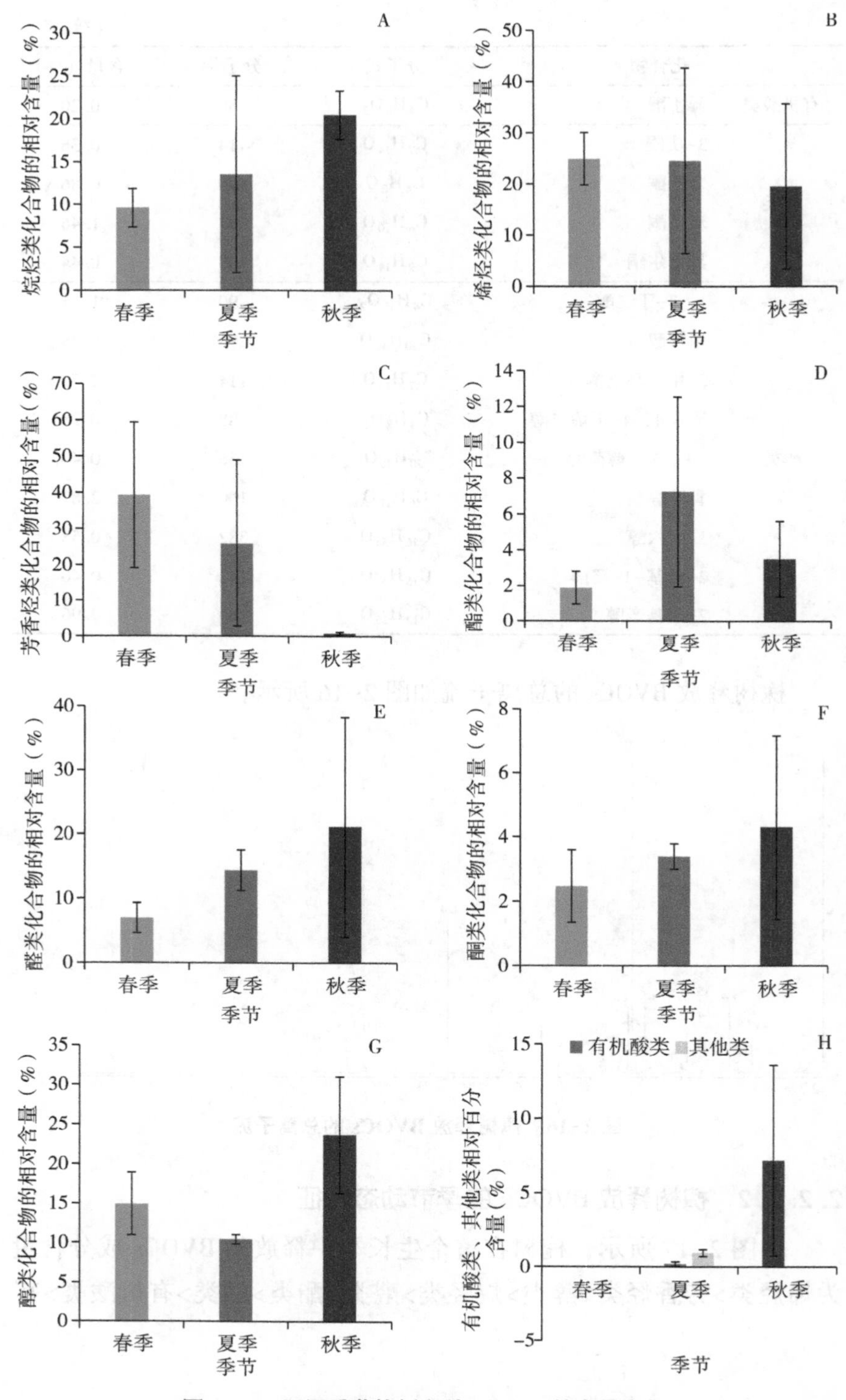

图 2-17 不同季节槐树释放 BVOCs 的含量变化

他类。烯烃类化合物表现为春季（24.93%）>夏季（24.52%）>秋季（19.48%）（图2-17B），春、夏两季万物复苏，槐树作为阔叶树，生命力旺盛，其释放的烯烃类含量近似相等。芳香烃类化合物（图2-17C）与烯烃类化合物含量变动规律一致，春季（39.24%）>夏季（25.8%）>秋季（0.35%），秋季芳香烃类化合物含量近似为零。

槐树释放的烷烃类化合物（图2-17A）、醛类化合物（图2-17E）与酮类化合物（图2-17F）的含量变动规律一致，但与烯烃、芳香烃类相反：秋季>夏季>春季。秋季槐树释放的主要醛类化合物为癸醛和己醛，二者呈生的油脂和青草气味。槐树对生长环境的要求不高，较于其他树种，其释放的酮类化合物与有机酸类化合物的浓度较高，其中有机酸类化合物主要集中在秋季，达到7.17%，春夏季节的含量可忽略不计。

醇类化合物是槐树释放的主要化合种类，表现为秋季（23.66%）>春季（14.91%）>夏季（10.41%）（图2-17G）。（+/-）-薄荷醇、植物醇、左薄荷脑都是醇类化合物的重要组成成分。酯类化合物（图2-17D）呈夏季（7.24%）>秋季（3.49%）>春季（1.89%），这与桧柏的酯类变化规律一致。

2.2.2.3　槐树释放BVOCs的月动态特征

在槐树释放的BVOCs中，选择9种主要释放的挥发性有机化合物，讨论其含量的月变化特征。

如图2-18所示，9种化合物中只有（+/-）-薄荷醇贯穿了槐树的生长季，含量变化趋势呈“N”形，从4月的0.98%下降至0.40%（6月），后升到达峰值1.4%（9月）后再次降低。异戊二烯出现在6~10月，含量相对较大（3.93%±1.75%）。α-蒎烯呈“W”曲线，最高峰出现在4月，为8.98%。桧烯出现在4月、5月、7月，并在7月以15.49%的浓度值成为当月释放量最大的烯烃类化合物。右旋萜二烯只存在于10月，含量为17.81%，是槐树生长季中含量最高的烯烃类化合物。

柠檬烯出现在4月、5月，含量占夏季烯烃类化合物的55.54%。

己醛出现在6~10月，且含量逐月降低，月较差为5.28%。癸醛和天竺葵醛都是槐树释放的重要醛类化合物，含量虽有波动，但振幅不大。

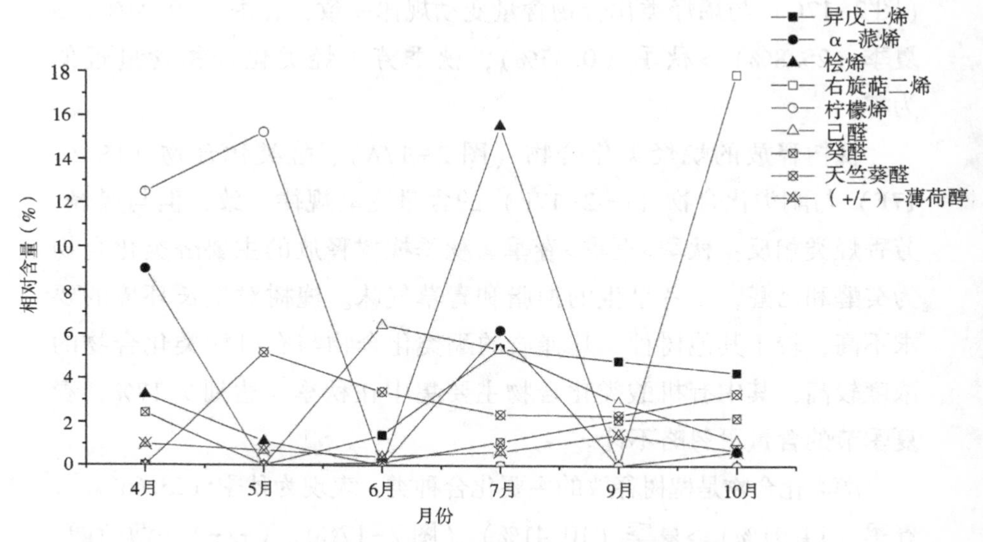

图 2-18　槐树释放芳香类挥发性有机物的含量月变化

2.2.3　银杏释放 BVOCs 的组成及动态特征

2.2.3.1　银杏释放 BVOCs 的组成及含量

选取银杏生长季的数据进行讨论，如表 2-9 所示，由银杏释放可检测出 46 种 BVOCs，其中烷烃类化合物 6 种、烯烃类化合物 7 种、芳香烃类化合物 5 种、酯类化合物 2 种、醛类化合物 10 种、有机酸类化合物 2 种、酮类化合物 2 种、醇类化合物 12 种。

银杏释放的 BVOCs 中，醇类化合物含量最高，占总挥发量的 34.85%，其次是烷烃类化合物、醛类化合物（24.49%）、烯烃类化合物（6.41%）、酮类化合物（3.57%）、酯类类化合物（1.74%）、芳香烃类化合物（1.37%），最后是有机酸类化合物，仅为总量的 0.85%。银杏释放的 BVOCs 以醇类、烷烃类和醛类为主，三者共占挥发总量的 86.05%，其中青叶醇、月桂醇、水杨醛以及青叶醛等都是银杏具备清新香气的重要来源。

表2-9 银杏释放BVOCs的组成及含量

	化合物	分子式	分子量	含量（%）
烷烃类	2，7-二甲基辛烷	$C_{10}H_{22}$	142	0.20
	十四烷	$C_{14}H_{30}$	198	1.17
	十五烷	$C_{15}H_{32}$	212	6.48
	十七烷	$C_{17}H_{36}$	240	13.06
	正二十八烷	$C_{28}H_{58}$	394	3.10
	正三十四烷	$C_{34}H_{70}$	478	2.70
烯烃类	1-辛烯	C_8H_{16}	112	1.78
	1-十七烯	$C_{17}H_{34}$	238	1.11
	1-庚烯	C_7H_{14}	98	1.58
	3-蒈烯	$C_{10}H_{16}$	136	0.88
	（1R）-（+）-α-蒎烯	$C_{10}H_{16}$	136	0.64
	2，4，4-三甲基-1-戊烯	C_8H_{16}	112	0.28
	罗勒烯	$C_{10}H_{16}$	136	0.13
芳香烃类	间异丙基甲苯	$C_{10}H_{14}$	134	0.45
	均三甲苯	C_9H_{12}	120	0.38
	甲苯	C_7H_8	92	0.18
	均三甲苯	C_9H_{12}	120	0.14
	萘	$C_{10}H_8$	128	0.21
酯类	L-乙酸冰片酯	$C_{12}H_{20}O_2$	196	1.38
	乙酸叶醇酯	$C_8H_{14}O_2$	142	0.37
醛类	戊二醛	$C_5H_8O_2$	100	1.99
	己醛	$C_6H_{12}O$	100	2.14
	青叶醛	$C_6H_{10}O$	98	1.35
	聚丙烯醛	$C_4H_{10}O_2$	90	8.48
	水杨醛	$C_7H_6O_2$	122	0.16
	天竺葵醛	$C_9H_{18}O$	142	3.63
	癸醛	$C_{10}H_{20}O$	156	3.77
	2-甲基戊醛	$C_6H_{12}O$	100	0.81
	庚醛	$C_7H_{14}O$	114	1.70
	桃醛	$C_{11}H_{20}O_2$	212	0.46
有机酸类	2-已炔酸	$C_6H_8O_2$	112	0.52
	反式乌头酸	$C_6H_3O_6$	174	0.33

（续表）

	化合物	分子式	分子量	含量（%）
酮类	2-甲基环戊酮	$C_6H_{10}O$	98	2.53
	苯乙酮	C_8H_8O	120	1.04
醇类	1，3-丁二醇	$C_4H_{10}O_2$	90	7.41
	反-2-戊烯-1-醇	$C_5H_{10}O$	86	1.62
	青叶醇	$C_6H_{12}O$	100	11.57
	辛醇	$C_8H_{18}O$	130	4.49
	植物醇	$C_{20}H_{40}O$	296	0.46
	2-苯基	$C_9H_{14}O$	136	0.44
	(+/-) -薄荷醇	$C_{20}H_{40}O_2$	156	2.18
	月桂醇	$C_{12}H_{26}O$	186	0.55
	1-十三醇	$C_{13}H_{28}O$	200	1.34
	1，2-丙二醇	$C_3H_8O_2$	76	2.38
	4-乙基环已醇	$C_8H_{16}O$	128	0.37
	2-甲基-5-辛炔-4-醇	$C_9H_{16}O$	140	2.03

银杏释放 BVOCs 的总离子流如图 2-19 所示。

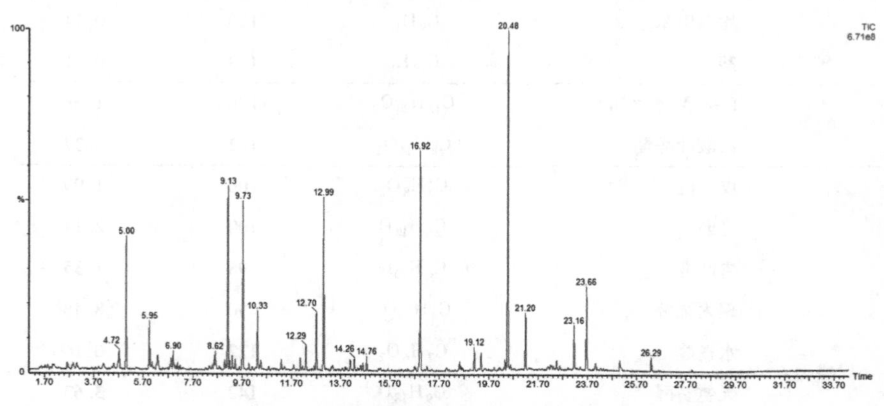

图 2-19　银杏释放 BVOCs 的总离子流

2.2.3.2　银杏释放 BVOCs 的季节动态特征

如图 2-20 所示，银杏在生长季中释放量最高的化合物为烷烃类，其次是醇类与醛类化合物，烯烃类、酯类与芳香烃类化合物紧随其后，最后是酮类、其他类以及有机酸类化合物。

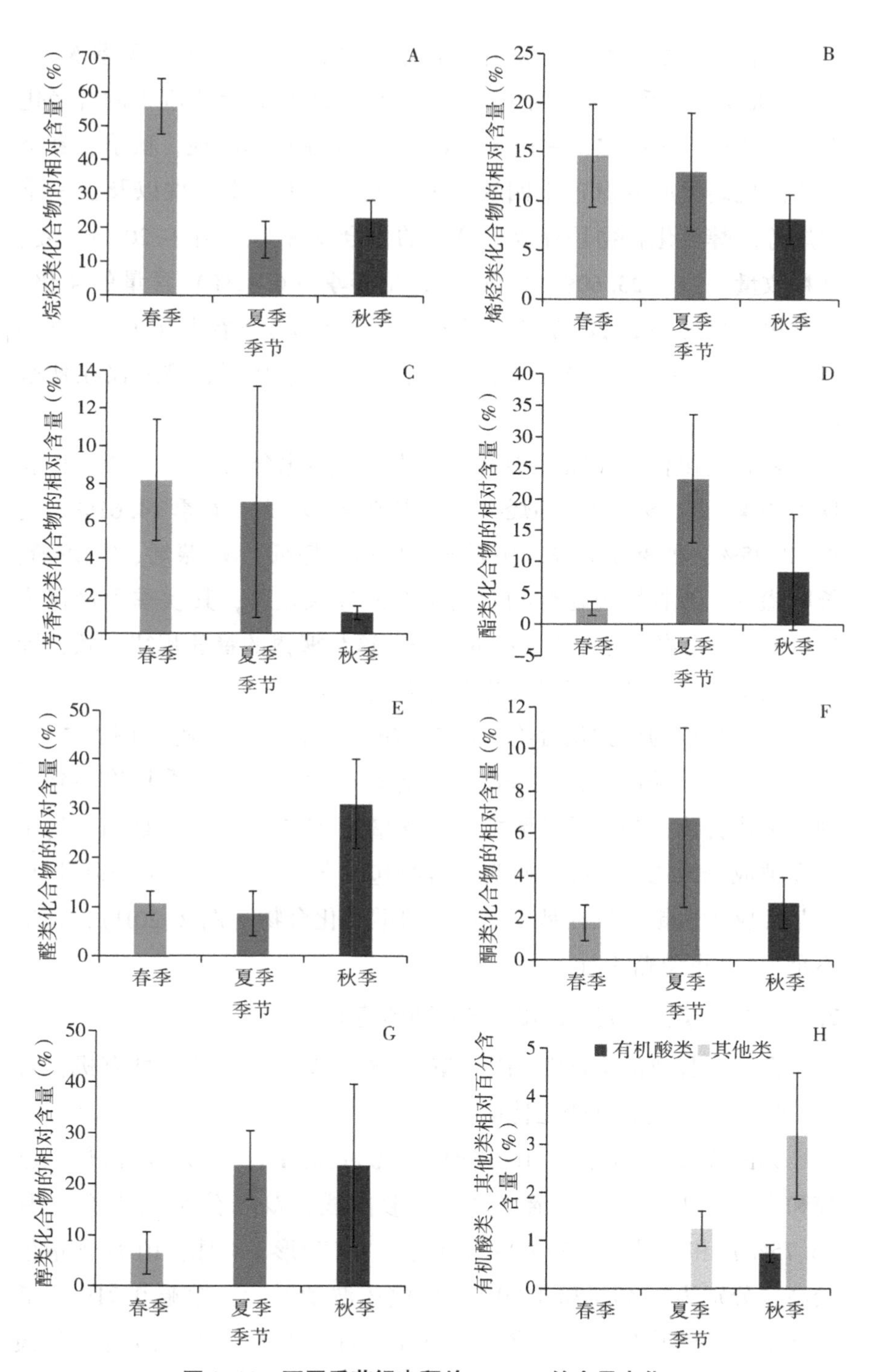

图 2–20　不同季节银杏释放 BVOCs 的含量变化

银杏释放烷烃类化合物春季含量最高，为 55. 80%，秋季次之，为 22. 90%，夏季最少，为 16. 56%（图 2-20A）。其中春季的烷烃化合物主要成分为己烷，占比 54. 66%，且仅在春季出现，秋季、夏季主要的烷烃类成分有正十四烷、正十九烷、正二十八烷以及正三十四烷等。醇类化合物是释放量第二的化合物种类（图 2-20G），夏、秋释放量一致（23. 60%±0. 06%），是春季（6. 42%）含量的 4 倍。醛类化合物（图 2-20E）表现为秋季（30. 89%）>春季（10. 76%）>夏季（8. 61%），主要成分有天竺葵醛、已醛、庚醛，桃醛仅在秋季出现。

烯烃类化合物（图 2-20B）与芳香烃类化合物（图 2-20C）表现为春季>夏季>秋季。烯烃类含量季节差异不大，春季 14. 61%、夏季 12. 95%、秋季 8. 17%，主要成分包括柠檬烯、α-蒎烯、3-蒈烯、长叶烯等。芳香烃类化合物含量季节差异较显著，其秋季含量仅为 1. 11%，不足春季含量 8. 17%的 1/7，这与槐树的释放规律一致，即二者秋季少释放甚至不释放芳香烃类化合物。

银杏释放的酯类化合物（图 2-20D）与酮类化合物（图 2-20F）规律一致，夏季最高，秋季次之，春季最少。银杏夏季只检测到一种酯类化合物，为乙酸叶醇酯，其含量为 23. 25%；夏、秋两季的主要酯类成分为乙酸乙酯。酮类化合物包括苯乙酮、异佛尔酮以及 2-甲基环戊酮。银杏仅在秋季释放有机酸类化合物（图 2-20H），含量不足 1%，可忽略不计。

2. 2. 3. 3 银杏释放 BVOCs 的月动态特征

在银杏释放的 BVOCs 中，选择 7 种主要释放的挥发性有机化合物，讨论其含量的月变化特征。

如图 2-21 所示，4～10 月均可检测到的 BVOCs 为 α-蒎烯、已醛和癸醛，其中 α-蒎烯呈“N”形曲线，双峰分别出现在 4 月（5. 75%）和 7 月（2. 37%）；已醛呈“W”形，4 月、10 月含量值较高，分别为 2. 49%和 4. 30%，但整体波动不大，振幅 0. 91%；癸醛含量变动趋势呈“V”字，谷值在 7 月，为 1. 05%，10 月达到最大值，为 4. 53%，相差 3. 48%。

柠檬烯分别存在于 4 月（7.30%）、7 月（4.22%）和 10 月（5.59%），是 4 月和 10 月中含量最高的烯烃类化合物。天竺葵醛 4~6月释放量基本持平，7 月含量最少，为 1.86%，9 月回升。2-乙基己醇是银杏释放的主要化合物，呈单峰型，峰值 16.73%，是 7 月释放的所有化合物中含量最大的有机化合物。左薄荷脑属醇类化合物，出现在 4~7 月。

综上，银杏释放的化合物中，4 月以烯烃类化合物为主，6 月烯烃类化合物减少、醇类化合物种类增加，7 月、9 月主要释放醛类化合物。

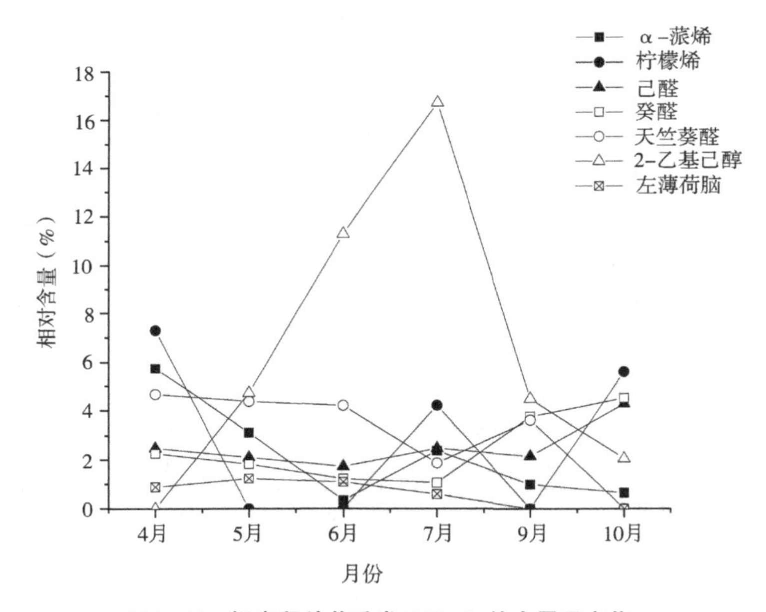

图 2-21　银杏释放芳香类 BVOCs 的含量月变化

2.2.4　栾树释放 BVOCs 的组成及动态特征

2.2.4.1　栾树释放 BVOCs 的组成及含量

选取栾树生长季的数据进行讨论，如表 2-10 所示，由栾树释放可检测出 39 种 BVOCs，其中烷烃类化合物 6 种、烯烃类化合物 8 种、芳香烃类化合物 4 种、酯类化合物 2 种、醛类化合物 7 种、有机酸类化合物 6 种、酮类化合物 4 种、醇类化合物 7 种。

栾树释放 BVOCs 中，醛类化合物（26.19%）>芳香烃类化合物（21.82%）>烷烃类化合物（15.91%）>醇类化合物（15.41%）>

酮类化合物（10.66%）>烯烃类化合物（4.90%）>有机酸类化合物（2.82%）>酯类化合物（2.30%）。栾树释放各类 BVOCs 含量较平均，没有明显突出的化合物类别，其中己醛是栾树释放含量最高的化合物（18.38%），具有青草香气，可用于制作精油。

表 2-10 栾树释放 BVOCs 的组成及含量

化合物		分子式	分子量	含量（%）
烷烃类	正戊烷	C_5H_{12}	72	0.40
	正庚烷	C_7H_{16}	100	0.03
	异戊烷	C_5H_{12}	72	0.76
	壬烷	C_9H_{20}	128	2.12
	十四烷	$C_{14}H_{30}$	198	4.53
	正十九烷	$C_{19}H_{40}$	268	8.07
烯烃类	β-蒎烯	—	—	—
	3-蒈烯	—	—	—
	柠檬烯	—	—	—
	石竹烯	—	—	—
	α-蒎烯	$C_{10}H_{16}$	136	0.16
	1-辛烯	C_8H_{16}	112	1.21
	2，4，4-三甲基-1-戊烯	C_8H_{16}	112	0.45
	4-甲基-1-戊烯	C_6H_{12}	84	3.08
芳香烃类	乙基苯	C_8H_{10}	106	0.28
	甲苯	C_7H_8	92	12.82
	均三甲苯	C_9H_{12}	120	1.90
	萘	$C_{10}H_8$	128	6.82
酯类	2，2-二甲氧基乙酸甲酯	$C_5H_{10}O_4$	134	2.25
	乙酸叶醇酯	$C_8H_{14}O_2$	142	0.04
醛类	正戊醛	$C_5H_{10}O$	86	4.95
	3-羟基丁醛	$C_4H_8O_2$	88	0.07
	庚醛	$C_7H_{14}O$	114	0.12
	异戊醛	$C_5H_{10}O$	86	0.05
	己醛	$C_6H_{12}O$	100	18.38
	癸醛	$C_{10}H_{20}O$	156	2.62
	天竺葵醛	—	—	—

（续表）

	化合物	分子式	分子量	含量（%）
有机酸类	乙酰乙酸	$C_4H_6O_4$	118	0.65
	3-羟基丁酸	$C_4H_8O_3$	104	0.40
	2-已炔酸	$C_6H_8O_2$	112	0.06
	反式乌头酸	$C_6H_3O_6$	174	0.06
	苯基丙二酸	$C_9H_6O_4$	180	0.64
	异丁酸	$C_4H_8O_2$	88	1.01
酮类	2-戊酮	$C_5H_{10}O$	86	2.86
	甲基环戊烯酮	C_6H_8O	96	0.31
	3-庚酮	$C_7H_{14}O$	114	0.83
	环已酮	$C_6H_{10}O$	98	6.66
醇类	仲戊醇	$C_5H_{12}O$	88	10.31
	2-癸醇	$C_{10}H_{22}O$	158	0.05
	左薄荷脑	$C_{10}H_{20}O$	156	1.93
	1，4-丁二醇	$C_4H_{10}O_2$	90	0.08
	3-丁炔-1-醇	C_4H_6O	70	0.06
	cis-2-甲基环已醇	$C_7H_{14}O$	114	2.14
	环丙基甲醇	C_4H_8O	72	0.84

栾树释放 BVOCs 的总离子流如图 2-22 所示。

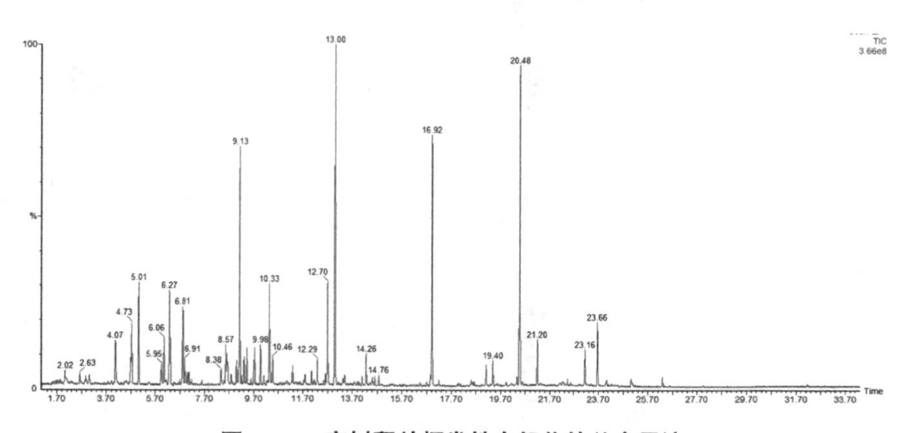

图 2-22　栾树释放挥发性有机物的总离子流

2.2.4.2　栾树释放 BVOCs 的季节动态特征

如图 2-23 所示，生长季中的栾树释放 BVOCs 的含量排序为芳

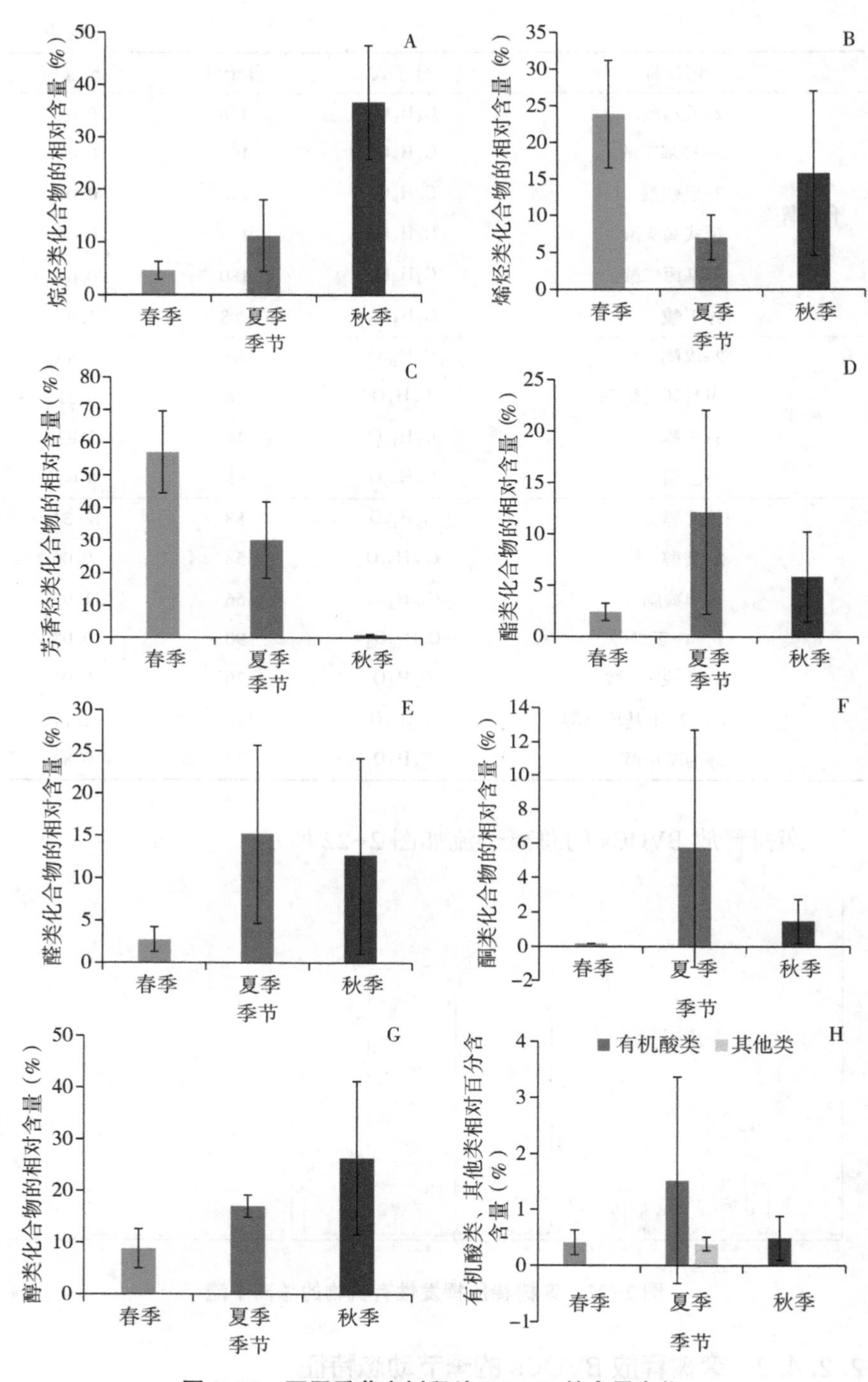

图 2-23 不同季节栾树释放 BVOCs 的含量变化

香烃类>烷烃类>醇类>烯烃类>醛类>酯类>酮类>有机酸类，以及微量的杂质化合物。

栾树释放芳香烃类化合物（图 2-23C）的浓度变化规律与其他 3 种阔叶树一致，表现为春季（57.02%）>夏季（30.08%）>秋季（0.81%），春季芳香烃含量是总释放量的 50%，随着时间推移，含量逐渐减少，秋季基本停止释放芳香烃。

烷烃类化合物（图 2-23A）、醇类化合物（图 2-23G）以及烯烃类化合物（图 2-23B）都是栾树释放 BVOCs 的主要成分，其中烷烃类化合物与醇类化合物的含量变动规律一致，表现为秋季>夏季>春季。烷烃类化合物的季较差较大，秋季释放量 36.60%是春季 4.60%的 9 倍。醇类化合物三季释放量呈递增趋势，涨幅为 8.60%~9.02%，每个季节的具体有机物也较一致，包括仲戊醇、左薄荷脑、cis-2-甲基环已醇等。烯烃类化合物表现为春季>秋季>夏季，栾树作为阔叶树种，春季会释放更多的有机化合物，包括 α-蒎烯、β-蒎烯、3-蒈烯、柠檬烯、石竹烯等。

栾树释放的酯类化合物（图 2-23D）、醛类化合物（图 2-23E）和酮类化合物（图 2-23F）浓度变化趋势一致，夏季>秋季>春季。酯类化合物在夏季被大量释放（12.13%），春秋两季释放量骤减，不足夏季的一半。醛类化合物也是栾树主要释放的有机物，主要表现在夏、秋两季，含量分别为 15.20%、12.61%，春季仅释放庚醛、癸醛和天竺葵醛，浓度占比 2.74%。酮类化合物总释放量不高，三季之和为 7.37%，其中春季释放量不足 0.2%，近似不释放。

2.2.4.3　栾树释放 BVOCs 的月动态特征

在栾树释放的 BVOCs 中，选择 9 种主要的释放的挥发性有机化合物，讨论其含量的月变化特征。如图 2-24 所示，α-蒎烯是栾树释放的主要烯烃类化合物，含量呈“V”形曲线，4 月、10 月含量值近似相等，是 6 月最低含量 0.16%的 35 倍。3-蒈烯存在于 4 月、9 月和 10 月，4 月含量最高为 4.32%，10 月次之，为 3.17%，可能是受温度影响，温度越低，3-蒈烯含量越大。栾树释放的右旋萜二烯规律与槐树一致，都只在 10 月出现，且含量极高，为 15.40%。

己醛和乙酸叶醇酯都出现在6~10月，己醛含量逐月降低，6月己醛含量高达18.38%，10月仅释放1.15%；乙酸叶醇酯7月释放量最大，为21.97%，是当月释放的唯一酯类化合物。乙酸乙酯作为阔叶树种常释放的化合物，出现在春、秋两季且含量相近。栾树4~7月释放的仲戊醇呈单峰曲线，峰值在6月，为10.31%，是4月3.96%的2.6倍。左薄荷脑也是醇类化合物，贯穿栾树的生长季，但含量不高，仅为0.17%。

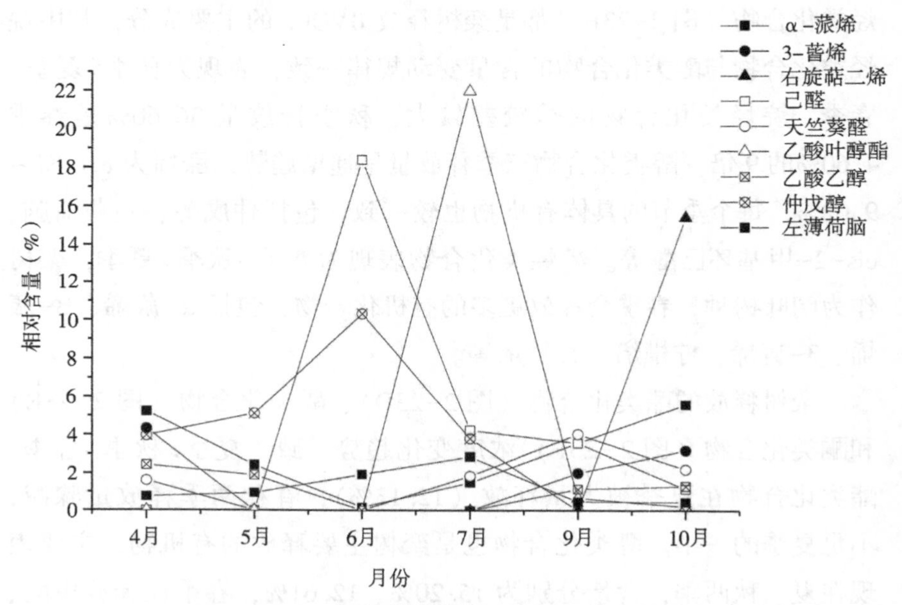

图2-24　栾树释放芳香类BVOCs的含量月变化

2.2.5　讨论

阔叶树种在生长季中释放BVOCs的种类含量最多的是芳香烃类化合物（23.69%±13.91%）、烷烃类（20.47%±7.69%）及烯烃类（18.11%±5.28%），不同树种有不同的含量排序。垂柳：芳香烃类>烯烃类>烷烃类>醇类>醛类>酯类>酮类>有机酸类>其他类化合物；槐树：烯烃类>芳香烃类>醇类>烷烃类>醛类>酯类>酮类>有机酸类>其他类化合物；银杏：烷烃类>醇类>醛类>烯烃类>酯类>芳香烃类>酮类>有机酸类化合物；栾树：芳香烃类>烷烃类>醇类>烯烃类>醛类>酯类>酮类>有机酸类>其他类化合物。

阔叶树种释放芳香烃类化合物的季节变化规律一致，表现为春季>夏季>秋季。春、夏季芳香烃类含量高，秋季含量低。槐树、栾树的秋季芳香烃含量不足1%，银杏含量为1.11%，垂柳的秋季含量是其生长季芳香烃总释放量的9.55%。即阔叶树种秋季少释放甚至不释放芳香烃类化合物。芳香烃类化合物主要成分是以苯环为结构的化合物，主要的空气源是汽车尾气、工业污染等（谢绍东等，2000）。由于秋季阔叶树的树叶枯萎、掉落，无法吸附空气中的污染物，因此也不再释放芳香烃类化合物。

烷烃类化合物是阔叶树释放第二多的化合物种类。垂柳、槐树和栾树的释放规律一致，表现为秋季>夏季>春季；银杏表现为春季>秋季>夏季。阔叶树种释放的烷烃类化合物主要成分包括十四烷、十五烷、正十九烷、正二十一烷、正三十一烷等。当烷烃类化合物含C量超过10个时，即是植物自身释放的化合物（阎秀峰，2001）。春、夏季植物生理活动旺盛，释放物以烯烃类、酯类等具有植物香气的化合物为主，到了秋季，具有芳香性质的化合物含量降低，烷烃等BVOCs含量相对增加。

烯烃类化合物是阔叶树释放第三多的化合物种类。阔叶树种释放的烯烃类化合物种类不多，α-蒎烯、月桂烯、桧烯、3-蒈烯等含量亦较少。阔叶树种释放的烯烃类化合物主要为异戊二烯（崔骁勇等，2002），其具有显著的种间差异，常见于柳属、桉属、悬铃木属。垂柳与槐树在生长季中检测到了异戊二烯的存在，其中垂柳释放的异戊二烯是其占比最大的有机化合物。

阔叶树种释放较多的醇类化合物且种类丰富，包括2-乙基己醇、左薄荷脑、月桂烯醇、十九烷醇、2-庚醇、芳樟醇、L-薄荷醇、植物醇等；同样，阔叶树也释放多种醛类化合物，除常见的辛醛、天竺葵醛、癸醛等之外，还有含量较高的已醛、月桂醛、L-（-）-甘油醛以及水杨醛等。

阔叶树种释放酯类、酮类及有机酸类化合物随树种的不同，其变化规律也不相同。槐树、银杏与栾树关于酯类化合物的释放规律为夏季>秋季>春季，垂柳表现为秋季>春季>夏季。槐树、银杏和栾树夏季释放的酯类化合物仅有乙酸乙酯且含量较大，而垂柳的乙酸乙酯含量较少。阔叶树种在春、秋两季除乙酸乙酯外，还释放乙酸松油酯、乙酸叶醇酯及乙酸异龙脑酯等。槐树对生长环境的要求不高，较于其他树种，其释放的酮类化合物与有机酸类化合物的浓度较高，且集中在秋季。

2.2.6 小结

阔叶树种释放 BVOCs 的种类间含量分布均匀，主要表现为芳香烃类化合物含量 16.74%~30.65%，烷烃类化合物含量 16.62%~24.31%，烯烃类化合物含量 15.48%~20.75%，醇类化合物含量 16.69%~17.39%和醛类化合物含量 9.95%~14.18%。阔叶树种释放的烯烃类化合物种类不多，包括异戊二烯、α-蒎烯、月桂烯以及 3-蒈烯等；阔叶树种释放的丰富的醇类化合物，包括 2-乙基己醇、左薄荷脑、月桂烯醇、十九烷醇、2-庚醇、芳樟醇、L-薄荷醇、植物醇等；同样，阔叶树也释放多种醛类化合物，除常见的辛醛、天竺葵醛、癸醛等之外，还有含量较高的己醛、月桂醛、L-（-）-甘油醛以及水杨醛等。除上述 BVOCs 外，阔叶树释放的乙酸异龙脑酯也是其具有植物清香的来源之一。

释放烯烃类 BVOCs 时，栾树释放的季节变化规律表现为春季>夏季>秋季；垂柳表现为夏季>春季>秋季；槐树和银杏表现为春季>夏季>秋季。即烯烃类 BVOCs 主要在春、夏两季释放。

释放醛类 BVOCs 时，银杏表现为秋季>春季>夏季；栾树表现为夏季>秋季>春季；垂柳和槐树表现为秋季>夏季>春季。即大部分阔叶树种在夏、秋两季更易释放醛类 BVOCs。

阔叶树种主要释放异戊二烯，随温度升高，异戊二烯合成酶活性增强，异戊二烯释放量增大，以垂柳为例，12:00 释放量达 38.05%，当温度开到一定高度，异戊二烯合成酶的活性开始降低，异戊二烯释放量也随之降低，垂柳在 18:00 释放量仅有 8.67%。

第 3 章

北京地区8种典型景观树种释放有益挥发性有机物动态变化特征研究

3.1　侧柏和垂柳释放有益 BVOCs 组分生长季动态变化

3.1.1　侧柏释放有益 BVOCs 组分及生长季动态变化

3.1.1.1　侧柏释放有益 BVOCs 组分及相对含量生长季动态变化

侧柏在生长过程中，枝叶释放有益 BVOCs 共鉴定出 45 种成分，包含烯烃类化合物 18 种、酯类化合物 7 种、醇类化合物 11 种、醛类和酮类化合物各 3 种、有机酸类 1 种、其他类 2 种。不同季节之间侧柏释放有益 BVOCs 在组成成分和相对含量上均存在一定差别，各季节特征性化合物不同。如表 3-1 所示，春、夏、秋季均有释放且相对含量大于 1.0%的有益成分有 4 种，分别为桧烯、α-蒎烯、3-蒈烯和（1R）-（+）-α-蒎烯，4 种物质相对含量为 34.03%～42.37%，可认为侧柏生长季释放有益 BVOCs 的主要成分。其中 3-蒈烯和 α-蒎烯是构成松柏类植物松木香气的特征成分。3-蒈烯可用为食品香料，桧烯可降血压，提神醒脑类药物主要成分 α-蒎烯可调节神经系统、抑制肿瘤细胞生长，也可降低小鼠因高压引起的过高热等（杨水萌，2018；申慧珊，2019）。4 种物质均有一定程度抗炎杀菌活性，清新空气的同时在不同方面和层次上发挥着对人体保健功效。

表 3-1 侧柏释放有益 BVOCs 在生长季组分和相对含量变化（平均值±标准误差）

	化合物	分子式	相对含量（%）		
			春季	夏季	秋季
烯烃类	（1R）-（+）-α-蒎烯	$C_{10}H_{16}$	12.02±1.371	21.87±3.618	6.91±0.823
	β-蒎烯	$C_{10}H_{16}$	4.41±1.052	0.93±0.383	7.01±1.397
	右旋萜二烯	$C_{10}H_{16}$	8.24±0.823	0.34±0.271	4.85±0.642
	桧烯	$C_{10}H_{16}$	4.90±0.436	5.60±0.242	1.50±0.025
	萜品油烯	$C_{10}H_{16}$	2.27±0.194	0.84±0.511	0.51±0.189
	（1S）-（-）-α-蒎烯	$C_{10}H_{16}$	0.02±0.011	0.29±0.195	—
	柠檬烯	$C_{10}H_{18}O_2$	1.29±0.138	1.98±0.986	0.08±0.024
	α-蒎烯	$C_{10}H_{16}$	14.99±2.387	4.91±1.495	7.73±1.710
	松油烯	$C_{10}H_{16}$	1.09±0.435	0.13±0.007	1.56±0.815
	3-蒈烯	$C_{10}H_{16}$	2.12±0.149	2.08±0.658	26.23±5.687
	（s）-（-）-柠檬烯	$C_{10}H_{16}$	0.69±0.046	2.64±1.134	—
	柏木烯	$C_{15}H_{24}$	0.21±0.043	—	—
	莰烯	$C_{10}H_{16}$	0.10±0.005	0.08±0.031	0.88±0.386
	长叶烯	$C_{15}H_{24}$	0.14±0.064	—	0.02±0.016
	罗勒烯	$C_{10}H_{16}$	—	3.05±0.625	0.31±0.008
	月桂烯	$C_{10}H_{16}$	2.47±0.058	5.40±2.598	0.28±0.097
	石竹烯	$C_{14}H_{22}$	—	—	0.74±0.015
	α-柏木烯	$C_{15}H_{24}$	0.03±0.002	—	—
酯类	乙酸松油酯	$C_{12}H_{20}O_2$	0.20±0.146	0.01±0.012	0.11±0.058
	乙酸乙酯	$C_4H_8O_2$	0.24±0.013	—	0.95±0.003
	丙酸芳樟酯	$C_{13}H_{22}O_2$	0.01±0.004	0.42±0.247	—
	乙酸芳樟酯	$C_{12}H_{20}O_2$	—	0.01±0.003	—
	乙酸叶醇酯	$C_8H_{14}O_2$	—	2.57±0.852	—
	水杨酸甲酯	$C_8H_8O_3$	—	—	0.10±0.032
	乙酸冰片酯	$C_{12}H_{20}O_2$	0.01±0.006	—	0.47±0.022
醛类	天然壬醛	$C_9H_{18}O$	2.15±0.013	1.57±0.717	0.45±0.210
	已醛	$C_6H_{12}O$	1.61±0.648	1.61±0.198	0.13±0.034
	癸醛	$C_{10}H_{20}O$	0.76±0.348	1.20±0.735	0.49±0.315
酮类	甲基庚烯酮	$C_8H_{14}O$	0.37±0.139	0.29±0.044	—
	异佛尔酮	$C_9H_{14}O$	0.14±0.094	1.64±0.048	—
	樟脑	$C_{10}H_{16}O$	0.01±0.006	0.03±0.015	0.06±0.038

（续表）

化合物		分子式	相对含量（%）		
			春季	夏季	秋季
醇类	左薄荷脑	$C_{10}H_{20}O$	0.02±0.018	0.70±0.447	0.01±0.007
	松油醇	$C_{10}H_{18}O$	—	—	—
	（+/-）-薄荷醇	$C_{20}H_{40}O_2$	0.08±0.030	0.11±0.004	0.13±0.108
	龙脑	$C_{10}H_{16}O$	—	0.02±0.005	0.01±0.003
	顺-3-己烯-1-醇	$C_6H_{12}O$	0.02±0.013	0.11±0.124	—
	植物醇	$C_{20}H_{40}O$	0.02±0.024	0.19±0.037	0.06±0.018
	香茅醇	$C_{10}H_{20}O$	0.01±0.002	—	0.01±0.006
	桉树醇	$C_{10}H_{18}O$	0.06±0.033	—	—
	柏木脑	$C_{15}H_{26}O$	0.02±0.016	—	—
	芳樟醇	$C_{10}H_{18}O$	0.03±0.005	—	—
	环戊醇	$C_5H_{10}O$	0.20±0.007	—	—
有机酸类	油酸	$C_{18}H_{34}O_2$	0.04±0.018	0.01±0.014	—
其他类	其他类甘菊蓝	$C_{10}H_8$	0.01±0.002	0.01±0.006	0.12±0.076
	左旋樟脑	$C_{10}H_{16}O$	—	0.17±0.103	—

注：—为未检测到化合物。

春季侧柏释放有益 BVOCs 共鉴定出 7 类 37 种化合物，总相对含量为 60.99%。烯烃类化合物占较高的比例，为 54.99%，出现 16 种成分，以 α-蒎烯相对含量最高，为 14.99%，其次为（1R）-（+）-α-蒎烯（12.02%）、右旋萜二烯（8.24%）、桧烯（4.90%）和 β-蒎烯（4.41%）等；醛类化合物相对含量 4.52%，出现 3 种成分，以天然壬醛（2.15%）和己醛（1.61%）为主；酮类（0.52%）、酯类（0.46%）和醇类化合物（0.43%）种类很多，但每种成分相对含量较低，相对含量超过 0.20%的物质仅有甲基庚烯酮（0.37%）和乙酸乙酯（0.24%）；有机酸（1 种）和其他类化合物（2 种）种类较少，相对含量较低，均不超过 0.10%。

夏季侧柏释放有益 BVOCs 共鉴定出 7 类 32 种化合物，相对含量和种类数量均有所下降。烯烃类（14 种）和醛类化合物（3 种）相对含量下降，分别降低为 50.14%和 4.38%，其中烯烃类以（1R）-（+）-α-蒎烯为主，含量为 21.87%，其次为桧烯（5.60%）、月桂烯（5.40%）、α-蒎烯（4.91%）和罗勒烯（3.05%）等物质；醛类化合物有己醛（1.61%）、天然壬醛（1.57%）和癸醛（1.20%）；酯类（3种）、酮类（3种）和醇类化合物（5种）相对含量上升，分别为3.01%、1.97%和1.13%，各以乙酸叶醇酯（2.57%）、异佛尔酮（1.64%）和左薄荷脑（0.70%）为主要成分；有机酸和其他类化合物种类与春季相同，相对含量仍较低。

秋季侧柏释放有益BVOCs共鉴定出6类29种化合物，比夏季少了3种，相对含量较之夏季稍高，为61.70%。除烯烃类化合物（14种）相对含量明显升高，为58.61%，组成成分以3-蒈烯相对含量最高为26.23%，α-蒎烯（7.73%）、β-蒎烯（7.01%）和（1R）-（+）-α-蒎烯（6.91%）等物质次之；其余5类化合物相对含量都有所降低，且各类组成成分含量均不超过1.00%，其中酯类（4种）、醛类（3种）和酮类化合物（1种）相对含量明显下降，分别为1.62%、1.06%和0.06%；醇类（6种）和其他类化合物（1种）降幅较小且含量较低，分别为0.23%和0.12%；有机酸类未检测到。

3.1.1.2 生长季侧柏释放有益BVOCs成分对比分析

不同生长季，侧柏释放有益BVOCs在相对含量和种类上均存在差异（表3-1）。侧柏在春、夏、秋3个季节释放有益BVOCs均包含烯烃类、醛类、酯类、醇类、酮类和其他类物质，类别相差不大。三季有益BVOCs中烯烃类化合物始终占比最大，相对含量最高。相对含量大小排序为秋季（58.61%）>春季（54.99%）>夏季（50.14%），相对含量均已超过50.00%，可将其看作侧柏在生长季释放主要有益BVOCs类别（图3-1）。其余各类有益化合物在不同季节出现种类和相对含量有很大差别：春季仅有醛类化合物（4.52%）相对含量超过1.00%；夏季除其他类和有机酸类外，其余化合物相对含量均在1.00%~5.00%变化；秋季除有机酸类未检测到，释放的醛类（1.06%）和酮类（1.62%）相对含量虽超过1.00%，但各类化合物相对含量均较低。春、夏和秋季释放各类别化合物中，烯烃类和醇类物质所含成分种类较多，均大于5种。

各类有益化合物在不同生长季，种类数量和相对含量变化明显。

不同季节，烯烃类化合物相对含量趋势为秋季>春季>夏季；醇类和酮类化合物呈现夏季>春季>秋季的趋势；醛类化合物相对含量表现为春季>夏季>秋季；酯类和其他类化合物都出现夏季>秋季>春季的趋势；有机酸类仅在春夏季检测到春季>夏季（图 3-1）。烯烃类有益 BVOCs 种类季节变化为春季>夏季=秋季；醇类化合物种类变化趋势为春季>秋季>夏季；酮类和其他类化合物种类变化表现为春季=夏季>秋季；酯类化合物种类变化趋势为春季=秋季>夏季；醛类化合物种类三季没有变化，均为 3 种；有机酸类仅在春夏各释放 1 种有益成分，秋季未释放。

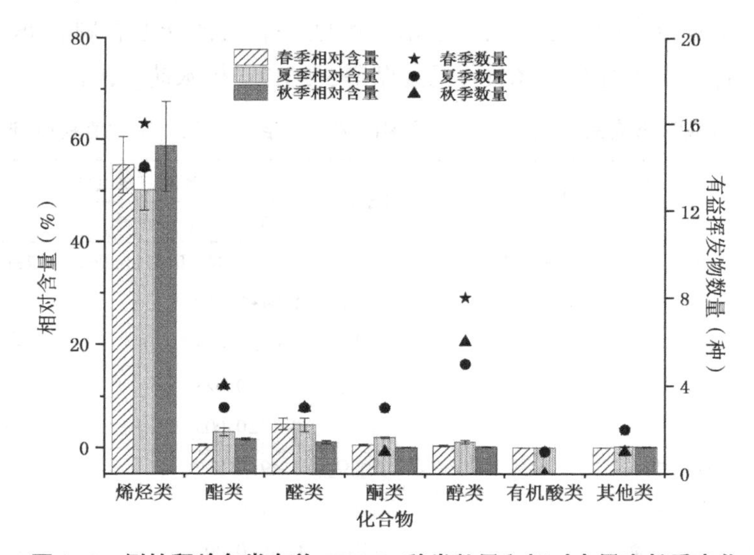

图 3-1　侧柏释放各类有益 BVOCs 种类数量和相对含量生长季变化

3. 1. 2　垂柳释放有益 BVOCs 组分及生长季动态变化

3. 1. 2. 1　垂柳释放有益 BVOCs 组分及相对含量生长季动态变化

垂柳在生长过程中，枝叶释放有益 BVOCs 共鉴定出 6 类 43 种化合物，其中烯烃类化合物 15 种，酯类化合物 9 种，醇类化合物 10 种，醛类化合物 4 种，酮类化合物 3 种，其他类 2 种。春、夏、秋不同季节有益 BVOCs 之间差异很大，每个季节都有其特征物质，体现在相对含量和组成成分上。如表 3-2 所示，春、夏、秋季均有释放且相对含量大于 1.0%有益成分有 6 种，分别为已醛、癸醛、天然壬醛、(+/-) -薄荷醇、顺-3-己烯-1-醇和乙酸叶醇酯。6 种物质相对含量为 20.93%~32.06%，可作为垂柳生长季主要释放有益成分，是垂柳具有清新气味主要贡献成分，且均有一定药理作用。其中己醛与抗炎作用有关并可参与食品香料配制；癸醛可以杀灭食品中常见细菌，人在自然状态下嗅闻其香气会产生愉悦感，进而调节情绪；天然壬醛是典型芳香成分，可用于配制香精和香料；(+/-) -薄荷醇有一定清凉感，可以缓解头痛和神经痛（李平等，2016）；顺-3-己烯-1-醇也被称为叶醇，其强烈的青草香气可以降低人体 a-脑波振幅值，缓解精神压力，使人情绪放松，也可以用来降解农药成分对人体及其他生物带来的长期危害；乙酸叶醇酯是名贵清新型香料，亦可配制食用香精（董建华，2011；马亚荣等，2017；杨水萌，2018）。

表 3-2　垂柳释放有益 BVOCs 在生长季组分和相对含量变化（平均值±标准误差）

	化合物	分子式	相对含量（%）		
			春季	夏季	秋季
烯烃类	(1R) - (+) -α-蒎烯	$C_{10}H_{16}$	7.49±0.463	0.47±0.063	3.77±0.214
	(s) - (-) -柠檬烯	$C_{10}H_{16}$	1.04±0.010	—	—
	β-蒎烯	$C_{10}H_{16}$	1.09±0.004	—	—
	柏木烯	$C_{15}H_{24}$	0.72±0.025	—	—
	桧烯	$C_{10}H_{16}$	0.17±0.005	—	—
	柠檬烯	$C_{10}H_{18}O_2$	3.49±0.842	—	—
	石竹烯	$C_{14}H_{22}$	0.14±0.006	—	—
	萜品油烯	$C_{10}H_{16}$	0.08±0.001	—	—
	右旋萜二烯	$C_{10}H_{16}$	0.69±0.013	—	2.78±0.153
	月桂烯	$C_{10}H_{16}$	0.34±0.001	—	—
	α-柏木烯	$C_{15}H_{24}$	—	0.07±0.038	—
	α-蒎烯	$C_{10}H_{16}$	0.02±0.016	0.05±0.012	—
	长叶烯	$C_{15}H_{24}$	0.06±0.024	0.49±0.264	0.54±0.014
	3-蒈烯	$C_{10}H_{16}$	—	—	1.22±0.125
	莰烯	$C_{10}H_{16}$	—	—	0.12±0.003

（续表）

	化合物	分子式	相对含量（%）		
			春季	夏季	秋季
酯类	甲酸香叶酯	$C_{12}H_{20}O_2$	0.07±0.005	—	—
	乙酸松油酯	$C_{12}H_{20}O_2$	0.71±0.014	—	—
	乙酸叶醇酯	$C_8H_{14}O_2$	7.15±0.158	10.25±1.074	2.52±0.058
	乙酸乙酯	$C_4H_8O_2$	1.18±0.212	—	1.37±0.001
	乙酸异龙脑酯	$C_{12}H_{20}O_2$	0.14±0.008	—	0.01±0.008
	丙酸芳樟酯	$C_{13}H_{22}O_2$	—	0.12±0.047	0.41±0.072
	乙酸冰片酯	$C_{12}H_{20}O_2$	0.02±0.012	0.03±0.005	—
	乙酸芳樟酯	$C_{12}H_{20}O_2$	0.01±0.004	0.05±0.001	—
	γ-己内酯	$C_6H_{10}O_2$	—	—	0.05±0.036
醛类	癸醛	$C_{10}H_{20}O$	1.88±0.116	4.24±0.711	2.20±0.879
	己醛	$C_6H_{12}O$	1.46±0.025	3.43±1.051	2.67±0.216
	天然壬醛	$C_9H_{18}O$	3.36±0.018	5.09±0.533	2.81±1.004
	视黄醛	$C_{20}H_{28}O$	—	—	0.02±0.008
酮类	甲基庚烯酮	$C_8H_{14}O$	0.85±0.005	0.86±0.006	—
	异佛尔酮	$C_9H_{14}O$	0.17±0.008	3.20±0.549	0.83±0.513
	樟脑	$C_{10}H_{16}O$	—	0.08±0.061	0.29±0.064
醇类	桉树醇	$C_{10}H_{18}O$	0.34±0.021	—	—
	顺-3-己烯-1-醇	$C_6H_{12}O$	6.44±1.085	3.12±0.872	9.66±2.146
	α-松油醇	$C_{10}H_{18}O$	—	0.09±0.010	—
	(+/-) -薄荷醇	$C_{20}H_{40}O_2$	11.77±1.769	5.29±0.603	1.07±0.005
	芳樟醇	$C_{10}H_{18}O$	—	0.03±0.004	—
	异植醇	$C_{20}H_{40}O$	—	0.10±0.001	—
	植物醇	$C_{20}H_{40}O$	—	0.21±0.028	0.04±0.027
	左薄荷脑	$C_{10}H_{20}O$	0.12±0.003	2.48±1.018	0.07±0.008
	环戊醇	$C_5H_{10}O$	—	—	0.25±0.001
	龙脑	$C_{10}H_{16}O$	0.02±0.011	—	0.03±0.016
其他类	甘菊蓝	$C_{10}H_8$	0.11±0.001	0.43±0.005	0.21±0.011
	左旋樟脑	$C_{10}H_{16}O$	0.22±0.006	0.89±0.426	—

注：—为未检测到化合物。

春季垂柳释放有益 BVOCs 共鉴定出 6 类 32 种化合物，总相对含量为 51.35%。醇类化合物相对含量为 18.69%，较其他类别稍高，包含5种成分，以（+/-）-薄荷醇（11.77%）和顺-3-己烯-1-醇（6.44%）为主；烯烃类化合物相对含量为15.33%，包含13种成分，除（1R）-（+）-α-蒎烯（7.49%）和柠檬烯（3.49%）之外，其他成分相对含量均较低；酯类化合物相对含量9.28%，包含7种成分，以乙酸叶醇酯（7.15%）为主；醛类化合物相对含量6.70%，包含天然壬醛（3.36%）、癸醛（1.88%）和己醛（1.46%）3种成分；酮类（1.02%）和其他类化合物（0.34%）相对含量较低，且均仅检测出两种成分。

夏季垂柳释放有益BVOCs共鉴定出6类23种化合物，总相对含量（41.09%）和种类数量较之春季均有所下降。有益BVOCs类别中醇类和烯烃类化合物相对含量下降显著，分别为11.32%和1.099%，其中醇类出现7种有益成分，主要成分为（+/-）-薄荷醇（5.29%）、顺-3-己烯-1-醇（3.12%）和左薄荷脑（2.48%）；烯烃类仅检测到4种成分，相对含量均未超过1.00%；醛类和酮类化合物相对含量明显上升，分别为12.77%和4.14%，其中醛类出现3种有益成分，为天然壬醛（5.09%）、癸醛（4.24%）和己醛（3.43%）；酮类仅检测到3种，以异佛尔酮（3.20%）为主。酯类和其他类化合物相对含量略有增长，分别为10.45%和1.31%，其中酯类化合物包含4种有益成分，以乙酸叶醇酯（10.25%）为主，其他类两种有益成分相对含量均未超过1.00%。

秋季垂柳释放有益BVOCs同样鉴定出6类23种化合物，与夏季相同，但总相对含量较夏季明显下降，仅为32.94%。烯烃类化合物（8.43%）相对含量明显上升，组成成分有5种，相对含量超过1.00%的有（1R）-（+）-α-蒎烯（3.77%）、右旋萜二烯（2.78%）和3-蒈烯（1.22%），其余5类化合物都出现不同程度的降低。酯类、醛类和酮类化合物相对含量显著下降，分别为4.36%、7.07%和1.12%，其中酯类出现5种成分，以乙酸叶醇酯（2.52%）和乙酸乙酯（1.37%）为主；醛类包含4种成分，主要为天然壬醛（2.81%）、己醛（2.67%）和癸醛（2.20%）；酮类2种成分相对含量较低，均未超过1.00%。醇类（11.12%）和其他类化合物（0.21%）相对含量略有下降，分别为11.12%和0.21%，其中醇类包含 6 种成分，主要有顺-3-己烯-1-醇（9.66%）和（+/-）-薄荷醇（1.07%）；其他类仅检测到 1 种成分，且相对含量均未超过 1.00%。

3.1.2.2　生长季垂柳释放有益 BVOCs 组分对比分析

不同生长季，垂柳释放有益 BVOCs 在相对含量和种类数量上均存在差异（表 3-2）。春、夏、秋三个季节，垂柳释放有益 BVOCs 都含有烯烃类、醛类、酯类、醇类、酮类和其他类共 6 类化合物，各类化合物在不同季节出现种类和相对含量均有很大差别。春季有益 BVOCs 中醇类和烯烃类占优势，其余化合物相对含量均未超过 10.00%；夏季则以醛类、醇类和酯类为主，其余化合物相对含量均在 1.00%~5.00%变化；秋季主要为醇类化合物，其余化合物相对含量均未超过 10.00%。3 个季节中，其他类化合物在各季相对含量均最低，仅在 1.00%上下波动。

各类化合物在不同生长季，种类数量和相对含量变化明显。如图 3-2 所示，不同季节，醇类化合物相对含量变化趋势为春季>夏季>秋季，在每个季节占比都很大，含量均在 10.00%~20.00%；酯类和其他类化合物表现出夏季>春季>秋季的趋势，酯类夏季占比 10.00%左右，春秋相对含量均在 10.00%以下；其他类化合物各季占比较低，均在 1.00%上下波动；醛类和酮类变化趋势为夏季>秋季>春季，

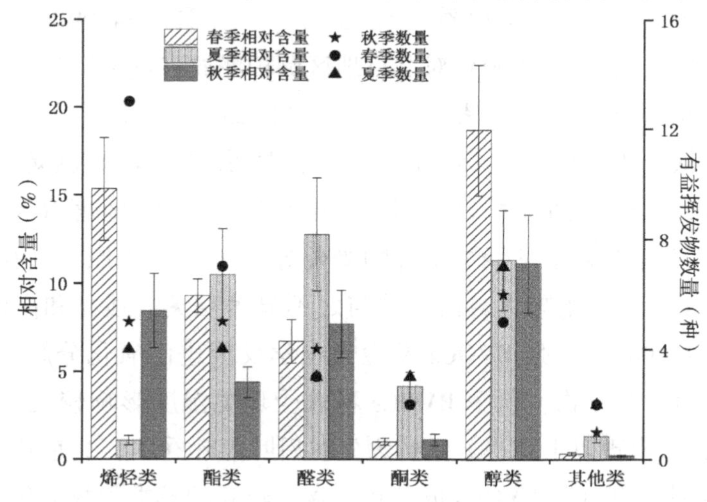

图 3-2　垂柳释放各类有益 BVOCs 种类数量和相对含量生长季变化

醛类夏季的相对含量在 10.00%以上，春秋两季在 5.00%以上；酮类春夏秋三季的相对含量均在 5.00%以下；烯烃类化合物表现出春季>秋季>夏季的趋势，其中春季占 15.00%左右，秋季相对含量在 5.00%以上，夏季相对含量在 1.00%左右。醇类有益 BVOCs 种类变化为夏季>秋季>春季；酯类和烯烃类化合物种类变化趋势为春季>秋季>夏季；醛类种类变化表现为秋季>春季=夏季；酮类化合物种类变化趋势为夏季>春季=秋季；其他类化合物在春夏检测出 2 种，在秋季仅检测到 1 种成分。

3.1.3 讨论

植物在完成整个生命周期过程中始终固着在土壤中，这意味着环境因素对其释放有益 BVOCs 会产生一定程度影响。随着四季环境因子的动态变化，BVOCs 有益组分也表现出季节差异性，与植物生长及酶季节活性高度相关。

综合分析侧柏与垂柳有益 BVOCs 释放情况，我们发现，侧柏生长季释放有益 BVOCs 相对含量春季（61.70%）>秋季（60.97%）>夏季（60.82%），季节间差异不大。随着夏季温度升高，植物次生代谢旺盛，酶活性继而增强，有益 BVOCs 释放量本应较高（高媛，2016），但由于烯烃类是侧柏释放主要有益 BVOCs，且在生长各季均是优势物质，表现为秋季（58.61%）>春季（54.99%）>夏季（50.14%）。李娟（2009）对北京地区侧柏释放有益烯烃类化合物季节变动结果与之一致，表现为秋季（78.25%）最高，为 78.25%，夏季最低，为 62.39%。研究表明，在植物自身影响萜烯类有益 BVOCs 组分释放同时，环境因子对其影响更加显著（邓小勇，2009）。春季与夏季烯烃类化合物受外界因子（如光照、气孔导度、蒸腾速率等）影响较大，而秋季与之不显著相关，强光和高温易使烯烃中多种活性较强 BVOCs 发生光化学反应进而氧化分解。再者，侧柏作为常绿植物，秋季 BVOCs 释放受环境湿度影响较大（李娟，2009），故出现以上结果。垂柳为先花后叶落叶乔木，北京花期一般在 3~4 月，其有益 BVOCs 成分相对含量较高的醇类和醛类化合物是植物香气重要贡献者（申慧珊，2019），受季节因素影响较大，故相对含量表现为春季（51.35%）>夏季（41.09%）>秋季（32.94%）。

侧柏与垂柳释放各有益BVOCs类别及组分在同一树种不同季节及不同树种同一季节间变化模式差异明显。二者生长三季均释放烯烃类、醇类、酯类、醛类、酮类和其他类共六大类有益类别，其中侧柏在春、夏两季多释放一种油酸（有机酸类），但含量均未超过0.10%。研究发现，两种植物生长季共同检测到的六类化合物有益组分虽有交叉，相对含量季间变动规律均不同。如烯烃类BVOCs在春、夏、秋三季侧柏中主要有益成分为（1R）-（+）-α-蒎烯、α-蒎烯和3-蒈烯等，表现为秋季（58.61%）>春季（54.99%）>夏季（50.14%），均超过50.00%；在三季垂柳中烯烃类主要有益组分为（1R）-（+）-α-蒎烯、柠檬烯和3-蒈烯等，表现为春季（30.66%）>秋季（8.43%）>夏季（1.09%），各有益化合物季间变动规律不同，与侧柏相似。各类化合物季间相对含量高峰期在两树种间均不同，如侧柏和垂柳释放醛类在春季与夏季相对含量较高，分别为4.52%和12.77%。同一化合物同一时期在不同树种间相对含量差异较大，如春季垂柳释放醇类化合物相对含量为37.37%，侧柏仅释放0.43%。研究发现，垂柳夏季仅释放4种有益酯类化合物，相对含量为10.45%，高于春季释放量9.28%（7种）。侧柏春季释放醇类8种，相对含量仅为0.43%，而夏季为1.13%（5种），可见有益BVOCs组分增加，相对含量并不一定升高。

各有益组分生长季间也存在季节性差异，如(1R)-(+)-α-蒎烯在夏季侧柏相对含量最高，为21.87%，秋季仅6.91%；在垂柳三季中春季最高，为7.49%。(+/-)-薄荷醇在春季垂柳释放11.77%，秋季仅为1.07%；而侧柏在春、夏、秋三季相对含量均较低，不超过0.20%，可能是植物在不同季节生理代谢能力不同，释放有益组分和相对含量存在差异（邓小勇，2009）。

与王君怡（2020）研究相比，研究对象有所不同，但BVOCs释放规律存在一定相似性。如侧柏春、夏、秋三季释放BVOCs和有益BVOCs均以烯烃类最高，相对含量超过50%，表明侧柏生长季释放较多的烯烃类化合物，且以有益组分为主导。王君怡（2020）发现，垂柳在三季释放BVOCs烯烃类最高，醇类次之，其次为醛类。而本研究有益 BVOCs 醇类最高，醛类次之，其次为烯烃类，表明垂柳生长季释放醇类与醛类化合物中优势物质为有益组分。此外，两树种释放 BVOCs 和有益 BVOCs 随季节变动有所不同，如王君怡（2020）发现侧柏释放的醛类春季>夏季>秋季，垂柳酮类夏季>秋季>春季，与本研究针对有益 BVOCs 类别释放规律相同。本研究有益烯烃类季间变动表现为秋季>春季>夏季，有益醇类表现为春季>夏季>秋季，与其结论不一致，这可能是由于各 BVOCs 对外界环境因子及体内酶活性的季节适应性。

3.1.4 小结

（1）生长季，侧柏释放有益 BVOCs 共鉴定出 45 种成分，包含烯烃类、酯类、醛类、酮类、醇类、有机酸类和其他类 7 类化合物，其中春季 37 种、夏季 31 种、秋季 29 种；垂柳共鉴定出 6 类 43 种成分，春、夏、秋季各释放 32 种、23 种和 23 种有益组分。

（2）侧柏释放有益 BVOCs 主要成分为烯烃类化合物，相对含量在三个生长季节均最高。春季有益 BVOCs 以烯烃类化合物为主，并伴有醛类化合物少量释放，其余 5 类化合物相对含量较低；夏季烯烃类化合物相对含量略有下降，其余 6 类化合物虽有检测到，但除醛类和酯类相对含量稍高，却也不大于 5.00%；秋季烯烃类化合物相对含量显著上升，除有机酸类未检出外，其余 5 类化合物相对含量较低。春、夏、秋三季侧柏有益 BVOCs 以(1R)-(+)-α-蒎烯、α-蒎烯、3-蒈烯、萜品油烯、β-蒎烯、右旋萜二烯等成分相对含量较高。

（3）垂柳释放有益 BVOCs 主要成分为醇类和醛类化合物，二者相对含量在各季中几乎超过了总有益成分 50% 以上。春季有益 BVOCs 以醇类化合物为主，烯烃类次之，其余 4 类化合物相对含量均不超过 10.00%；夏季垂柳释放有益 BVOCs 中醛类、醇类和酯类占优势；秋季以醇类化合物为主，其余 5 类相对含量均不超过 10.00%。春、夏、秋三季垂柳有益 BVOCs 以乙酸叶醇酯、顺-3-己烯-1-醇、（+/-）-薄荷醇、天然壬醛和(1R)-(+)-α-蒎烯等成分相对含量较高。

（4）侧柏与垂柳释放总有益BVOCs相对含量和种类数量有一定季节性，各季间差异较大。有益BVOCs在侧柏相对含量表现为秋季>春季>夏季，含量变化不大，均在60.00%~62.00%，种类变化表现为春季>夏季>秋季。垂柳相对含量表现为春季>夏季>秋季，季间含量变化显著，在30.00%~55.00%范围内波动，种类变化表现为春季>夏季=秋季。秋季和春季是二者释放有益BVOCs相对含量较高的季节。

（5）不同生长季，有益BVOCs相对含量高低与种类数量多少并不能等同。如烯烃类和醛类化合物在侧柏春季相对含量相对较高，而烯烃类和醇类化合物种类相对较多；醇类和烯烃类化合物在垂柳春季含量相对较高，但烯烃类和酯类化合物释放种类较多。因此，相对含量高不代表着组成种类多，只有种类和含量动态结合，有益BVOCs才显现出季节特异性。

3.2　侧柏和垂柳释放有益BVOCs组分日动态变化

3.2.1　侧柏释放有益BVOCs组分的日变化特征

3.2.1.1　侧柏释放有益BVOCs组分相对含量和种类数量日变化

由图3-3A所示，侧柏在春季释放有益BVOCs相对含量和种类数量日变化趋势大致相同。春季有益BVOCs相对含量日变化趋势呈“N”形，一天中不同时段相对含量大小排序为14:00>18:00>16:00>12:00>10:00>8:00，主要有益组分为（1R）-（+）-α-蒎烯、右旋萜二烯、β-蒎烯、桧烯、α-蒎烯、萜品油烯、柠檬烯等。在14:00和18:00出现相对含量两个峰值，含量最高值出现在14:00，值为88.0%，其次是18:00含量达到82.4%；两个谷值出现在8:00和16:00，8:00含量最低，为15.7%。侧柏BVOCs有益成分种类在一天中不同时间点总数量大小排序为12:00>14:00=10:00=18:00>16:00>8:00，以12:00种类最多，共有14种，8:00种类最少，仅有8种。

如图3-3B所示，夏季侧柏释放BVOCs有益成分相对含量和数量变动趋势截然不同。夏季有益成分相对含量日变化趋势呈倒“V”形，一天中不同时段相对含量大小排序为16:00>18:00>14:00>

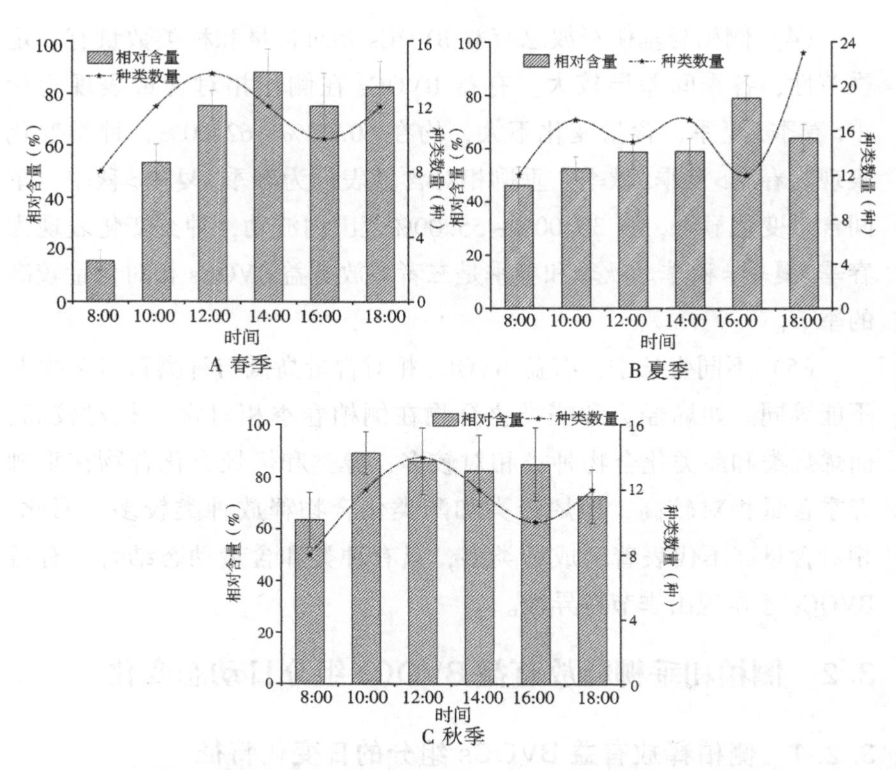

图 3-3　生长季侧柏释放有益 BVOCs 成分总相对含量和种类数量变化

12:00>10:00>8:00，主要有益组分为 3-蒈烯、β-蒎烯、右旋萜二烯、α-蒎烯、松油烯、石竹烯和莰烯等。在 16:00 出现相对含量值最高峰，为 79.0%；低谷值出现在 18:00 和 8:00，相对含量分别为 64.0%和 46.1%。侧柏有益 BVOCs 一天中不同时间点出现种类数量大小排序为 18:00>10:00=14:00>12:00>8:00=16:00，到18:00种类高达 23 种，16:00 仅有 12 种。

如图 3-3C 所示，秋季侧柏释放有益 BVOCs 成分相对含量和数量日变化趋势不尽相同。秋季侧柏释放有益成分日变化趋势呈“M”形，一天中不同时段相对含量大小排序为 10:00>12:00>16:00>14:00>18:00>8:00，有益组分主要有 3-蒈烯、β-蒎烯、右旋萜二烯、α-蒎烯、松油烯、石竹烯和莰烯等。峰值出现在 10:00 和 16:00，相对含量分别为 89.1%和 84.8%；谷值分别出现在 8:00、14:00 和 18:00，以 8:00 相对含量最低，仅为 63.4%。侧柏释放有益

BVOCs 成分种类秋季一天中不同时间点由大至小排序为 8:00 = 16:00>10:00>18:00>14:00>12:00，其中 16:00 释放的种类数量最多，为 16 种，12:00 和 14:00 的种类相同，均为最小值 11 种。

以上分析可见，春夏秋不同季节，正午前后频繁出现相对含量和种类数量转折点，即是侧柏日变化中关键时间点，释放有益 BVOCs 成分相对含量春、夏季表现为下午高于上午，秋季相反。各季节相对含量和种类数量日变化趋势不同，相关关系不明显。

3.2.1.2　侧柏释放有益 BVOCs 各组分含量日变化

侧柏春季 1 天不同时段释放有益 BVOCs 成分共鉴定出 22 种，6 类化合物，包括烯烃类 13 种、醛类 3 种、酯类和醇类各 2 种、酮类和其他类各 1 种，如图 3-4 和图 3-5 所示。总体来看，各时段侧柏释放有益 BVOCs 均以烯烃类化合物为主，其他 5 类化合物相对含量都很低。主要成分为（1R）-（+）-α-蒎烯（平均含量 23.84%）、右旋萜二烯（7.90%）、β-蒎烯（8.41%）、桧烯（7.04%）、α-蒎烯（2.30%）、萜品油烯（2.60%）、柠檬烯（2.58%）等烯烃类物质。

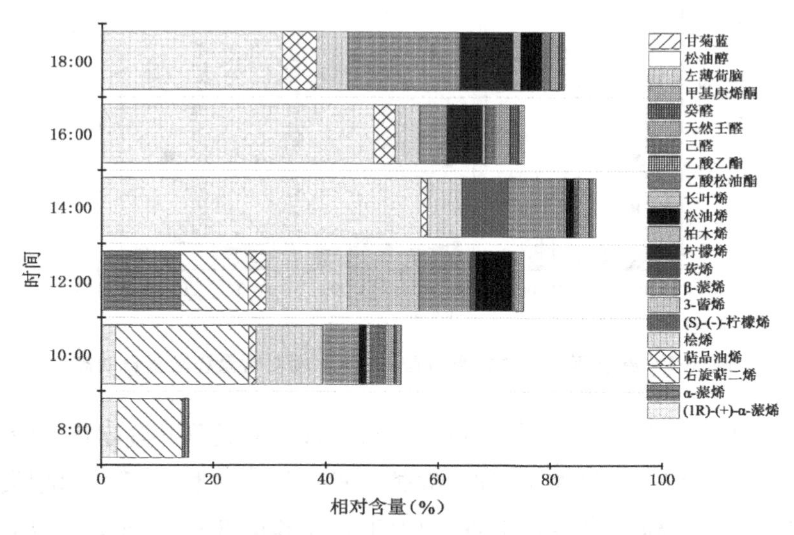

图 3-4　春季侧柏释放有益 BVOCs 组成及相对含量日动态

1 天中 6 个时段，烯烃类物质是侧柏释放有益成分中释放量和种类最多的一类化合物。相对含量变化与总有益 BVOCs 成分相对含量变化趋势一致，均为“N”形曲线，最高峰在 14:00，相对含量达到 84.27%，其中（1R）-（+）-α-蒎烯在 6 个时段平均相对含量最高，达到 23.84%。醛类化合物虽含量较少，却是除烯烃类以外在全天均有出现的又一类化合物，相对含量呈现“M”形曲线，在全天仅检测出天然壬醛（1.43%）、己醛（0.96%）、癸醛（0.70%）。其余 4 类化合物相对含量较低，1 天中甚至仅在某一时刻检测到一种化合物。如酯类仅在 8:00 和 18:00 各检测到一种化合物，分别为乙酸乙酯（0.07%）和乙酸松油酯（0.25%）；酮类仅在 10:00~16:00 检测到甲基庚烯酮（平均含量 0.48%）；醇类仅在 8:00~14:00 检测到左薄荷脑（0.05%）和松油醇（0.01%）；另在 8:00 检测到甘菊蓝（0.01%）。全天各时段均能检测到有益 BVOCs 成分的有（1R）-（+）-α-蒎烯、萜品油烯和天然壬醛。

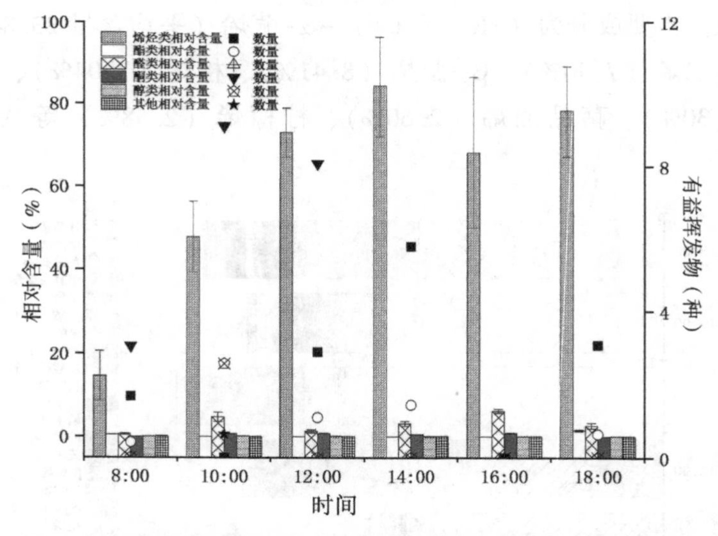

图 3-5 春季侧柏释放各类有益 BVOCs 相对含量和数量日动态

侧柏在夏季 1 天不同时段释放有益 BVOCs 成分共鉴定出 31 种 7 类化合物，包括烯烃类 14 种、醇类 5 种、酯类 4 种、醛类和酮类各 3 种、有机酸和其他类各 1 种，如图 3-6 和图 3-7 所示。除 16:00 外，有益烯烃类化合物在各时段相对含量最高，种类数量最多，主要成分为 α-蒎烯（平均含量 9.82%）、（S）-（-）-柠檬烯（6.98%）、罗勒烯（6.09%）、乙酸叶醇酯（5.15%）、月桂烯

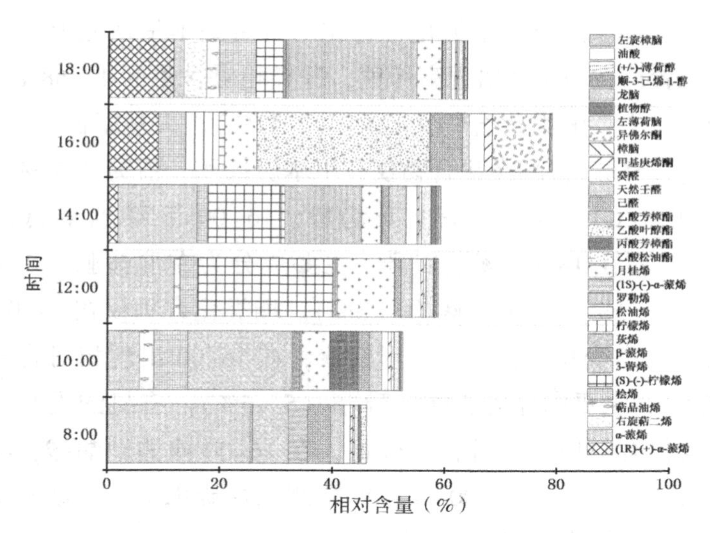

图 3-6 夏季侧柏释放有益 BVOCs 组成及相对含量日动态

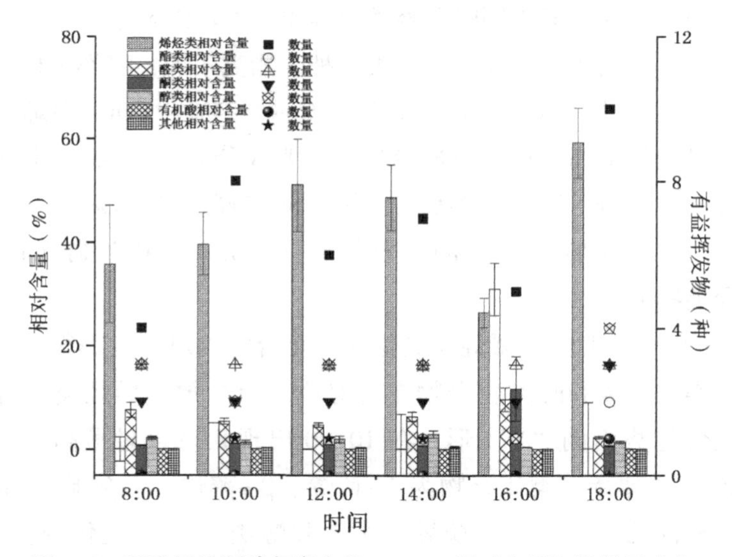

图 3-7 夏季侧柏释放各类有益 BVOCs 相对含量和数量日动态

（4.79%）、3-蒈烯（4.16%）、桧烯（3.79%）和（1R）-（+）-α-蒎烯（3.72%）等物质。

1 天中 6 个时段，7 类有益化合物变化趋势不很一致，烯烃类、醛类、酮类和酯类化合物在各时段均能检测到。烯烃类化合物日动态趋势为“N”形曲线，最高峰在 12:00，相对含量达到 50.95%，主要有益成分为 α-蒎烯、（S）-（-）-柠檬烯、罗勒烯、月桂烯、

3-蒈烯和桧烯。醛类和酮类化合物相对含量基本呈现先上升后下降趋势，二者均在16:00出现高峰值，醛类相对含量为11.68%，酮类为9.65%。主要醛类化合物为己醛（2.47%）、天然壬醛（1.95%）和癸醛（1.56%）；酮类化合物仅有甲基庚烯酮，值为0.59%。醇类化合物在8:00~14:00呈上升趋势，16:00下降到最低，值为0.42%，之后在18:00逐渐回升，主要成分为左薄荷脑（0.90%）、植物醇（0.32%）和薄荷醇（0.23%）。酯类化合物仅在14:00~18:00出现，动态变化呈倒“V”形曲线，在16:00出现相对含量高峰值30.89%，主要成分为乙酸叶醇酯（5.15%）。有机酸类和其他类化合物均仅有一种物质且含量较低，在16:00检测到油酸，相对含量值仅为0.11%；在10:00~14:00检测到左旋樟脑，日动态呈上升趋势，日均含量为0.18%。

侧柏在秋季1天不同时段释放有益BVOCs成分共鉴定出22种6类化合物，包括烯烃类8种、醇类5种、酯类4种、醛类3种、酮类和其他类各1种，如图3-8和图3-9所示。有益BVOCs中烯烃类化合物相对含量最高，种类数量最多，主要成分为3-蒈烯（平均含量44.71%）、β-蒎烯（12.21%）、右旋萜二烯（9.70%）、α-蒎烯（5.35%）、松油烯（1.41%）、石竹烯（1.32%）和莰烯（1.10%）等烯烃类物质。

1天中6个时段，烯烃类其他5类化合物相对含量都很低，且只有烯烃类、醛类和醇类化合物在各时段均有释放。烯烃类化合物日动态变化趋势为倒“V”形，在10:00出现相对含量最高峰，值为86.22%，主要烯烃类化合物为3-蒈烯、β-蒎烯、右旋萜二烯、α-蒎烯、松油烯、石竹烯和莰烯。醛类和醇类化合物变化规律一致，8:00~12:00呈下降趋势，12:00后逐渐上升，14:00~18:00又呈下降趋势，二者都在14:00出现相对含量最高值，醛类为2.14%，醇类为0.65%。醛类出现的主要成分为癸醛（0.79%）和天然壬醛（0.69%）；醇类主要成分为薄荷醇（0.26%）和植物醇（0.11%）。酯类化合物在8:00~12:00呈下降趋势，14:00未释放，16:00~18:00呈大幅度下降趋势，主要有益成分为乙酸冰片酯（0.93%）和乙酸松油酯（0.21%）。酮类和其他类化合物均只检测到一种物质，分别是樟脑（0.13%）和甘菊蓝（0.24%）。其中樟脑仅在 10:00 和 14:00~16:00 释放，甘菊蓝仅在 8:00 释放。

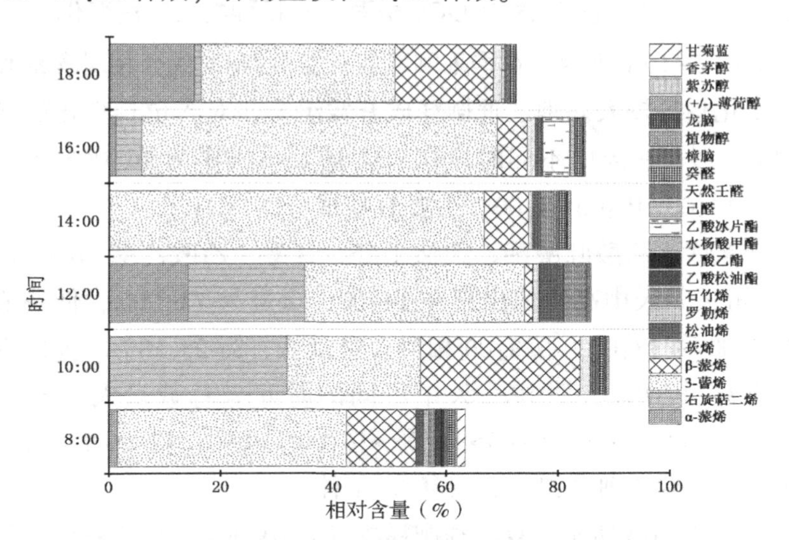

图 3-8　秋季侧柏释放有益 BVOCs 组成及相对含量日动态

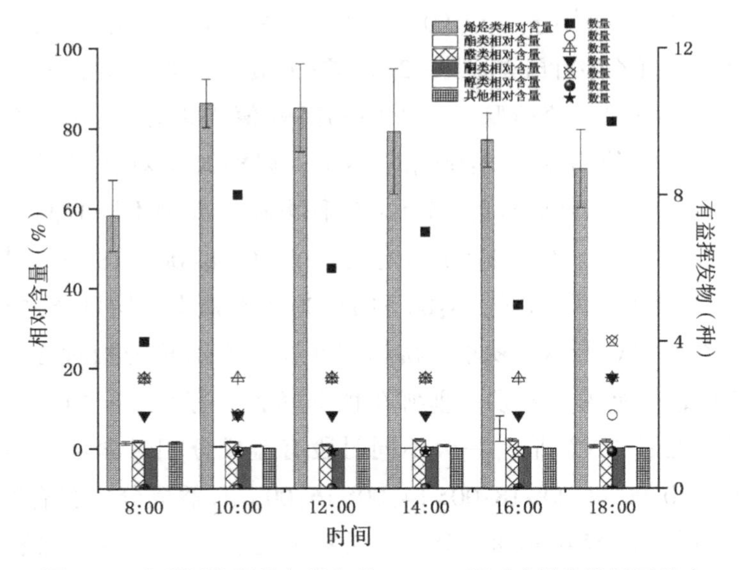

图 3-9　秋季侧柏释放各类有益 BVOCs 相对含量和数量日动态

3.2.2 垂柳释放有益 BVOCs 组分的日变化特征

3.2.2.1 垂柳释放有益 BVOCs 相对含量和种类数量日变化

如图 3-10A 所示，春季垂柳释放有益 BVOCs 成分相对含量和数量日变化趋势较大差别。垂柳释放有益组分相对含量日变化趋势呈倒“V”形，一天中不同时段相对含量大小排序为 14:00>16:00>18:00>12:00>10:00>8:00，主要有益成分为（1R）-（+）-α-蒎烯、柠檬烯、乙酸叶醇酯、天然壬醛、癸醛、乙酸乙酯和顺-3-己烯-1-醇。一天中高峰值出现在 14:00，含量为 77.15%；低谷值出现在 8:00 和 18:00，以 8:00 相对含量最低，为 25.18%。垂柳春季释放有益 BVOCs 种类在一天中不同的时间点总数量大小排序为 12:00>14:00>8:00=10:00>18:00>16:00。其中，12:00 种类最多，共 15 种；16:00 种类最少，仅释放 11 种。

如图 3-10B 所示，夏季垂柳释放有益 BVOCs 成分相对含量和数量日变化趋势基本一致，大体为倒“V”形。一天中不同时段有益成分相对含量大小排序为 12:00>14:00>18:00>16:00>10:00>8:00，有益成分主要有乙酸叶醇酯、顺-3-己烯-1-醇、癸醛、异佛尔酮、天然壬醛、己醛和左薄荷脑。一天中的高峰值出现在12:00，含量为 34.14%；低谷值出现在 8:00 和 18:00，以8:00相对含量最低，为 8.47%。垂柳夏季释放有益 BVOCs 的种类在一天中不同时间点总数量大小排序为 14:00>12:00>10:00>16:00>8:00=18:00。其中，14:00种类最多，为 16 种；8:00 和 18:00 种类最少，均只释放 8 种。

如图 3-10C 所示，秋季垂柳释放有益 BVOCs 成分相对含量和数量日变化趋势有较大差别。垂柳在秋季释放的有益成分相对含量日变化趋势近似“N”形，一天不同时段有益成分相对含量大小排序为12:00>10:00>8:00>18:00>14:00>16:00，有益成分主要有顺-3-己烯-1-醇、乙酸叶醇酯、癸醛、天然壬醛、己醛、3-蒈烯和乙酸乙酯。高峰值出现在 12:00，含量为 63.90%；低谷值出现在16:00，相对含量为 33.76%。垂柳秋季释放有益 BVOCs 种类在一天中不同时间点总数量大小排序为 10:00>12:00>8:00>18:00>16:00>14:00。以 10:00 种类最多，释放出 13 种；14:00 种类最少，仅 7 种。

以上研究显示，春、夏、秋不同季节，垂柳有益 BVOCs 相对含量和种类数量释放高峰期出现在 12:00～14:00，上午或者下午出现二者释放低谷期。春、夏两季相对含量表现为下午高于上午，秋季则为下午低于上午。各季节相对含量和种类数量日变化趋势不同，相关关系不明显。

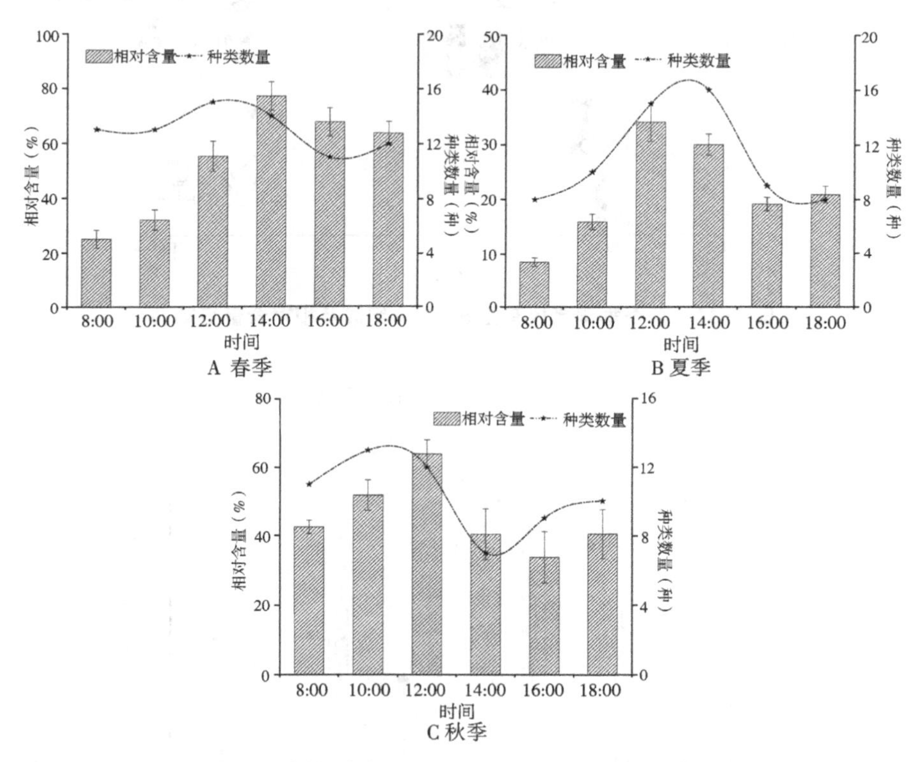

图 3-10　生长季垂柳释放有益 BVOCs 成分总相对含量和种类数量变化

3.2.2.2　垂柳释放有益 BVOCs 各组分含量日变化

春季 1 天中垂柳释放有益 BVOCs 共鉴定出 23 种，共 6 类化合物，其中烯烃类 10 种、酯类 5 种、醛类和醇类各 3 种、酮类和其他类各 1 种，如图 3-11 和图 3-12 所示。总体来看，各时段垂柳释放有益 BVOCs 均以烯烃类化合物为主，酯类和醛类次之。主要成分为（1R）-（+）-α-蒎烯（平均含量 14.92%）、柠檬烯（6.99%）、乙酸叶醇酯（5.52%）、天然壬醛（5.00%）、癸醛（2.41%）、乙酸乙酯（2.33%）和顺-3-己烯-1-醇（2.24%）等物质。

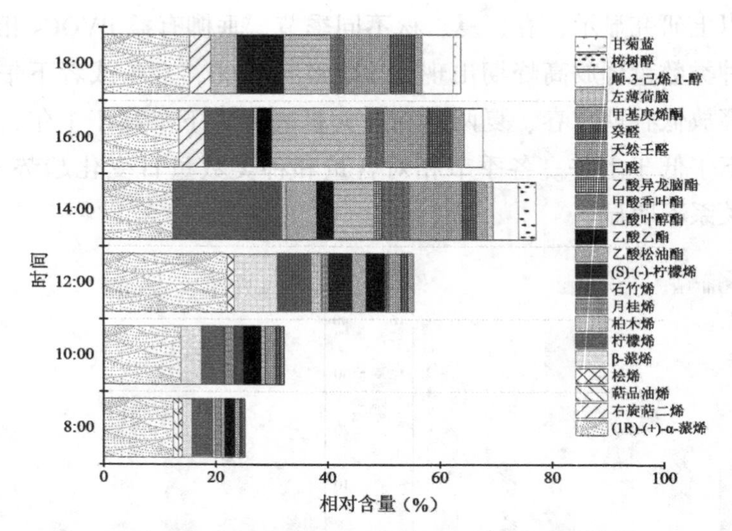

图 3-11　春季垂柳释放有益 BVOCs 组成及相对含量日动态

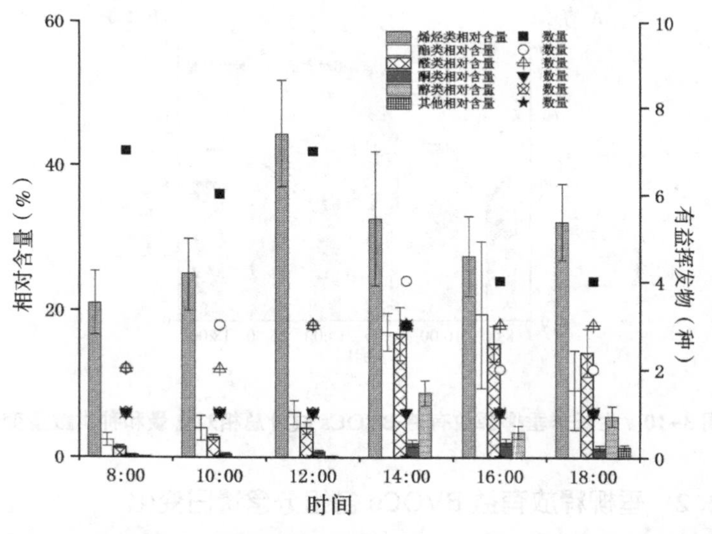

图 3-12　春季垂柳释放各类有益 BVOCs 相对含量和数量日动态

除其他类化合物，其余 5 类化合物在 1 天中 6 个时段均有释放，各类化合物变化趋势不同。垂柳释放烯烃类化合物在全天各时段相对含量均最高，动态变化呈倒“N”形曲线，12:00 出现最高值，为 43.44%，主要成分为（1R）－（+）－α－蒎烯、柠檬烯、β－蒎烯（2.17%）、柏木烯（1.45%）、右旋萜二烯（1.39%）和（S）－

(−) −柠檬烯（1.38%）。酯类和酮类变化规律较一致，8:00~16:00 呈上升趋势，16:00 之后逐渐下降，二者相对含量均在16:00出现高峰值，酯类化合物为 19.45%，酮类化合物为 2.04%。酯类主要成分有乙酸叶醇酯、乙酸乙酯和乙酸松油酯（1.41%）；酮类化合物仅出现甲基庚烯酮（1.14%）。醛类化合物在 8:00~14:00呈上升趋势，14:00 相对含量最高，值为 16.81%，14:00 之后缓慢下降，成分主要有天然壬醛、癸醛和己醛（1.69%）。醇类化合物 8:00~14:00 呈上升趋势，14:00 相对含量最高，值为 8.70%，14:00~16:00 逐渐下降，之后缓慢上升，顺−3−己烯−1−醇为主要有益醇类物质。垂柳仅在 18:00 释放甘菊蓝（1.37%）一种其他类化合物，且含量较低。

垂柳在夏季 1 天中各时段释放有益 BVOCs 共鉴定出 23 种 6 类化合物，其中醇类 7 种、烯烃类和酯类各 4 种、醛类和酮类各 3 种、其他类 2 种，如图 3−13 和图 3−14 所示。总体来看，垂柳在各时段释放有益 BVOCs 中醛类化合物相对含量较高，主要成分为乙酸叶醇酯（平均含量 4.73%）、顺−3−己烯−1−醇（2.82%）、癸醛（2.79%）、异佛尔酮（2.76%）、天然壬醛（2.41%）、己醛（1.63%）和左薄荷脑（1.07%）等物质。

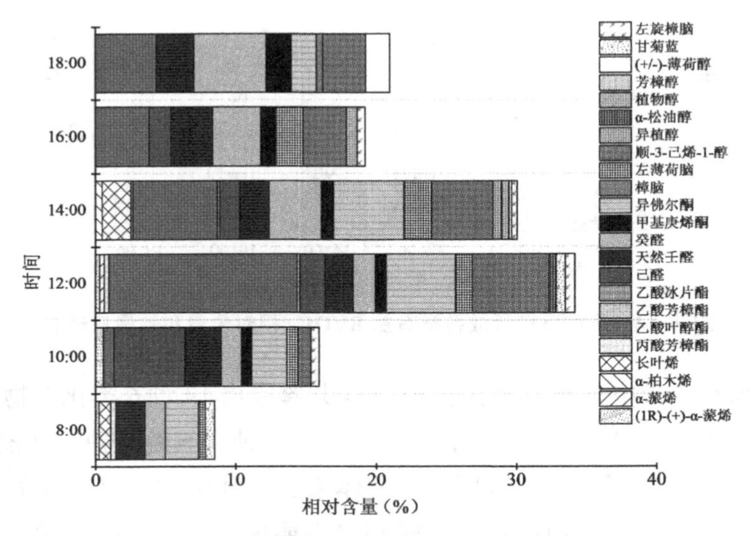

图 3−13　夏季垂柳释放有益 BVOCs 组成及相对含量日动态

1 天中 6 个时段，6 类有益化合物变化趋势不一致，醇类、酯类、醛类和酮类化合物在各时段均能检测到。醛类和酮类化合物相对含量日变化趋势均呈“N”形曲线。醛类在10:00出现最高值，为9.07%，主要成分有癸醛、天然壬醛和己醛；酮类化合物最高值出现在14:00，相对含量为5.89%，释放主要成分有异佛尔酮和甲基庚烯酮（0.90%）。醇类在8:00~14:00逐渐上升，14:00出现最高值，为7.71%，之后开始下降，主要成分有顺-3-己烯-1-醇和左薄荷脑。酯类化合物动态变化与总有益BVOCs成分相对含量变化趋势一致，均在12:00相对含量最高，值为13.92%，成分主要为乙酸叶醇酯。烯烃类和其他类化合物相对含量较低。烯烃类仅在8:00~14:00释放，8:00~10:00缓慢下降，之后逐步上升至14:00，最高值为2.54%，主要成分为长叶烯和（1R）-（+）-α-蒎烯；其他类仅在8:00~16:00释放，主要成分为左旋樟脑和甘菊蓝。

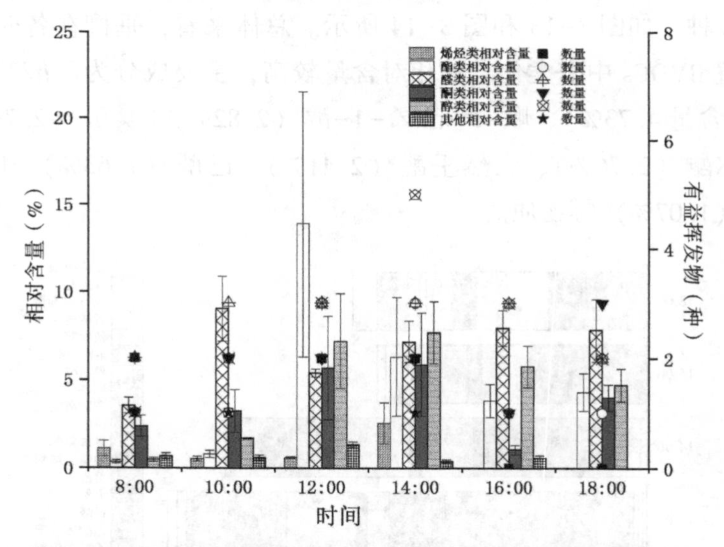

图3-14 夏季垂柳释放各类有益BVOCs相对含量和数量日动态

秋季1天中垂柳释放有益BVOCs共鉴定出19种6类化合物，其中醇类5种、烯烃类和酯类各4种、醛类3种、酮类2种、其他类1种，如图3-15和图3-16所示。总体来看，垂柳在各时段释放有益BVOCs以醇类化合物相对含量较高，主要成分为顺-3-己烯-1-醇（平均含量17.78%）、乙酸叶醇酯（5.04%）、癸醛（2.98%）、天然壬醛（2.98%）、己醛（2.95%）、3-蒈烯（2.45%）和乙酸乙酯

(2.17%) 等物质。

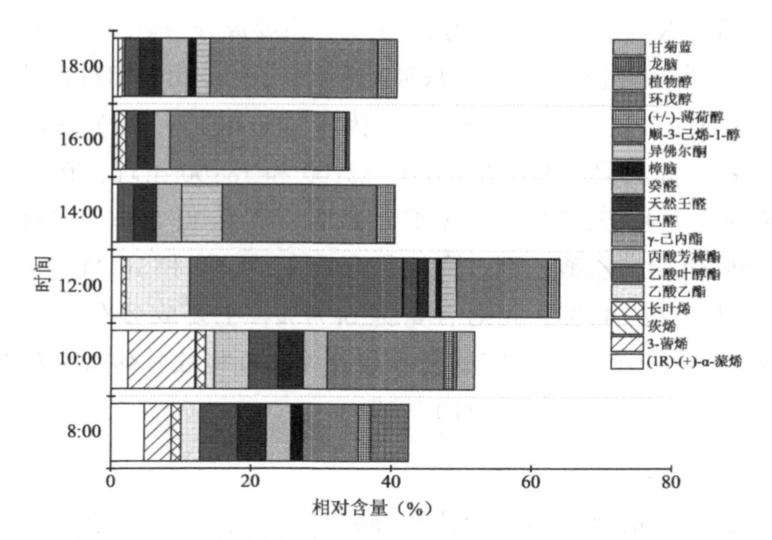

图 3-15　秋季垂柳释放有益 BVOCs 组成及相对含量日动态

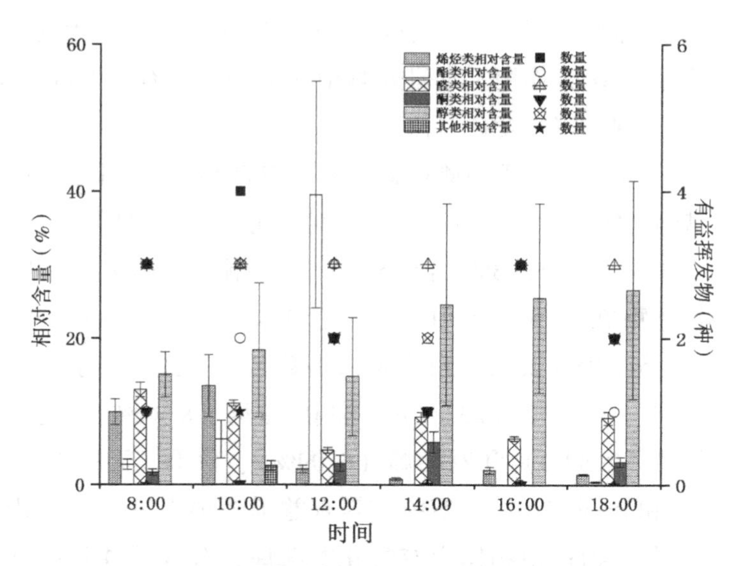

图 3-16　秋季侧柏释放各类有益 BVOCs 相对含量和数量日动态

1 天中 6 个时段，6 类有益化合物相对含量日变动趋势各不相同，其中醇类、醛类和烯烃类化合物在各时段均有释放。醇类化合物 8:00~10:00 呈上升趋势，10:00 后逐渐下降到 12:00，之后一直保持上升趋势，主要成分为顺-3-己烯-1-醇和薄荷醇（1.98%）。

醛类化合物日动态呈“W”形曲线，谷值出现在12:00和16:00，最高值出现在8:00，相对含量为12.99%，主要成分为癸醛、天然壬醛和己醛。烯烃类化合物在各时段波动较大，10:00出现相对含量最高值为13.50%，主要有益成分为3-蒈烯和（1R）-（+）-α-蒎烯（1.73%）。酯类化合物仅在8:00~12:00和18:00出现，在8:00~12:00呈上升趋势，12:00相对含量最高，值为39.51%，主要成分有乙酸叶醇酯和乙酸乙酯。酮类化合物在10:00和16:00未释放，最高值出现在14:00，相对含量为5.77%，主要成分有异佛尔酮（1.66%）和樟脑（0.57%）。垂柳仅在10:00释放甘菊蓝一种其他类化合物，日均含量（0.43%）较低。

3.2.3 讨论

一天中，植物BVOCs合成和释放与自身生长调节机制及光照、温度、空气相对湿度等周围环境因子变化关系密切，且不同树种枝叶间BVOCs存储、输送、合成机理不同，有益BVOCs作为其重要组分亦受上述因子综合作用。本研究侧柏和垂柳枝叶有益BVOCs相对含量和数量表现一定日变化节律。

春、夏、秋三季一天中侧柏释放有益BVOCs类别日变化趋势各不相同。烯烃类化合物在各时间相对含量最高，日均值分别为61.06%、43.37%、75.93%；酯类、醛类、酮类、醇类、有机酸和其他类化合物在三季一天中日均值均未超过10.00%。李娟等（2011）、花圣卓等（2016）研究结果多数与之一致。春季一天中以（1R）-（+）-α-蒎烯（23.84%）和β-蒎烯（8.41%）、夏季一天中以α-蒎烯（9.82%）和罗勒烯（6.09%）、秋季一天中以3-蒈烯（44.71%）和β-蒎烯（12.21%）等有益烯烃类组分为主。研究表明，萜烯类化合物在植物体内有特化贮藏库，合成后并不能立即释放，只有储存量达到一定值时，才能借助气孔大量排放（杨伟伟等，2010），故其释放量与组分挥发性及枝叶生长损伤程度有关（运方华等，2013）。一天中上午随着光强与温度升高，萜烯物质随之增多，正午前后植物为适应高温干燥环境暂时关闭气孔，合成萜烯物质被迫储存于体内，伴随环境条件适宜，气孔导度逐渐增大，BVOCs释放达到最大值；之后光照减弱、温度降低，萜烯物质相继减少，本研究侧柏三季烯烃类有益 BVOCs 日变化规律与之相符。尽管烯烃类化合物是侧柏一天中释放主要有益 BVOCs，但总有益 BVOCs 变化趋势（春季呈“N”形，夏季倒“V”形，秋季呈“M”形）与之存在一定差异且三季峰型均存在差异。可能是由于以上分析仅仅考虑光照和温度两点因素对 BVOCs 作用机制，在实际操作过程中，采样地气候特殊性、天气条件微弱不同、人为操作误差及植物自身生理差异等都会影响实验结果。同时，非主要组分对总有益 BVOCs 日变动也可能产生综合作用，进一步证实了有益 BVOCs 日变化具有特异性。

与侧柏相比，垂柳在同一季间释放各有益 BVOCs 类别相对含量日动态差异不大。如春季烯烃类（日均值 30.44%）和酯类（9.68%）、夏季醛类（6.63%）和酯类（5.04%）、秋季醇类（20.81%）和酯类（12.19%）化合物含量相对较高。垂柳在春、夏、秋一天中相对含量均呈有规律单峰曲线，有益 BVOCs 释放高峰期多出现在 12:00 和 14:00，这种日变化趋势可能是光照与温度作用后产生的生理调节机制。高峰期主要组分与一天中主要组分不完全相同，如春季高峰期主要为烯烃类（32.66%）和酯类（17.05%），夏季高峰期主要为酯类（13.92%）和醇类（7.22%），秋季高峰期主要为酯类（39.51%）和醇类（14.75%）。李海梅（2007）对旱柳（*Salix matsudana*）BVOCs 的日变化特性研究表明，BVOCs 释放与当日光合速率变化趋势均在午间出现最大值，即二者之间具有正向相关性，与本研究结果相符。

本研究选择与王君怡（2020）采样时期比较接近的春季和夏季，比较分析两实验中侧柏与垂柳 BVOCs 日释放动态。一天中侧柏释放 BVOCs 与有益 BVOCs 均以烯烃类化合物相对含量最高，烯烃类日变化趋势自 8:00 逐渐上升至 18:00，但各组分变化与此存在差异（在全天各时段均可能出现释放高峰期）。本研究夏季有益烯烃类日变化趋势与王君怡（2020）不同，高峰期出现在正午前后，而各有益组分变动与之相同，可能与各组分挥发性有较大关系。王君怡（2020）研究发现，一天中垂柳释放烯烃类、醇类、醛类和酯类 BVOCs 含量较高，主要成分为乙酸叶醇酯、己醛和异佛尔酮等，各类别化合物日变化趋势不同（高峰期大体出现在正午前后）。本研究春季一天中垂柳释放烯烃类、酯类、醛类和醇类有益类别含量较高，主要有益组分包括（1R）-（+）-α-蒎烯、乙酸叶醇酯、天然壬醛等，各有益类别日变化趋势大体相同，均在午后。BVOCs与有益BVOCs之间各类别和组分日变动存在一定相似和差异性，这与BVOCs间交互作用、植物自身及外界环境因子影响机制密不可分。

侧柏和垂柳三季有益BVOCs日释放动态表现一定共通性。如春、夏两季相对含量均表现出下午高于上午趋势，秋季则为下午低于上午，同时也发现，二者在春季和夏季8:00相对含量较低。但本研究仅针对相对含量，且含量也是相对较低（侧柏春季为15.70%，垂柳夏季为8.47%），对人体康健功能是否影响还不能确定。且有益BVOCs是否含量越高保健效果越强亦很难下定论，还没有文献支持。因此，今后还需要对有关BVOCs理化性质和组成含量进行深入研究测定。

3.2.4 小结

（1）侧柏和垂柳在生长季（春、夏、秋）一天中释放有益BVOCs成分除夏季侧柏释放微量有机酸外，均以烯烃类、酯类、醛类、酮类、醇类和其他类6类化合物为主。春、夏、秋一天中侧柏释放有益组分分别为22种、30种和23种，垂柳分别为23种、23种和19种。总体来看，各季一天中侧柏释放的有益BVOCs相对含量均高于垂柳。

（2）生长季中，侧柏和垂柳释放总有益BVOCs种数和相对含量表现一定共性。即日变化高峰期多在正午前后，低谷期则是在高峰期前后出现，且在春、夏两季相对含量均为下午高于上午，秋季为下午低于上午。同时，二者日变化存在变动差异。侧柏有益BVOCs春季日变化波动较大，呈"N"形；秋季侧柏和垂柳日变化波动较小，呈"M"形，相对含量在10:00~16:00较高。垂柳在三季一天中相对含量均呈有规律单峰曲线。

（3）侧柏和垂柳释放各类有益BVOCs生长季日变化具有差异性。侧柏释放各类别有益BVOCs相对含量在春季、夏季和秋季全天各时刻以有益烯烃类化合物种类数量最多，相对含量基本最高。垂柳释放各类有益BVOCs相对含量日变化：春季，全天各时刻以烯烃类最高，酯类次之，醛类第三；夏季，醛类相对含量最高，酯类次之，醇类第三；秋季，醇类、醛类和酯类化合物相对含量明显高于其他3类化合物。对比发现，阔叶树种垂柳生长季各类有益BVOCs日变化波动较大，每个季节都有各自特征BVOCs。

3.3　北京市8种景观树种有益BVOCs成分分析

3.3.1　北京市4种针叶树种释放有益BVOCs成分分析

3.3.1.1　4种针叶树种释放有益BVOCs对比分析

通过动态顶空技术采集分析8个景观树种4~10月有益BVOCs组分，如表3-3所示，研究发现，除7月以外其他月份4个针叶树种与4个阔叶树种有益BVOCs类别与各树种有益组分总相对含量较7月普遍偏低。由于夏季植物生理活动活跃，高温和强光照使得相关合成酶活性增强，有利于植物自身次生代谢产物合成。故以7月有益BVOCs数据为例，对8种树种进行比较分析。

表3-3　北京市8种景观树种释放有益挥发性有机物4~10月对比分析

月份	4个针叶树种		4个种阔叶树种	
	有益BVOCs类别	有益组分总相对含量	有益BVOCs类别	有益组分总相对含量
4月	烯烃类、酯类、醛类、酮类、醇类共5类17种	27.57%~36.08%	烯烃类、酯类、醛类、酮类、醇类共5类17种	14.43%~23.20%
5月	烯烃类、酯类、醛类、酮类、醇类共5类20种	34.06%~45.86%	烯烃类、酯类、醛类、酮类、醇类和其他类共6类16种	22.51%~38.06%
6月	烯烃类、酯类、醛类、酮类、醇类和其他类共6类24种	39.14%~51.91%	烯烃类、酯类、醛类、酮类、醇类和其他类共6类17种	19.75%~36.46%
7月	烯烃类、酯类、醛类、酮类、醇类和其他类共6类24种	60.22%~75.66%	烯烃类、酯类、醛类、酮类、醇类和其他类共6类17种	29.24%~50.90%

（续表）

月份	4 个针叶树种		4 个种阔叶树种	
	有益 BVOCs 类别	有益组分总相对含量	有益 BVOCs 类别	有益组分总相对含量
9 月	烯烃类、酯类、醛类、酮类、醇类和其他类共 6 类 20 种	33.61%~56.88%	烯烃类、酯类、醛类、酮类、醇类和其他类共 6 类 15 种	22.60%~28.59%
10 月	烯烃类、酯类、醛类、酮类、醇类共 5 类 21 种	21.17%~32.72%	烯烃类、酯类、醛类、酮类、醇类和其他类共 6 类 16 种	16.24%~20.62%

经分离鉴定并扣除本底空气杂质，4 种针叶树种释放有益 BVOCs 气体样品共鉴定出包括烯烃类、酯类、醛类、酮类、醇类和其他类在内六大类共 24 种有益化合物，如表 3-4 所示。图 3-17 为 TCT/GC/MS 技术得到侧柏、油松、白皮松和桧柏挥发性有机物总离子流。

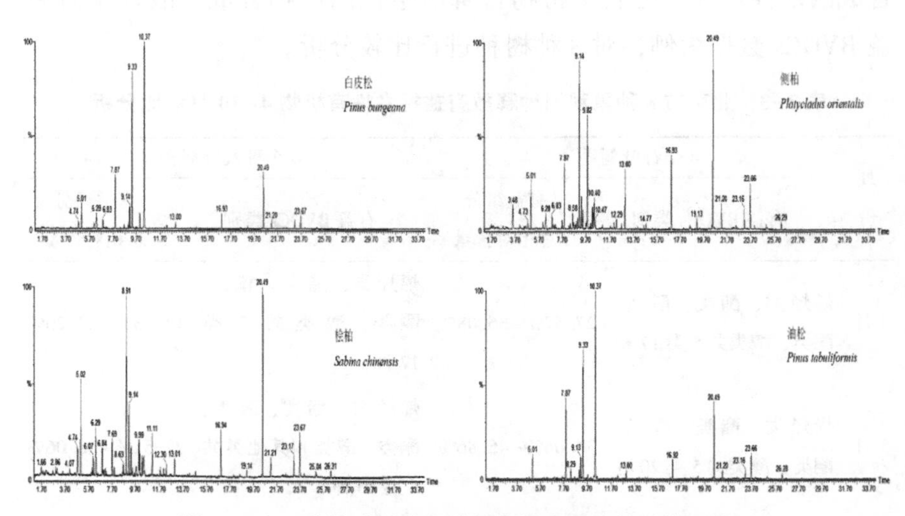

图 3-17　4 种针叶树种释放挥发性有机物的总离子流

油松枝叶释放有益 BVOCs 种类数量较多，共鉴定出 6 类 19 种有益 BVOCs，包括烯烃类 9 种（相对含量 58.21%），醛类 3 种（9.68%），酯类、醇类和其他类各 2 种（1.48%、2.89%、1.145%），酮类仅 1 种（1.95%）。侧柏枝叶共鉴定出 6 类 17 种有益

BVOCs，包括烯烃类 8 种（48.18%）、醛类 3 种（7.50%）、醇类和酮类各 2 种（1.77%、1.47%）、酯类和其他类仅 1 种（7.02%、0.39%）。桧柏枝叶共鉴定出 14 种有益 BVOCs，仅包含 4 类化合物，在 4 个树种中类别最少，其中烯烃类 8 种（51.32%）、醛类 3 种（6.90%）、醇类和其他类均 2 种（1.03%、0.97%）。白皮松枝叶释

表 3-4　北京市 4 种针叶树种释放有益挥发性有机物成分分析（平均值±标准误差）

化合物		分子式	相对含量（%）			
			侧柏	油松	白皮松	桧柏
烯烃类	(1R)-(+)-α-蒎烯	$C_{10}H_{16}$	17.88±3.268	8.32±1.375	11.08±1.204	2.74±0.812
	(s)-(-)-柠檬烯	$C_{10}H_{16}$	—	0.11±0.005	10.11±3.452	2.24±0.398
	β-蒎烯	$C_{10}H_{16}$	2.71±0.353	14.29±1.131	1.52±0.118	8.57±0.362
	桧烯	$C_{10}H_{16}$	8.45±2.492	0.02±0.002	—	15.14±2.636
	3-蒈烯	$C_{10}H_{16}$	0.10±0.007	—	—	—
	石竹烯	$C_{14}H_{22}$	—	0.06±0.020	—	—
	萜品油烯	$C_{10}H_{16}$	3.61±0.636	—	—	13.25±4.056
	右旋萜二烯	$C_{10}H_{16}$	—	16.95±2.069	21.23±5.641	5.54±0.756
	月桂烯	$C_{10}H_{16}$	7.13±2.517	11.61±2.716	8.78±1.344	2.90±0.044
	α-蒎烯	$C_{10}H_{16}$	7.86±0.730	6.77±1.860	—	0.93±0.065
	莰烯	$C_{10}H_{16}$	0.44±0.006	0.07±0.034	0.38±0.008	—
酯类	乙酸乙酯	$C_4H_8O_2$	—	1.04±0.043	—	—
	乙酸叶醇酯	$C_8H_{14}O_2$	—	0.43±0.079	2.50±0.315	—
	丙酸芳樟酯	$C_{13}H_{22}O_2$	7.02±2.694	—	—	—
醛类	癸醛	$C_{10}H_{20}O$	1.62±0.142	0.70±0.085	0.86±0.113	—
	己醛	$C_6H_{12}O$	2.84±0.275	7.00±2.329	1.87±0.703	4.66±0.098
	天然壬醛	$C_9H_{18}O$	3.03±1.127	1.98±0.822	1.37±0.281	2.24±0.356
酮类	甲基庚烯酮	$C_8H_{14}O$	0.77±0.254	1.95±0.121	—	—
	异佛尔酮	$C_9H_{14}O$	0.70±0.261	—	—	—
醇类	顺-3-己烯-1-醇	$C_6H_{12}O$	—	1.19±0.094	—	0.69±0.071
	植物醇	$C_{20}H_{40}O$	0.51±0.175	—	—	—
	左薄荷脑	$C_{10}H_{20}O$	1.26±0.394	1.70±0.063	2.37±0.256	0.34±0.826
其他类	甘菊蓝	$C_{10}H_8$	—	0.86±0.361	1.61±0.365	0.56±0.135
	左旋樟脑	$C_{10}H_{16}O$	0.39±0.152	0.58±0.086	0.96±0.284	0.40±0.194

注：—为未检测到化合物。

放有益 BVOCs 种类数量最少，仅包含 5 类 13 种有益化合物，表现为烯烃类 6 种（52.09%）、醛类 3 种（4.10%）、其他类 2 种（2.57%）、酯类和醇类各 1 种（2.50%、2.37%）。

3.3.1.2 4 种针叶树种释放有益 BVOCs 组成类别分析

侧柏、油松、白皮松和桧柏释放有益 BVOCs 在相对含量和种类数量上都存在一定差异。如图 3-18 所示，4 种针叶树种释放有益 BVOCs 所含类别相差不大，都含有烯烃类、醛类、醇类和其他类在内的四大类有益化合物，且有益烯烃类占总 BVOCs 相对含量在各树种中均最高，表现为油松（58.21%）>白皮松（52.09%）>桧柏（51.32%）>侧柏（48.18%），因而烯烃类化合物是 4 个树种有益 BVOCs 主要成分。其他各类有益化合物在 4 个树种间占总 BVOCs 的相对含量相差较大，如醛类化合物在油松和侧柏中稍高，分别为 9.68%和 7.50%；在桧柏和白皮松中稍低，分别为 6.90%和 4.10%。醇类（油松：2.89%，白皮松：2.37%，侧柏：1.77%，桧柏：1.03%）和其他类（白皮松：2.57%，油松：1.45%，桧柏：0.97%，侧柏：0.39%）相对含量均较低。

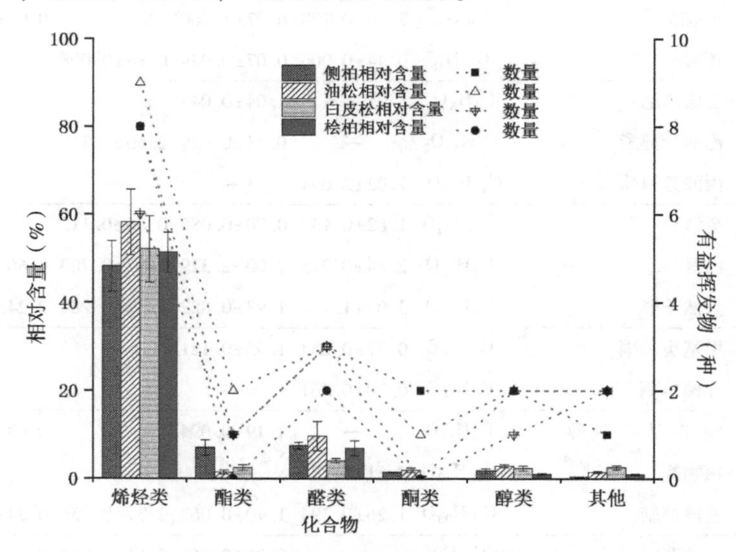

图 3-18 4 种针叶树种释放有益 BVOCs 种类和相对含量

3.3.1.3 4种针叶树种释放有益BVOCs组分分析

如表3-4可知，4个针叶树种主要组分不同。油松释放有益BVOCs以右旋萜二烯（16.95%）和β-蒎烯（14.29%）为主，月桂烯（11.61%）、（1R）-（+）-α-蒎烯（8.32%）和α-蒎烯（6.77%）次之；侧柏释放有益BVOCs以（1R）-（+）-α-蒎烯（17.88%）为主，桧烯（8.45%）、α-蒎烯（7.86%）和月桂烯（7.13%）次之；右旋萜二烯（21.23%）、（1R）-（+）-α-蒎烯（11.08%）、（s）-（-）-柠檬烯（10.11%）和月桂烯（8.78%）为白皮松释放有益BVOCs主要成分；桧柏释放有益BVOCs以桧烯（15.14%）、萜品油烯（13.25%）、β-蒎烯（8.57%）和右旋萜二烯（5.54%）为主。

进一步分析可知，4个景观树种释放有益BVOCs含有7种共有成分，包括烯烃类（1R）-（+）-α-蒎烯、β-蒎烯和月桂烯3种，醛类己醛和天然壬醛2种，醇类左薄荷脑和其他类左旋樟脑各1种。9种成分相对含量分别为油松、侧柏、白皮松和桧柏的45.49%、35.24%、27.95%和21.85%，说明共有成分并不完全是各树种有益主要成分。而在9种共有成分中，（1R）-（+）-α-蒎烯、β-蒎烯、月桂烯和己醛4种有益组分相对含量分别占油松、侧柏、白皮松和桧柏的41.23%、30.56%、23.25%和18.87%，可见其是共有成分中优势物质。此外，侧柏和油松还具有一些特有成分，如油松的石竹烯和乙酸乙酯，侧柏的3-蒈烯、丙酸芳樟酯、异佛尔酮和植物醇，占二者总BVOCs相对含量的1.10%和8.33%。

共有成分中，（1R）-（+）-α-蒎烯具有松木香气；β-蒎烯具有松节油、松脂香气；月桂烯具有令人愉快的甜香树脂、柑橘香气，是针叶树散发松香气味主要贡献者。己醛具有青草香，天然壬醛具有柑橘和玫瑰香气，人体嗅闻其香气神清气爽，感觉美好（闫秋菊等，2019），是丰富针叶树整体香气重要来源。此外，各成分还具有不同程度生理活性，在医药领域也发挥了关键作用。例如，3种烯烃类化合物均能够止痰化咳，对神经中枢、呼吸和消化系统发挥着一定保健功效（梁利香等，2017），其中β-蒎烯可用于医疗肾水肿、肝炎和肝硬化等疾病（赵学丽等，2019）；天然壬醛有较强抑菌活性；左旋樟脑是制备手性中间体重要医药原料（李平等，2016）；左薄荷脑具有缓解疼痛、对抗肿瘤，帮助患者改善记忆等有利人体康健功效（姜圆圆，2018）。

3.3.2　北京市 4 种阔叶树种释放有益 BVOCs 成分分析

3.3.2.1　4 种阔叶树种释放有益 BVOCs 对比分析

如图 3-19 为 TCT/GC/MS 分析得到垂柳、槐树、银杏和栾树挥发性有机物总离子流图。经分析鉴定并扣除本底空气杂质，4 种阔叶树种释放有益 BVOCs 气体样品可大致分为包括烯烃类、酯类、醛类、酮类、醇类和其他类在内六大类共 17 种化合物（表 3-5、图 3-19）。

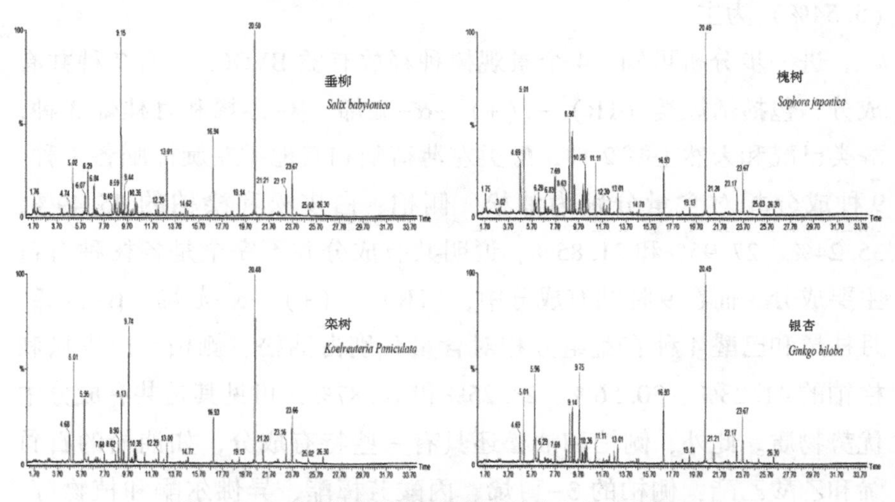

图 3-19　4 种阔叶树种释放挥发性有机物的总离子流

银杏、栾树、槐树和垂柳释放有益 BVOCs 种类数量后者较邻近前者均少一种成分。其中，银杏枝叶共鉴定出 14 种有益 BVOCs，各类别有益 BVOCs 占总 BVOCs 相对含量（下同）表现为烯烃类 7 种（10.03%），醛类 3 种（8.67%），醇类、酮类和其他类各 2 种（17.23%、1.14%和 0.41%），酯类仅 1 种（13.43%）。栾树枝叶共鉴定出 13 种有益 BVOCs，烯烃类 4 种（5.09%），醇类、醛类和其他类均检测到 2 种（14.08%、8.19%和 1.08%），酯类和酮类仅检测到 1 种，分别为 9.49%和 0.88%。槐树枝叶共鉴定出 12 种有益

BVOCs，烯烃类 5 种（15.75%），醇类和其他类各 2 种（4.01%、1.23%），醛类、酯类和酮类仅 1 种（4.40%、3.19%和 0.65%）。垂柳枝叶释放有益 BVOCs 种数较少，仅鉴定出 11 种，醛类和烯烃类分别为 3 种（13.57%、2.20%），醇类 2 种（4.14%），酯类、其他类和酮类仅检测到 1 种（9.95%、1.36%和 0.89%）。

表 3-5　北京市 4 种阔叶树种释放有益挥发性有机物成分分析

	化合物	分子式	相对含量（%）			
			垂柳	槐树	银杏	栾树
烯烃类	(1R) - (+) -α-蒎烯	$C_{10}H_{16}$	0.53±0.125	9.50±2.136	0.97±0.018	1.34±0.832
	(s) - (-) -柠檬烯	$C_{10}H_{16}$	—	—	5.20±0.526	—
	桧烯	$C_{10}H_{16}$	—	1.17±0.046	2.46±0.554	2.27±0.389
	萜品油烯	$C_{10}H_{16}$	—	3.64±1.037	1.39±0.036	0.42±0.008
	月桂烯	$C_{10}H_{16}$	1.30±0.185	0.73±0.114	—	1.06±0.260
	松油烯	$C_{10}H_{16}$	—	0.71±0.023	—	—
	α-蒎烯	$C_{10}H_{16}$	0.37±0.042	—	—	—
酯类	乙酸叶醇酯	$C_8H_{14}O_2$	9.95±3.061	3.19±0.672	13.43±2.135	9.49±1.683
醛类	癸醛	$C_{10}H_{20}O$	2.32±0.484	—	1.84±0.378	3.09±0.902
	己醛	$C_6H_{12}O$	6.72±1.325	—	4.40±0.046	—
	天然壬醛	$C_9H_{18}O$	4.53±0.046	4.40±0.924	2.43±0.351	5.09±0.552
酮类	甲基庚烯酮	$C_8H_{14}O$	—	0.65±0.043	0.82±0.241	0.88±0.084
	异佛尔酮	$C_9H_{14}O$	0.89±0.028	—	0.32±0.006	—
醇类	顺-3-己烯-1-醇	$C_6H_{12}O$	2.52±0.857	3.77±0.423	16.83±3.306	13.32±2.810
	左薄荷脑	$C_{10}H_{20}O$	1.62±0.168	0.24±0.059	0.40±0.028	0.76±0.019
其他类	甘菊蓝	$C_{10}H_8$	1.36±0.361	0.40±0.048	0.21±0.015	0.57±0.256
	左旋樟脑	$C_{10}H_{16}O$	—	0.84±0.023	0.20±0.003	0.52±0.014

注：—为未检测到化合物。

3.3.2.2　4 种阔叶树种释放有益 BVOCs 组成类别分析

垂柳、槐树、银杏和栾树释放有益 BVOCs 无论是在相对含量还是种类数量上都存在很大差异。如图 3-20 所示，4 种阔叶树有益 BVOCs 均含有烯烃类、酯类、醛类、酮类、醇类和其他类在内的六大类化合物，但各类别有益 BVOCs 在不同树种间占总 BVOCs 的相对含量占比差异明显。如槐树和银杏的烯烃类化合物相对含量较高，分别为15.75%和10.03%；栾树和垂柳相对偏低，分别为5.09%和2.20%。银杏（13.43%）的酯类化合物相对含量较高，垂柳（9.95%）和栾树（9.49%）次之，槐树（3.19%）最低。垂柳（13.57%）的醛类化合物相对含量较高，银杏（8.67%）和栾树（8.19%）次之，槐树（4.40%）偏低。银杏（17.23%）和栾树（14.08%）的醇类化合物相对含量较高，垂柳（4.14%）槐树（4.01%）较低。酮类和其他类化合物在4种阔叶树中相对含量均较低，不超过1.50%。

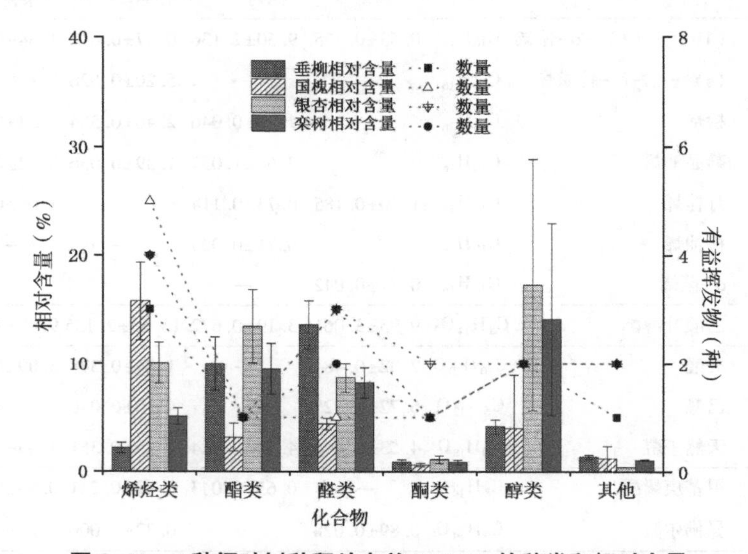

图3-20　4种阔叶树种释放有益BVOCs的种类和相对含量

4个树种在7月释放有益BVOCs可分为六大类，其中有益烯烃类化合物在各个树种中组分种类数量最多。不同树种间各有益类别化合物种数表现有所差异，但总趋势近似相同。烯烃类化合物中，槐树（5种）>银杏（4种）=栾树（4种）>垂柳（3种）；醛类化合物中，垂柳（3种）=银杏（3种）>栾树（2种）>槐树（1种）；各树种释放有益醇类和酯类化合物分别各2种和1种成分；其他类化合物中，槐树（2种）=银杏（2种）=栾树（2种）>垂柳（1种）；酮类化合物中，银杏（2种）>垂柳（1种）=槐树（1种）=栾树（1种）。

3.3.2.3 4种阔叶树种释放有益BVOCs组分分析

4个阔叶树种释放有益BVOCs主要组分不同。垂柳以乙酸叶醇酯（9.95%）、己醛（6.72%）和天然壬醛（4.53%）为主；槐树有益BVOCs主要成分为（1R）-（+）-α-蒎烯（9.50%）、天然壬醛（4.40%）、顺-3-己烯-1-醇（3.77%）等；银杏有益BVOCs主要成分为顺-3-己烯-1-醇（16.83%）、乙酸叶醇酯（13.43%）、（s）-（-）-柠檬烯（5.20%）等；栾树有益BVOCs主要有顺-3-己烯-1-醇（13.32%）、乙酸叶醇酯（9.49%）天然壬醛（5.09%）等。

各树种均包括烯烃类（1R）-（+）-α-蒎烯1种，酯类乙酸叶醇酯1种，醛类天然壬醛1种，醇类顺-3-己烯-1-醇、左薄荷脑2种，其他类甘菊蓝1种，共6种有益BVOCs。相对含量分别为垂柳、槐树、银杏和栾树BVOCs的20.51%、21.50%、34.27%和30.57%，达到半数之多，说明这几种共有成分在各树种中比重较大。而在8种共有成分中，酯类乙酸叶醇酯和醇类顺-3-己烯-1-醇的相对含量分别为各树种的12.47%、6.96%、30.26%和22.81%，可见其是共有成分中优势物质。另外，垂柳、槐树和银杏还具有一些特有成分，如垂柳的α-蒎烯，槐树的松油烯，银杏的（s）-（-）-柠檬烯。除（s）-（-）-柠檬烯外，另两种有益BVOCs占总BVOCs的相对含量为0.37%和0.71%，均较低。

4种阔叶树种释放有益BVOCs优势组分为乙酸叶醇酯和顺-3-己烯-1-醇，是其发挥生态效益重要组分；乙酸叶醇酯具有浓郁青草香气和果香（高婷婷等，2015），顺-3-己烯-1-醇有清新叶草香气，浓郁自然，二者对阔叶树青香气味贡献较大（马卫华等，2018；岳金方等，2018）。天然壬醛和（1R）-（+）-α-蒎烯起到丰富阔叶树整体香气作用；此外，顺-3-己烯-1-醇还可以降低人的a-脑波振幅值，缓解情绪。针阔叶各树种有益BVOCs组分相对含量和种类数量差异性，造成了不同树种生态功能特异性。

3.3.3 有益BVOCs各类别与组分对比分析

利用动态顶空套袋采集法结合TCT/GC/MS分析技术，选择生长季典型月份对比分析8个景观树种有益BVOCs组分和相对含量，同时选取针阔叶各一代表树种侧柏和垂柳研究其春、夏、秋三个生长季释放有益 BVOCs 时间动态变化。结果发现，8 个树种释放有益 BVOCs 气体样品可大致分为烯烃类、酯类、醛类、酮类、醇类、有机酸和其他类七大类共 51 种有益化合物，各有益类别 BVOCs 变动规律明显不同，且组成成分之间相对含量差别较大。现以不同类别有益 BVOCs 为主线分析树种间变动特征。

3.3.3.1 烯烃类 BVOCs 有益组分变动特征

本研究共检测到烯烃类化合物有益组分 18 种，在康体保健、清新空气、杀菌消毒方面均有重要作用。作为 4 个针叶树种释放主要有益 BVOCs 类别，相对含量在 48.18%～58.21%波动，以（1R）-（+）-α-蒎烯、月桂烯和 β-蒎烯（14.22%～34.42%）为各针叶树共同释放且相对含量大于 1.0%的有益组分。（1R）-（+）-α-蒎烯与桧烯、α-蒎烯和 3-蒈烯是侧柏生长三季释放主要有益 BVOCs 组分。4 个阔叶树种释放相对含量较低，在 2.20%～15.75%波动，种间漂移较大。生长季中，烯烃类有益 BVOCs 是侧柏释放的首要 BVOCs 类别，各季相对含量均已达到 50.00%以上。一天中，侧柏有益烯烃类化合物释放高峰易在春季正午和夏、秋季正午前后出现，垂柳生长季日动态无明显特征。

（1R）-（+）-α-蒎烯是唯一一种在 8 个景观树种中均检测到的有益烯烃类化合物，相对含量在针叶树种间为 2.74%～17.88%，阔叶树种间为 0.53%～9.50%，波动较大，各以侧柏和槐树释放较多。作为侧柏春、夏、秋三季主要有益组分之一，（1R）-（+）-α-蒎烯季均相对含量为 13.60%；垂柳生长季释放较少，仅为 3.91%。

月桂烯是仅阔叶树种银杏和垂柳未检测到的另一种烯烃类主要有益组分，以槐树释放相对含量最低，为 0.73%，油松最高，为 11.61%。侧柏生长季均有释放，夏季相对含量偏高，为 5.40%。垂柳仅春季检测到，相对含量仅为 0.34%。

β-蒎烯为针叶树种特有有益烯烃类组分，相对含量在 1.52%～14.29%波动，以油松释放最多。侧柏生长季均有释放，季均相对含量为 4.12%；三季日变化规律不同，多在正午前后出现相对含量释放高峰期。垂柳仅春季释放，相对含量较低，为1.09%。

除（1R）-（+）-α-蒎烯外，桧烯、α-蒎烯和3-蒈烯可认为是侧柏生长季主要释放有益BVOCs成分，相对含量为12.59%~35.46%。在典型月份中，白皮松和垂柳未检测到桧烯，而桧柏表现释放能力较强，相对含量为15.14%；α-蒎烯在侧柏中相对含量最高（7.86%），白皮松、银杏、槐树和栾树未检测到；3-蒈烯仅侧柏释放，但相对含量极低，为0.10%。3种有益组分在垂柳生长季中仅1~2个季节检测到且相对含量较低，在1.00%上下波动。日动态变化中，三者释放高峰期出现在侧柏春季正午和夏季正午前后，秋季无明显规律。

右旋萜二烯虽仅在白皮松、桧柏、油松3种针叶树种检测到，但相对含量在各树种中较高，为5.54%~21.23%。（S）-（-）-柠檬烯与萜品油烯分别有白皮松、桧柏、油松、银杏和桧柏、侧柏、银杏、槐树、栾树释放，相对含量波动均较大，分别为0.11%~10.11%和0.42%~13.25%。此外，莰烯、石竹烯、松油烯和长叶烯虽在部分树种中检测到，但相对含量较低，均在1.00%上下波动。7种有益BVOCs除石竹烯在垂柳生长季未检测到外，各有益组分在侧柏和垂柳生长季中相对含量均较低，分别在4.03%~12.53%和0.49%~3.44%波动。各组分日变动特征不明显。

除以上化合物外，柠檬烯、柏木烯、罗勒烯、（1S）-（-）-α-蒎烯和α-柏木烯是侧柏和垂柳释放的特有烯烃类有益组分。其中垂柳生长季未检测到后两者，侧柏仅柠檬烯三季均有释放，但季均相对含量较低，仅为1.12%。垂柳释放的前3种BVOCs仅在夏季检测到，相对含量柠檬烯稍高，为3.49%。

3.3.3.2 酯类BVOCs有益组分变动特征

研究共检测到8种景观树种释放有益酯类化合物10种，为针阔叶树种散发芳香气味主要来源。阔叶树种表现较强释放能力，相对含量在3.19%~13.43%波动；针叶树种释放较弱，相对含量为1.48%~7.02%；桧柏未检测到。乙酸叶醇酯为各树种优势酯类BVOCs，垂柳生长三季均有释放且均为各季酯类有益BVOCs中首要组分，表现为夏季（10.25%）>春季（7.15%）>秋季（2.52%）。有益酯类 BVOCs 生长季侧柏日变动规律不显著，垂柳多在夏秋季12:00 出现释放相对含量高峰期，相对含量春、夏两季表现为下午高于上午，秋季相反。

乙酸叶醇酯在针叶树油松和白皮松及 4 个阔叶树中均有释放，以油松释放相对含量最低，银杏最高，分别为 0.43%、13.43%。生长季侧柏仅夏季有释放，垂柳三季均释放，季均相对含量较高为13.43%。一天中，垂柳在春夏季释放相对含量表现下午高于上午，秋季无明显规律。

乙酸松油酯、乙酸乙酯、丙酸芳樟酯、乙酸芳樟酯、乙酸冰片酯、水杨酸甲酯、甲酸香叶酯、乙酸异龙脑酯和 γ-己内酯在已检测到的树种中相对含量均较低。前 5 种组分是除乙酸叶醇酯外，侧柏和垂柳生长季共有有益酯类成分。侧柏释放各组分相对含量均不超过 1.00%，垂柳仅乙酸乙酯释放相对含量稍高于 1.00%，表现为春季为 1.18%，秋季为 1.37%，夏季不释放。此外，侧柏水杨酸甲酯，垂柳甲酸香叶酯、乙酸异龙脑酯和 γ-己内酯是各自生长季释放的特有组分，仅出现在 1~2 个生长季，相对含量不大于 0.20%，均较低。

3.3.3.3 醛类 BVOCs 有益组分变动特征

本研究共检测到有益醛类化合物 4 种组分，8 个树种间相对含量在 4.10%~13.57%波动，针阔叶树种间差异不大，是除有益酯类化合物外植物表现芳香气味的重要来源。以天然壬醛、已醛和癸醛为主要组分，三者在侧柏和垂柳生长季均有释放，仅垂柳各季释放相对含量较高，表现为夏季（12.76%）>秋季（7.68%）>春季（6.70%）。一天中，总有益醛类化合物在侧柏生长三季和垂柳春、夏季均表现为下午高于上午；而垂柳在秋季表现为下午低于上午，日变动特征明显。

天然壬醛是 8 个树种中共有的唯一一种有益醛类化合物，以栾树释放相对含量最高为 5.09%，白皮松最低为 1.37%，相对含量在各树种间均大于 1.00%，差异较小。已醛槐树和栾树未释放，其余 6 个树种中相对含量在 1.87%~7.00%波动。癸醛槐树和桧柏未释放，其余6个树种中相对含量在0.70%~3.09%波动。3种组分在生长季的释放特征不一致，前两者相对含量春季较高，后者则表现为夏季较高；在生长季垂柳释放特征较一致，均为夏季较高。一天中，垂柳释放3者在生长各季规律明显且较一致：在正午前后易出现释放高峰期，且各组分相对含量在三季均表现为下午高于上午。

视黄醛仅在垂柳秋季检测到，相对含量极低，仅为0.02%。

3.3.3.4 酮类BVOCs有益组分变动特征

本研究共检测到有益酮类BVOCs 3种，包括甲基庚烯酮、异佛尔酮和樟脑。有益酮类在白皮松和桧柏未检测到，且其他6个树种释放相对含量均较低，在0.65%~1.95%波动，各树种仅释放前两个组分的1~2种。生长季侧柏和垂柳3种组分均有释放。侧柏表现为夏季（1.96%）>春季（0.52%）>秋季（0.06%），季间波动较小；垂柳表现为夏季（4.14%）>秋季（1.12%）>春季（1.02%），季间波动较侧柏偏大。在三季一天中，侧柏释放有益酮类BVOCs易在16:00出现相对含量高峰值，垂柳则在春、秋两季表现为下午高于上午，夏季释放有益酮类下午略低于上午的趋势。

3.3.3.5 醇类BVOCs有益组分变动特征

本研究共检测到有益醇类BVOCs13种，以顺-3-已烯-1-醇、（+/-）-薄荷醇和左薄荷脑为主要有益组分。有益醇类BVOCs针阔叶树种间差异较大，为阔叶树种优势有益BVOCs类别，相对含量在4.01%~17.23%波动，是阔叶树种散发出清新叶草香气的重要贡献物质。生长各季，作为垂柳释放的主要有益BVOCs类别，表现为春季（18.69%）>夏季（11.32%）>秋季（11.12%）；侧柏释放的有益BVOCs相对含量较低，为0.23%~1.13%。一天中，各季垂柳释放有益醇类BVOCs有着明显日变动特征，三季相对含量均表现为下午高于上午的趋势。

左薄荷脑作为8个景观树种唯一共有有益醇类组分，在各树种中相对含量均较低，属白皮松最高，为2.37%。8个树种虽未完全释放顺-3-已烯-1-醇，但其在已释放树种中相对含量均大于2.00%，并与（+/-）-薄荷醇作为垂柳生长季主要释放有益成分，是垂柳具有青草气味的主要贡献者。二者在垂柳生长季表现明显季节性变动，分别呈现出秋季（9.66%）>春季（6.44%）>夏季（3.12%）和春季（11.77%）>夏季（5.29%）>秋季（1.07%）的变化趋势。3种有益组分无明显日动态特征，季间日变动漂移较大。

此外，松油醇、龙脑、植物醇、香茅醇、桉树醇、柏木脑、芳樟醇、环戊醇、α-松油醇、异植醇虽有检测到，在各检测样品中相对含量均不超过1.00%，较低。

3.3.3.6 有机酸和其他类 BVOCs 有益组分变动特征

本研究检测到有机酸类有益组分1种油酸，仅侧柏春、夏两季有极少量释放，仅为0.04%、0.01%，相对含量极低。

其他类 BVOCs 有益组分包含甘菊蓝和左旋樟脑2种成分，8个树种均释放1~2种。在各树种有益类别中相对占比均较低，相对含量在0.39%~2.57%波动。侧柏和垂柳生长季释放甘菊蓝和左旋樟脑相对含量均不高于1.00%，无明显日变动趋势。

3.3.4 讨论

植物有益 BVOCs 的合成与释放受到多因素综合作用，表现为时间上多变和空间上复杂多样，加之学者采用不同采集、分离、提取手段，导致针对8种景观树种有益 BVOCs 组分鉴定结果存在差异。目前有关针叶树 BVOCs 有益成分研究多集中在侧柏（李娟，2009；杨克玉等，2016）、油松（李娟，2009；陈俊刚，2017）、白皮松（董建华，2011）等植物上，已经揭示不同树种间有益 BVOCs 成分和含量变化多样。但都存在一定共性，即主导物质大多为萜烯类化合物，如（1R）-（+）-α-蒎烯、β-蒎烯、右旋萜二烯、α-蒎烯等，与本研究得到4种针叶树有益 BVOCs 主要类别和组分结果相同。李娟（2009）利用动态顶空技术于夏季从侧柏和油松枝叶中分别鉴定有益烯烃类 BVOCs5 种和7种，低于本研究结果的8种和9种，二者主要有益成分均为α-蒎烯、β-蒎烯、柠檬烯等烯烃类物质，与本研究烯烃类有益组分有所不同。杨克玉等（2016）利用4种固相微萃取纤维提取分析侧柏枝叶 BVOCs 组分，确定（1R）-（+）-α-蒎烯（25.59%）为侧柏主要释放有益 BVOCs 成分，与本研究结果大致相同。陈俊刚（2017）鉴定侧柏有益BVOCs共5类18种，有益烯烃类化合物达到50.65%。本研究测得侧柏有益BVOCs 6类17种（有益烯烃类相对含量48.18%），与之相似。高岩（2005）利用动态顶空套袋技术联合TCT/GC/MS检测桧柏枝叶释放5类12种有益BVOCs，有益组分占总BVOCs相对含量为61.34%，与本研究值（60.22%）基本一致；白皮松枝叶释放13种有益BVOCs，有益组分总BVOCs相对含量为60.67%，与本研究结果（63.63%）大致相同；油松枝叶释放10种有益BVOCs，有益组分总相对含量为73.59%，与本研究结果（75.66%）大致相同。

前人对本研究所选4种阔叶树释放有益BVOCs成分和含量鲜有涉及。谢小洋（2016）分析测得夏季烯烃类是槐树释放主要有益BVOCs（64.54%），本研究中槐树有益烯烃类BVOCs相对含量仅为15.75%，二者在树种主要组分上结果相似，但相对含量存在差距。高岩（2005）研究发现，7月槐树释放有益BVOCs占总BVOCs的29.16%，与本研究结果近似相同（29.24%）。

已有研究证实，（1R）-（+）-α-蒎烯、α-蒎烯、β-蒎烯、萜品油烯和右旋萜二烯能够显著祛痰、止咳，对抗炎症和真菌（如大肠杆菌、肺炎链球菌）。（1R）-（+）-α-蒎烯对因感染白色念珠菌引起肠胃炎和肺炎具有一定功效（祝婧等，2019）；α-蒎烯不仅可以抑制肿瘤和癌细胞生长，还可以提神醒脑、调节神经系统（Chen et al.，2014；Kim et al.，2015）；β-蒎烯可以医疗肝炎、肝硬化和肾水肿（赵学丽，2019）；萜品油烯能够提神醒脑（冯青等，2011）；右旋萜二烯存在多种抗癌机制，对胃癌、肝癌、肺癌等发挥较强化学防治功效（陈丽君等，2019），同时还可以缓解胃灼热、治疗胆结石、抑制胆固醇合成（Hansen et al.，2016）；（s）-（-）-柠檬烯具有抗真菌活性，能够对抗身体或皮肤出现的发炎或病毒感染（郝静梅等，2017）；桧烯可以趋避蚊虫，降低血压，有明显抗氧化和抗真菌活性（扶巧梅，2012）；月桂烯能够显著抑制大肠杆菌和金黄色葡萄球菌，兴奋中枢神经系统，缓解情绪（郝渊鹏等，2020）；已醛和壬醛是丰富针阔叶树整体香气重要来源，可用于植物芳香疗法，二者具有较强抑菌活性，还可以解热抗炎并参与食品香料配制（韩蔓等，2019）；乙酸叶醇酯和顺-3-己烯-1-醇二者均是名贵清新型香料，前者可配制食用香精（杨水萌，2018），后者可以降低人体a-脑波振幅值，舒缓身心（马卫华等，2018）。以上有益 BVOCs 为 8 个树种中含量较高成分，如针叶树种油松中右旋萜二烯、β-蒎烯、月桂烯、(1R) -（+）-α-蒎烯和 α-蒎烯，侧柏中(1R) -（+）-α-蒎烯、桧烯、α-蒎烯和月桂烯，白皮松中右旋萜二烯、(1R) -（+）-α-蒎烯和（s）-（-）-柠檬烯和月桂烯，桧柏中桧烯、萜品油烯、β-蒎烯和右旋萜二烯，BVOCs 相对含量为各树种的 57.94%、41.32%、51.20%和 42.50%。阔叶树种槐树中（1R）-（+）-α-蒎烯、天然壬醛、顺-3-己烯-1-醇和萜品油烯，栾树中顺-3-己烯-1-醇、乙酸叶醇酯和天然壬醛，垂柳中乙酸叶醇酯、己醛和天然壬醛，银杏中顺-3-己烯-1-醇、乙酸叶醇酯和(s) -（-）-柠檬烯，BVOCs 相对含量分别为各树种的 21.31%、27.90%、21.20% 和 35.46%。可见，4 种针叶树在康体保健和抑菌杀菌、净化环境方面功效突出，而 4 种阔叶树可以发挥芳香疗法作用，更侧重对人体呼吸系统的保健功能，同时也具备一定杀菌功效。

本研究中，4 种针叶树种有益 BVOCs 相对含量均较高，大多为单萜烯类化合物。研究显示，单萜类化合物易与人类活动及汽车尾气排放的 NO_x 结合产生 O_3，污染城市空气环境（Calfapietra et al.，2013），进一步说明油松、侧柏、白皮松和桧柏不适合用作行道树种。但利用其显著的生理生态功能可以发展森林康养体验微环境，在除园林绿化道路以外的绿地和公园及居民活动集中区域，最大效益发挥作用。而槐树、栾树、垂柳和银杏的醇类、酯类和醛类化合物相对含量较高，康体保健的同时亦能净化环境空气质量，在仅考虑树种有益 BVOCs 生理生态功能角度，4 个阔叶树种均可以广泛应用于园林道路绿化、森林景观和康养等建设。

3.3.5 小结

经过 TCT/GC/MS、查阅文献和相关书籍，对北京市园林应用广泛、观赏价值较高的 8 种景观树种，包括 4 个针叶树种（侧柏、油松、白皮松和桧柏）、4 个阔叶树种（垂柳、槐树、银杏和栾树）中各类别有益BVOCs组分进行鉴定分析。

（1）4个针叶树种释放有益BVOCs表现出一定共性和个性。鉴定出包括烯烃类、酯类、醛类、酮类、醇类和其他类在内的六大类共24种化合物，侧柏枝叶释放6类17种，油松枝叶释放6类19种，白皮松枝叶释放5类13种，桧柏枝叶释放4类14种。4个针叶树释放有益BVOCs类别相差不大，都含有烯烃类、醛类、醇类和其他类在内的4大类化合物，且有益烯烃类化合物均占各树种总BVOCs相对含量的一半以上且种类数量最多。7种共有成分中（1R）-（+）-α-蒎烯、β-蒎烯、月桂烯和己醛相对含量分别占侧柏、油松、白皮松和桧柏BVOCs总量的41.23%、30.56%、23.25%和18.87%，是各树种优势BVOCs。不同针叶树种间有益BVOCs无论是在相对含量还是种类数量上都存在一定差异，但其主要成分类别均为烯烃类化合物。

（2）4个阔叶树种释放有益BVOCs同样表现出一定共性和个性。共鉴定出包括烯烃类、酯类、醛类、酮类、醇类和其他类在内的六大类共17种化合物，垂柳枝叶释放6类11种，槐树枝叶释放6类12种，银杏枝叶释放6类14种，栾树枝叶释放6类13种。各类别有益化合物在4个树种中均有检测到，但占总BVOCs的相对含量差异较大。垂柳释放较多醛类和酯类，槐树释放较多烯烃类和醇类，银杏和栾树释放较多酯类和醇类化合物。（1R）-（+）-α-蒎烯、乙酸叶醇酯和天然壬醛等6种共有成分分别占垂柳、槐树、银杏和栾树BVOCs的20.51%、21.50%、34.27%和30.57%，比重较大。不同阔叶树种间有益BVOCs无论是在相对含量还是种类数量上都存在一定差异，且各自主要成分不同。

（3）8个景观树种对各类别有益BVOCs释放能力不同。相对含量大小排序分别为烯烃类表现为油松（58.21%）>白皮松（52.09%）>桧柏（51.32%）>侧柏（48.18%）>槐树（15.75%）>银杏（10.03%）>栾树（5.09%）>垂柳（2.20%）；酯类表现为银杏（13.43%）>垂柳（9.95%）>栾树（9.49%）>侧柏（7.02%）>槐树（3.19%）>白皮松（2.50%）>油松（1.48%），桧柏不释放；醛类表现为垂柳（13.57%）>油松（9.68%）>银杏（8.67%）>栾树

(8.19%) >侧柏 (7.50%) >桧柏 (6.90%) >槐树 (4.40%) >白皮松 (4.10%); 酮类表现为油松 (1.95%) >侧柏 (1.47%) >银杏 (1.14%) >垂柳 (0.89%) >栾树 (0.63%) >槐树 (0.88%), 白皮松和桧柏不释放; 醇类表现为银杏 (17.23%) >栾树 (14.08%) >垂柳 (4.14%) >槐树 (4.01%) >油松 (2.89%) >白皮松 (2.37%) >侧柏 (1.77%) >桧柏 (1.03%); 其他类表现为白皮松 (2.57%) >油松 (1.45%) >垂柳 (1.36%) >槐树 (1.23%) >栾树 (1.08%) >桧柏 (0.97%) >银杏 (0.41%) >侧柏 (0.39%)。对比分析发现, 针叶树种的烯烃类和阔叶树种的醇类、酯类和醛类占总 BVOCs 的相对含量较高。

(4) 针叶树种有益 BVOCs 共有成分相对含量高于阔叶树种, 特有成分, 如3-蒈烯、石竹烯、乙酸乙酯、丙酸芳樟酯、异佛尔酮和植物醇相对含量稍高于阔叶树特有成分, 如α-蒎烯、松油烯和 (s) -(-) -柠檬烯等。

本研究共检测到有益 BVOCs 包括烯烃类、酯类、醛类、酮类、醇类、有机酸和其他类在内的七大类共 51 种有益 BVOCs。各有益类别 BVOCs 表现为烯烃类有益组分 18 种、酯类有益组分 10 种、醛类有益组分 4 种、酮类有益组分 3 种、醇类有益组分 13 种、有机酸和其他类有益组分各为 1 种和 2 种。

①烯烃类挥发物为针叶树种释放主要有益 BVOCs, 相对含量在 48.18%~58.21%波动, 以 (1R) - (+) -α-蒎烯、月桂烯、β-蒎烯为各针叶树主要有益组分。4 个阔叶树种释放相对含量较低, 在 2.20%~15.75%波动, 种间漂移较大。侧柏生长各季相对含量均达 50.00%以上, 为春、夏、秋三季首要挥发物类别。一天中, 侧柏释放高峰易在春季正午和夏、秋季正午前后出现, 垂柳生长季日动态无明显规律。

②酯类化合物为阔叶树种优势有益挥发物 (3.19%~13.43%), 针叶树种释放较弱 (1.48%~7.02%), 均以乙酸叶醇酯为主导物质。生长季垂柳释放呈现明显季节性规律: 夏季 (10.45%) >春季 (9.28%) >秋季 (4.36%)。一天中, 侧柏日变动规律不显著; 垂柳多在夏秋季 12:00 出现释放相对含量高峰期, 相对含量春夏季表现

为下午高于上午，秋季相反。

③有益醛类化合物相对含量8个树种在4.10%~13.57%波动，针阔叶树种间差异不大，以天然壬醛、己醛和癸醛为主要组分。生长季仅垂柳各季释放相对含量较高，表现为夏季（12.76%）>秋季（7.68%）>春季（6.70%）。一天中，侧柏在春、夏、秋三季和垂柳春、夏季均表现为下午高于上午；而垂柳秋季表现为下午低于上午，日变动特征明显。

④有益酮类挥发物在已检测到的6个树种中相对含量均较低，仅为0.65%~1.95%，白皮松和桧柏未检测到。生长季侧柏和垂柳3种组分均有释放，以夏季释放相对含量较高。一天中，侧柏易在16:00出现相对含量高峰值；垂柳则在春、秋两季表现为下午高于上午，夏季下午略低于上午的趋势。

⑤有益醇类挥发物针阔叶树种间差异较大，为阔叶树种优势有益挥发物类别，相对含量在4.01%~17.23%波动，以顺-3-己烯-1-醇、（+/-）-薄荷醇和左薄荷脑为主要有益组分。一天中，垂柳释放各季日动态均表现为下午高于上午的趋势。

⑥有机酸类有益挥发物仅侧柏在春、夏两季有极少量释放，相对含量为0.04%和0.01%，极低。其他类挥发物有益组分各树种间相对含量在0.39%~2.57%波动。侧柏和垂柳生长季释放，二者相对含量均不高于1.00%，无明显日变动趋势。

第4章

北京地区6种常见经济林树种挥发性有机物释放动态

4.1 经济林树种叶片释放 BVOCs 组分生长季动态变化

4.1.1 苹果叶释放 BVOCs 组分生长季动态变化

4.1.1.1 苹果叶释放 BVOCs 类别生长季动态变化

由图 4-1 可知，在整个生长季，苹果叶主要释放 BVOCs 组成类别存在共性，主要释放烷烃类、烯烃类、芳香烃类、酯类、醛类和醇类，其他类各个月份均未超过 10%，但主要释放类别相对含量和数量各月份之间差异极大。

所有 BVOCs 相对含量（%）为平均值。图 4-1 中横坐标代表不同 BVOCs，1~56 为烷烃类，57~96 为烯烃类，97~130 为芳香烃类，131~159 为酯类，160~172 为醛类，173~192 为有机酸类，193~206 为酮类，207~254 为醇类，255~261 酚类，262~266 为醚类，267~291 为酰胺类和 292~295 为其他类。

苹果叶共检测出 12 类 295 种 BVOCs，包括烷烃类 56 种、烯烃类 40 种、芳香烃类 34 种、酯类 29 种、醛类 13 种、有机酸类 20 种、酮类 14 种、醇类 48 种、酚类 7 种、醚类 5 种、酰胺类 25 种和其他类 4 种。组分总数量 9 月（113）>5 月（100）>6 月（70）= 7 月（70）>8 月（67）>4 月（45）>10 月（20）。

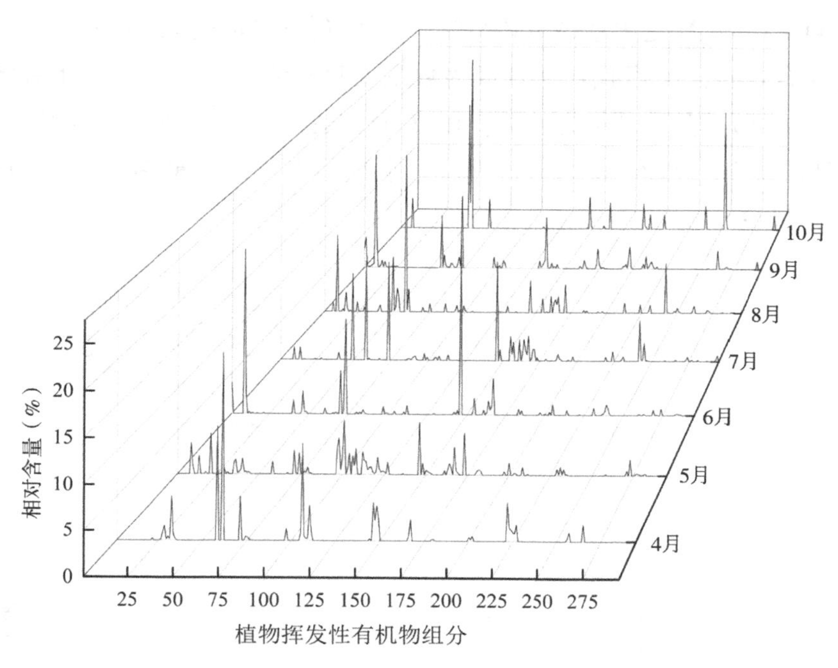

图 4-1 苹果叶在生长季释放 BVOCs 组分统计

烷烃类是苹果叶释放 BVOCs 相对含量最多的类别，如图 4-2 所示，在 4~10 月波动上升，10 月其释放量超总释放量的 50%，是 4 月（9.61%±1.51%）相对含量的 5 倍，数量变化趋势呈“双峰型”，峰值在 5 月（18）和 9 月（25），随之在 6 月（13）和 10 月（4）降至谷值；烯烃类是相对含量第二的 BVOCs 类别，从 4 月（39.43%±8.49%）开始，到 10 月波动下降至 4.37%±1.09%，其相对含量相差约 10 倍，数量变化趋势呈“双峰型”，峰值在 6 月（13）和 9 月（17），谷值在 7 月（11）和 10 月（1）；芳香烃类在 5 月到达最高值（39.35%±1.47%）后，波动下降，在 10 月仅为 0.28%±0.07%，不足 5 月相对含量的 1/13，数量变化趋势与相对含量相似，5 月释放芳香烃类数量最多（27）；酯类在 4 月、6 月、7 月、9 月相对含量超过 10%，其中 6 月相对含量为最高值（24.54%±9.09%），10 月相对含量为最低值（5.98%±2.20%），数量变化趋势呈“单峰型”，9 月（25）为峰值；醛类相对含量变化趋势呈“单峰型”，峰值（15.41%±1.15%）在 7 月，谷值在 4 月（3.00%±1.32%）和 9 月（2.32%±

0.44%)，数量变化趋势与其类似，到达峰值时间相同，但到达谷值时间有差异，10月代替9月成为数量变化趋势的谷值；醇类相对含量在4~10月呈波动上升趋势，在10月到达最高（22.30%±8.88%），5月最低（3.95%±0.41%），数量则在9月（15）最多，在10月（3）最少。

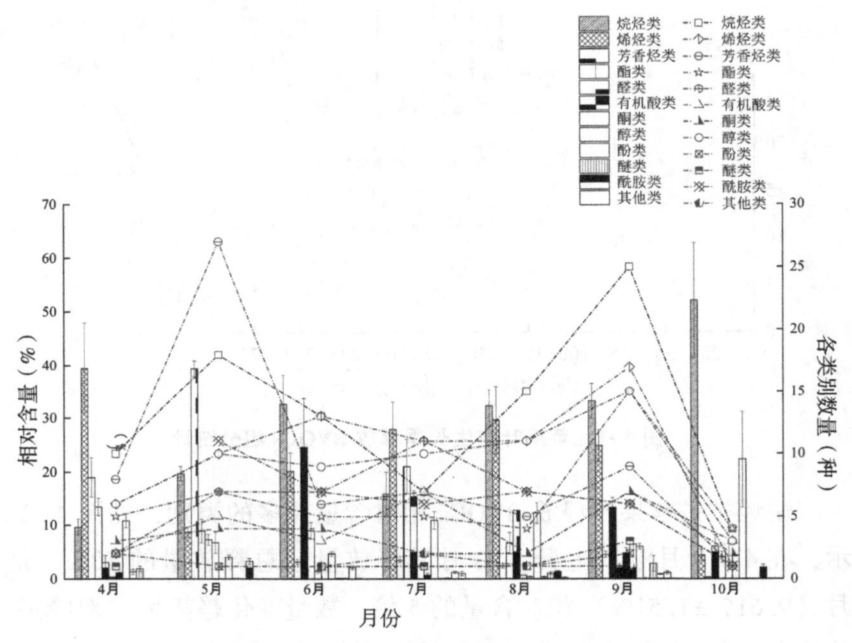

图4-2 苹果叶释放BVOCs类别及相对含量月变化

主要释放BVOCs类别季节变化：烷烃类相对含量秋季（42.65%）>夏季（26.91%）>春季（14.66%），组分数量秋季（15）>春季（14）>夏季（12）；烯烃类相对含量夏季(25.84%)>春季（24.02%）>秋季（14.56%），组分数量夏季（12）>秋季（9）>春季（8）；芳香烃类相对含量春季（29.17%）>夏季（2.96%）>秋季（2.37%），组分数量春季（18）>夏季（6）>春季（5）；酯类相对含量夏季（17.39%）>春季（11.17%）>秋季（9.68%），组分数量秋季（10）>春季（6）>夏季（5）；醛类相对含量夏季（12.37%）>春季（5.11%）>秋季（3.17%），组分数量夏季（8）>春季（5）>秋季（4）；醇类相对含量秋季（14.13%）>夏季

(9.28%) >春季 (7.38%)，组分数量夏季 (10) >秋季 (9) >春季 (8)。

4.1.1.2　苹果叶释放 BVOCs 有益成分动态变化

苹果叶每月释放有益 BVOCs 在组成成分和相对含量上均存在明显差异。由表 4-1 可知，苹果叶共检测出烯烃类、芳香烃类、酯类、醛类、有机酸类、酮类、醇类和酰胺类 8 类 40 种有益 BVOCs 成分。

有益 BVOCs 相对含量在 4 月和 7 月出现两个峰值 (图 4-3)，变化趋势为低—高—低，分别为 49.46%、54.00%；两个谷值出现在 5 月和 10 月，分别为 22.46% 和 8.57%。有益组分总相对含量夏季 (47.59%) >春季 (35.96%) >秋季 (23.13%)。苹果叶释放 BVOCs 有益组分生长季总数量大小排序为 9 月 (21) >6 月 (17) = 7 月 (17) >8 月 (15) >5 月 (14) >4 月 (10) >10 月 (3)，数量变化趋势呈 "M" 形。主要释放成分为薄荷-1 (7)，3-二烯、α-蒎烯、罗汉柏烯、3-蒈烯、右旋萜二烯、乙酸乙酯、丙酸芳樟酯、己醛、庚醛、天然壬醛和醋酸。

表 4-1　苹果叶释放有益 BVOCs 组分和相对含量月变化

BVOCs 名称		相对含量 (%)						
		4 月	5 月	6 月	7 月	8 月	9 月	10 月
烯烃类	α-蒎烯	12.73	1.52	—	12.91	21.51	7.59	—
	莰烯	0.39	—	—	—	1.18	—	—
	对薄荷-1 (7)，3-二烯	20.79	—	0.09	—	—	0.37	—
	右旋萜二烯	4.98	2.81	—	—	—	1.57	—
	萜品油烯	0.12	—	—	—	—	—	—
	(+) -β-雪松烯	—	0.11	0.23	0.18	—	0.22	—
	(+) -花侧柏烯	—	0.15	0.33	—	0.14	0.23	—
	桧烯	—	—	0.06	—	—		—
	长叶烯	—	—	0.11	—	—	0.69	—
	(+) -α-长叶蒎烯	—	—	0.55	—	—		—
	罗汉柏烯	—	—	11.77	12.84	—	10.40	—
	(-) -β-花柏烯	—	—	0.11	—	—	0.04	—
	α-愈创木烯	—	—	0.20	—	—	—	—
	3-蒈烯	—	—	5.40	—	0.65	0.66	4.37

（续表）

	BVOCs 名称	相对含量（%）						
		4月	5月	6月	7月	8月	9月	10月
烯烃类	α-水芹烯	—	—	—	0.20	—	—	—
	（Z）-β-罗勒烯	—	—	—	0.44	—	—	—
	α-柏木烯	—	—	—	0.52	—	—	—
	姜烯	—	—	—	—	0.24	—	—
	（+）-α-柏木萜烯	—	—	—	—	—	0.54	—
芳香烃类	对伞花烃	—	—	—	—	0.90	—	—
	甘菊蓝	—	—	—	—	0.91	—	—
	邻伞花烃	—	0.48	0.21	0.40	—	0.17	—
酯类	乙酸乙酯	4.35	6.15	21.11	12.95	4.38	—	0.18
	丙酸芳樟酯	—	0.10	—	—	0.11	7.39	—
	异丁酸叶醇酯	—	0.36	—	—	—	—	—
	乙酸叶醇酯	—	—	—	—	—	1.16	—
醛类	正戊醛	0.57	—	1.04	0.81	2.21	—	—
	己醛	2.43	3.26	4.58	3.32	—	—	—
	庚醛	—	0.47	0.60	2.74	2.25	0.35	—
	天然壬醛	—	1.33	1.78	2.83	1.80	1.21	4.02
	癸醛	—	0.81	0.61	1.52	1.16	0.51	—
	十一醛	—	—	—	0.04	—	—	—
有机酸类	醋酸	—	4.90	—	0.48	—	0.57	—
酮类	异佛尔酮	—	—	—	—	—	3.16	—
醇类	顺-3-己烯-1-醇	1.25	—	—	1.26	1.14	—	—
	桉树醇	1.85	—	—	—	—	—	—
	异植醇	—	—	—	0.54	—	0.02	—
	壬醇	—	—	—	—	1.39	0.73	—
	植物醇	—	—	—	—	—	0.10	—
酰胺类	1-金刚烷乙胺	—	0.01	—	—	—	—	—
	总计	49.46	22.46	48.79	54.00	40.00	37.68	8.57

注：所有 BVOCs 相对含量为平均值。—为未检测到。

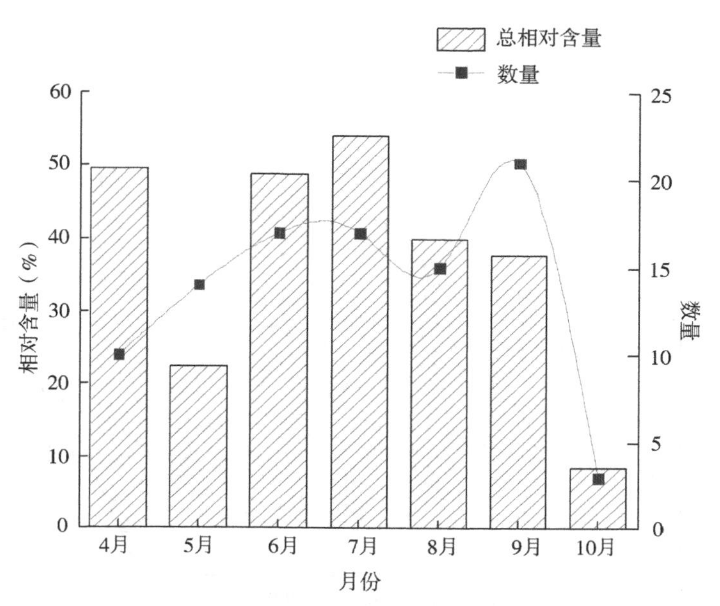

图 4-3　苹果叶释放有益 BVOCs 数量和总相对含量月变化

4. 1. 2　桃叶释放 BVOCs 组分生长季动态变化

4. 1. 2. 1　桃叶释放 BVOCs 类别生长季动态变化

由图 4-4 可知，随着桃树生长发育，桃叶主要释放 BVOCs 组成类别具有相似性，桃叶主要释放烷烃类、烯烃类、芳香烃类、酯类、醛类、酮类和醇类，其他类各个月份均未超过 10%。各类相对含量和数量存在波动，萘和乙酸乙酯每月都会释放，但每月差异较大，各相对含量分别为 0. 23%（6 月）~2. 71%（10 月）和 3. 68%（10 月）~18. 30%（5 月）。

桃叶检测出 12 类 266 种 BVOCs，包括烷烃类 44 种、烯烃类 41 种、芳香烃类 26 种、酯类 29 种、醛类 14 种、有机酸类 21 种、酮类 16 种、醇类 40 种、酚类 2 种、醚类 4 种、酰胺类 23 种和其他类 6 种。组分总数量 9 月（115）>8 月（84）>7 月（79）>6 月（73）>5 月（72）>10 月（27）。

所有 BVOCs 相对含量为平均值。图 4-3 中横坐标代表不同 BVOCs，其中 1~44 为烷烃类，45~85 为烯烃类，86~111 为芳香烃类，112~140 为酯类，141~154 为醛类，155~175 为有机酸类，

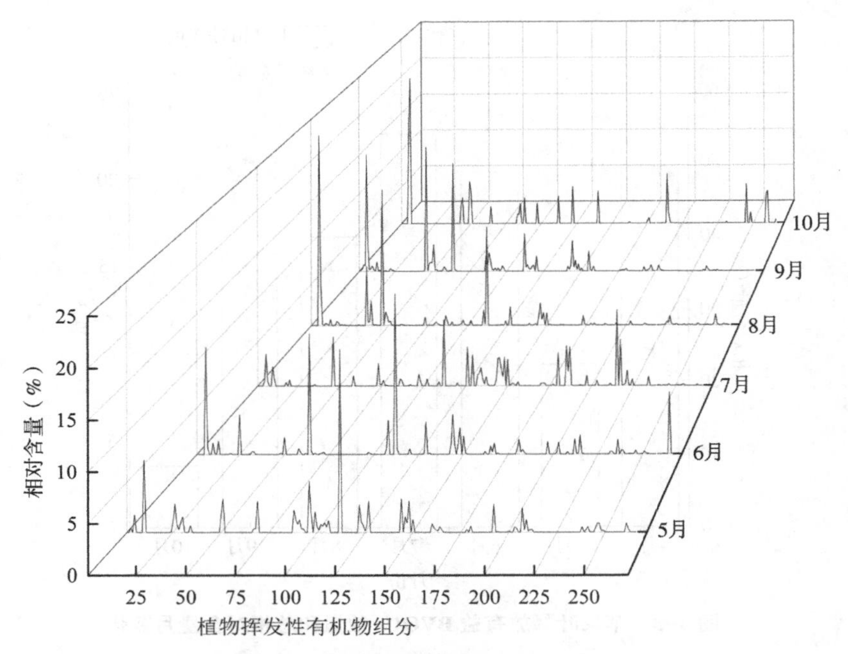

图 4-4 桃叶在生长季释放 BVOCs 组分统计

176~191 为酮类，192~231 为醇类，232~233 酚类，234~237 为醚类，238~260 为酰胺类，261~266 为其他类。

烷烃类和烯烃类相对含量占比较大如图 4-5 所示，其最大值分别在 8 月（41.86%±5.55%）和 9 月（38.88%±4.35%），其最低值在 7 月（8.95%±1.18%）和 5 月（8.93%±1.42%），数量都在 9 月达到最大值，而最小值则有所不同；烷烃类在 10 月（4），烯烃类在 5 月（5）。芳香烃类相对含量和数量均分别在 5 月达到最大值，10 月数量最少（2），但相对含量（6.16%±0.53%）位于其余月份的中间值。酯类相对含量也在 5 月达到最大值（26.74%±6.48%），而数量在 5~9 月相对稳定，在 10 月急剧下降至 3。醛类、酮类和醇类相对含量均在 7 月到达最大峰值，分别为（16.86%±1.38%）、（14.56%±2.07%）和（18.79%±2.51%），然后大幅下降，其中醛类相对含量仅 5~7 月还保持在 10%以上；三者在其余月份相对含量不足 10%，除醇类数量 7 月（11）= 9 月（11）>8 月（8）>6 月（7）>5 月（5）>10 月（0），酮类和醇类数量变化趋势不明显。

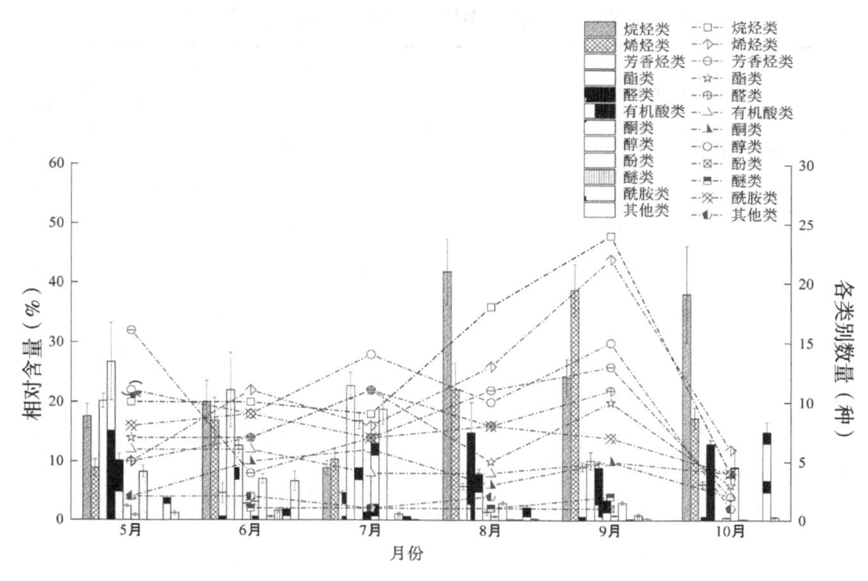

图 4-5　桃叶释放 BVOCs 类别及相对含量月变化

主要释放 BVOCs 类别季节变化：烷烃类秋季（31.24%）>夏季（23.62%）>春季（17.59%），组分数量秋季（14）>春季（10）>夏季（12）；烯烃类秋季（28.13%）>夏季（16.48%）>春季（8.93%），组分数量秋季（14）>夏季（11）>春季（5）；芳香烃类春季（20.16%）>秋季（7.68%）>夏季（5.00%），组分数量春季（16）>秋季（8）>夏季（7）；酯类春季（26.74%）>夏季（19.91%）>秋季（11.63%），组分数量夏季（8）>秋季（7）=春季（7）；醛类夏季（12.47%）>春季（10.16%）>秋季（4.51%），组分数量秋季（11）>夏季（9）>春季（7）；酮类夏季（6.10%）>秋季（4.93%）>春季（0.88%），组分数量夏季（5）=秋季（5）>春季（2）；醇类夏季（9.60%）>春季（8.27%）>秋季（1.56%），组分数量春季（11）=夏季(11）>秋季（8）。

4.1.2.2　桃叶释放 BVOCs 有益组分动态变化

桃叶每月释放有益 BVOCs 在组成成分和相对含量有差异性。由表 4-2 可知，桃叶共检测出烯烃类、芳香烃类、酯类、醛类、有机酸类、酮类、醇类和酰胺类 8 类 45 种有益成分。

表 4-2 桃叶释放有益 BVOCs 组分和相对含量月变化

BVOCs 名称		相对含量（%）					
		5月	6月	7月	8月	9月	10月
烯烃类	α-侧柏烯	—	—	—	—	0.15	—
	α-蒎烯	—	—	5.63	16.47	16.01	—
	对薄荷-1（7），3-二烯	—	—	—	1.16	1.10	5.73
	3-蒈烯	1.83	1.85	—	0.37	1.10	4.27
	右旋萜二烯	3.31	—	—	0.50	3.44	—
	姜烯	—	—	—	—	0.03	—
	α-香柠檬烯	—	—	—	—	0.13	—
	α-柏木烯	—	0.62	1.15	0.13	0.57	—
	（+）-β-雪松烯	—	0.26	—	0.05	0.27	—
	α-金合欢烯	—	—	—	—	0.02	—
	（-）-β-花柏烯	—	0.13	—	—	0.09	—
	罗汉柏烯	—	12.93	—	—	13.95	2.26
	（+）-花侧柏烯	—	0.39	—	—	0.32	—
	1，5，8-对-薄荷三烯	0.34	0.13	—	—	—	—
	（+）-α-长叶蒎烯	3.08	—	—	—	—	—
	α-愈创木烯	—	0.24	—	—	—	—
	α-水芹烯	—	—	0.16	—	—	—
	长叶烯	—	—	0.05	—	—	—
	石竹烯	—	—	0.06	—	—	—
	莰烯	—	—	—	0.40	—	—
	柠檬烯	—	—	—	—	—	2.68
芳香烃类	邻伞花烃	0.34	—	0.13	0.03	0.41	—
酯类	乙酸乙酯	18.30	17.11	7.51	11.91	4.85	3.68
	乙酸叶醇酯	—	—	—	—	0.60	—
	异丁酸叶醇酯	0.69	—	—	0.50	—	—
	丙酸芳樟酯	—	0.12	—	—	—	—
	水杨酸异辛酯	—	0.12	—	—	—	—
	丙酸松油酯	—	—	—	—	—	4.37

（续表）

BVOCs 名称		相对含量（%）						
		5 月	6 月	7 月	8 月	9 月	10 月	
醛类	正戊醛	—	1.07	0.66	0.18	0.74	—	
	己醛	3.32	4.30	3.11	—	3.94	—	
	庚醛	—	1.09	3.15	1.10	0.50	—	
	天然壬醛	3.11	2.86	3.29	1.51	0.95	—	
	癸醛	1.26	1.96	3.01	1.48	0.37	—	
	十二醛	—	—	—	—	0.05	—	
有机酸类	醋酸	—	0.24	—	—	—	—	
酮类	异佛尔酮	—	—	4.41	0.19	—	—	
醇类	顺-3-己烯-1-醇		—	1.36	1.15	—	0.77	—
	植物醇		—	—	—	—	0.02	—
	(+) -新薄荷醇		—	—	—	—	0.03	—
	2-壬醇		0.19	0.26	—	—	—	—
	(+/-) -薄荷醇		—	—	0.05	—	—	—
	香茅醇		—	—	0.03	—	—	—
	异植醇		—	—	0.72	—	—	—
	壬醇		—	—	—	1.07	—	—
酰胺类	1-金刚烷乙胺	0.22	—	0.05	0.12	0.01	—	
	总计	35.99	47.03	34.31	37.17	50.43	22.99	

注：所有 BVOCs 相对含量为平均值。—为未检测到。

由图 4-6 可知，相对含量和数量月变化趋势呈“M”形，在 6 月和 9 月出现相对含量两个峰值，分别为 47.03%和 50.43%；两个谷值出现在 5 月和 10 月，分别为 35.99%、22.99%。有益组分总相对含量夏季（39.50%）>秋季（36.71%）>春季（35.99%）。有益组分生长季总数量大小排序为 9 月（26）>6 月（19）>7 月（18）>8 月（17）>5 月（12）>10 月（6）。主要释放 3-蒈烯、右旋萜二烯、罗汉柏烯、α-蒎烯、对薄荷-1（7），3-二烯、乙酸乙酯、丙酸松油酯、天然壬醛、己醛和异佛尔酮。

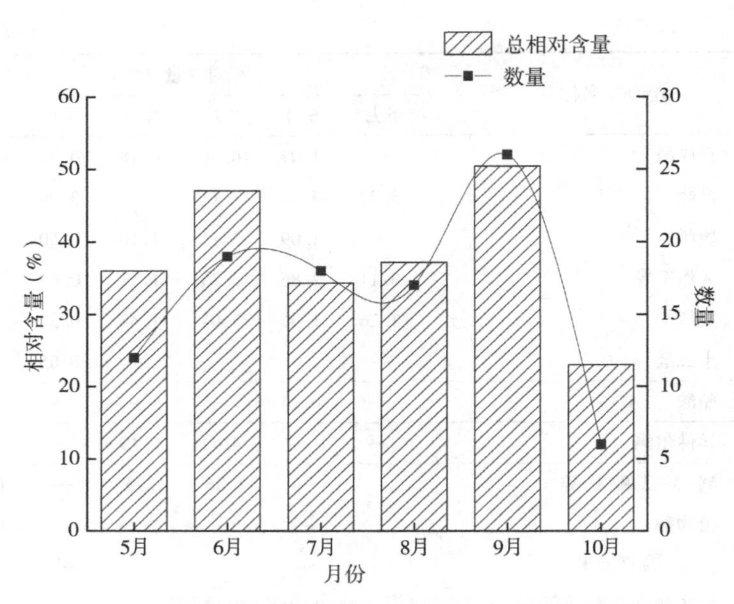

图 4-6　桃叶释放有益 BVOCs 总量和相对含量生长季变化

4.1.3　李叶释放 BVOCs 组分生长季动态变化

4.1.3.1　李叶释放 BVOCs 类别生长季动态变化

由图 4-7 可知，在整个生长季（4~10 月），李叶每月主要释放 BVOCs 类别相似，主要释放烷烃类、烯烃类、芳香烃类、酯类、醛类、醇类、有机酸类和酰胺类，而酚类只在 10 月略微超过 10%；其他类各个月份均未超过 10%。天然壬醛每月都会释放，但相对含量不高，仅为 0.02%~2.03%。

李叶共检测出 12 类 337 种 BVOCs，包括烷烃类 73 种、烯烃类 49 种、芳香烃类 38 种、酯类 30 种、醛类 17 种、有机酸类 26 种、酮类 15 种、醇类 45 种、酚类 6 种、醚类 6 种、酰胺类 27 种和其他类 5 种。组分总数量 9 月（120）>6 月（108）>5 月（103）>7 月（76）>10 月（73）>8 月（60）>4 月（50）。

所有 BVOCs 相对含量为平均值。图 4-7 中横坐标代表不同 BVOCs，其中 1~73 为烷烃类，74~122 为烯烃类，123~160 为芳香烃类，161~190 为酯类，191~207 为醛类，208~233 为有机酸类，234~248 为酮类，249~293 为醇类，294~299 酚类，300~305 为醚

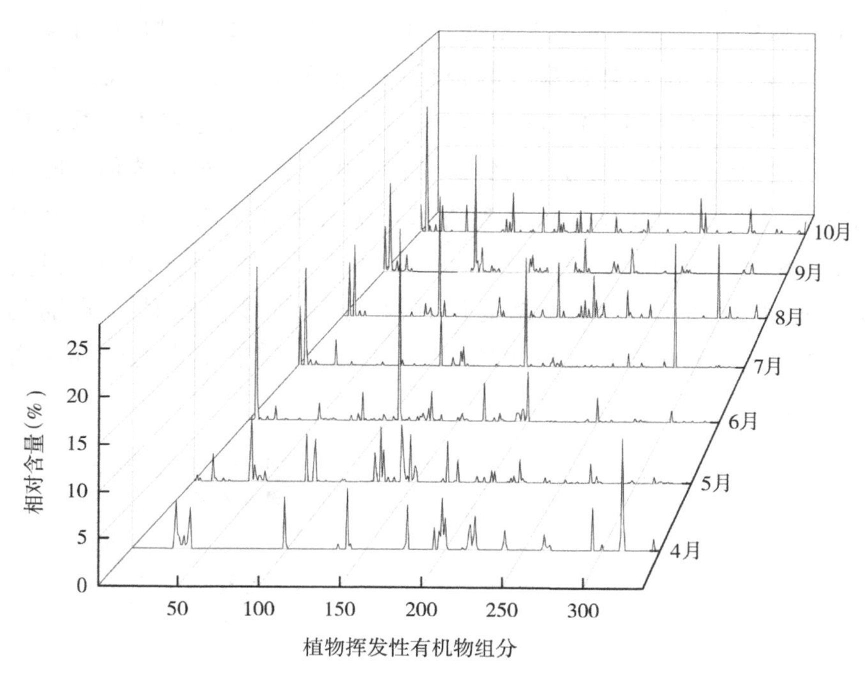

图 4-7　李叶在生长季释放 BVOCs 组分统计

类，306~332 为酰胺类，333~337 为其他类。

烷烃类在各个月份相对含量均超过 20%，如图 4-8 所示，在 10 月达到最大值（41.35%±4.80%），整体随时间增加呈线性上升，仅在 8 月（23.79%±3.01%）略有下降，数量变化趋势则呈“双峰型”，峰值分别在 6 月（24）和 9 月（28），谷值分别在 4 月（11）和 8 月（13）。烯烃类相对含量和数量变化趋势均呈“双峰型”，达到峰值和谷值的时间相同，其中相对含量最高峰出现在 6 月（33.38%±4.94%），数量最高峰出现在 9 月（24）。芳香烃类相对含量由 4 月（8.26%±3.16%）急剧上升，在 5 月到达最高峰（38.66%±2.20%），然后骤降，到 7 月到达最低峰（5.69%±0.98%），然后开始回升，直到 10 月到达第二个峰值（12.06%±1.17%）；组分数量表现为 5 月（18）= 6 月（18）>9 月（15）>10 月（10）>8 月（9）>7 月（7）>4 月（4）。酯类仅 7 月和 8 月相对含量超过 10%，7 月为相对含量最高峰（15.64%±4.88%），相对含量最低峰在 10 月（3.52%±1.01%），数量变化趋势呈“双峰型”，峰值分别在 6 月

(10) 和9月 (13), 数量最低峰在4月 (3)。醛类相对含量在4月 (17.01%±1.75%) 到达最大峰值后, 峰值和谷值交替出现, 在10月达到最小谷值 (3.13%±0.78%); 组分数量变化趋势不明显, 稳定在5以上。醇类在7月 (19.37%±5.50%) 到达最大峰值, 随后在8月 (0.35%±0.09%) 达到谷值; 组分数量6月 (13) = 9月 (13) >5月 (12) >10月 (11) >7月 (8) >4月 (6) >8月 (1)。有机酸类和酰胺类相对含量均在4月达到最大峰值, 分别为 (11.50%±1.32%) 和 (16.92%±5.92%), 两者在其余月份相对含量均未超过10%。

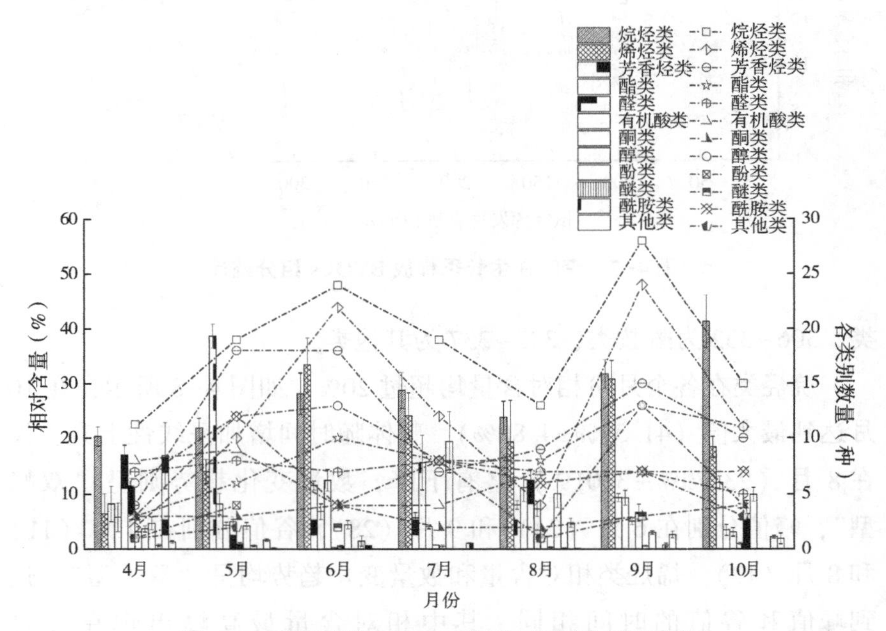

图4-8 李叶释放BVOCs类别和相对含量月变化

主要释放BVOCs类别季节变化: 烷烃类相对含量秋季 (36.52%) >夏季 (26.90%) >春季 (21.10%), 组分数量秋季 (22) >夏季 (19) >春季 (15); 烯烃类相对含量夏季 (25.58%) >秋季 (24.60%) >春季 (10.25%), 组分数量秋季 (18) >夏季 (13) >春季 (6); 芳香烃类相对含量春季 (23.46%) >秋季 (10.70%) >夏季 (8.44%), 组分数量秋季 (13) >春季 (11) = 夏季 (11)。酯类相对含量夏季 (11.23%) >春季 (7.01%) >秋季

(6.42%)，组分数量夏季(9) = 秋季（9）>春季（5）；醛类相对含量春季（10.70%）>夏季（9.70%）>秋季（4.12%），组分数量春季（8）>夏季（7）>秋季（6）；有机酸类相对含量春季（8.28%）>秋季（3.84%）>春季（2.79%），组分数量春季（9）>夏季（5）=秋季（5）；醇类相对含量夏季（8.08%）>秋季（6.49%）>春季（4.02%），组分数量秋季（12）>春季（9）>夏季（7）；酚类相对含量夏季（3.35%）>春季（2.69%），组分数量春季（3）>夏季（1）；酰胺类相对含量春季（9.31%）>秋季（2.45%）>夏季（2.18%），组分数量春季（8）>秋季（7）>夏季（6）。

4.1.3.2　李叶释放BVOCs有益组分动态变化

李叶每月释放有益BVOCs在组成成分和相对含量上均存在明显差异。由表4-3可知，李叶共检测出烯烃类、芳香烃类、酯类、醛类、有机酸类、酮类、醇类和酰胺类8类50种有益成分。

表4-3　李叶释放有益BVOCs组分和相对含量月变化

BVOCs名称		相对含量（%）						
		4月	5月	6月	7月	8月	9月	10月
烯烃类	α-侧柏烯	—	—	—	—	—	0.24	—
	α-蒎烯	—	5.42		14.03	16.27	16.64	—
	对薄荷-1（7），3-二烯	—	—	—	—	2.20	1.07	0.58
	3-蒈烯	—	2.75	3.44	—	—	1.20	5.84
	右旋萜二烯	—	4.91	—	—	—	3.54	—
	1，3，8-对薄荷三烯	—	0.13	—	—	—	0.11	—
	萜品油烯	—	—	—	—	—	0.21	—
	α-柏木烯	—	—	0.16	0.25	—	0.08	0.30
	长叶烯	—	0.12	0.26	—	—	0.11	—
	（+）-α-柏木萜烯	—	—	—	—	—	1.01	—
	石竹烯	—	—	—	—	—	0.18	—
	柏木烯	—	—	—	—	—	0.51	—
	（-）-β-花柏烯	—	—	0.23	—	—	0.21	—
	（+）-花侧柏烯	—	—	0.74	—	—	0.62	0.25
	异长叶烯	—	—	0.06	—	—	—	—
	罗汉柏烯	—	—	23.42	6.97	—	—	3.74

（续表）

BVOCs 名称		相对含量（%）						
		4月	5月	6月	7月	8月	9月	10月
烯烃类	(+) -α-长叶蒎烯	—	—	1.07	—	—	—	—
	(+) -β-雪松烯	—	0.10	0.51	0.08	—	—	0.16
	金合欢烯	—	—	0.01	—	—	—	—
	α-愈创木烯	—	—	0.14	—	—	—	—
	香橙烯	—	—	0.04	—	—	—	—
	α-芹子烯	—	—	0.43	—	—	—	—
	莰烯	—	0.22	—	—	—	—	—
	反式罗勒烯	—	0.15	—	—	—	—	—
芳香烃类	邻伞花烃	—	0.50	0.33	0.30	0.91	0.57	0.20
	甘菊蓝	—	—	—	—	—	0.83	—
酯类	乙酸叶醇酯	—	—	—	—	—	0.32	—
	乙酸乙酯	—	4.75	—	14.04	7.51	0.69	2.38
	异丁酸叶醇酯	—	—	0.27	—	—	—	—
	丙酸芳樟酯	—	2.63	—	—	—	—	—
	苯甲酸苄酯	—	—	—	0.04	0.16	—	—
醛类	庚醛	—	0.73	1.01	0.48	—	0.71	0.08
	天然壬醛	2.03	0.02	1.48	0.52	1.15	1.32	0.47
	癸醛	1.40	0.61	1.48	0.32	—	0.59	0.34
	正戊醛	1.59	—	0.57	0.84	—	—	—
	己醛	3.51	—	6.09	—	5.69	—	2.00
	异戊醛	—	1.44	—	—	2.40	—	—
	十一醛	—	—	—	—	0.40	—	—
	十二醛	—	1.30	—	—	—	—	—
有机酸类	醋酸	—	—	—	—	2.02	3.66	—
	油酸	0.46	—	0.08	—	—	—	—
	癸酸	1.40	—	—	—	—	—	—
酮类	二氢-β-紫罗兰酮	—	—	0.03	—	—	—	—
醇类	顺-3-己烯-1-醇	—	—	—	0.14	—	0.56	—
	(+/-) -薄荷醇	—	—	—	—	—	0.03	—
	异植醇	—	—	—	—	—	0.08	—
	柏木脑	—	—	0.08	—	—	—	—

（续表）

	BVOCs 名称	相对含量（%）						
		4 月	5 月	6 月	7 月	8 月	9 月	10 月
醇类	2-壬醇	—	—	0.41	0.77	—	—	—
	环戊醇	—	—	—	—	—	—	3.63
酰胺类	1-金刚烷乙胺	—	—	—	0.04	—	0.02	0.02
	总计	10.39	25.78	42.35	38.82	38.72	35.13	19.99

注：所有 BVOCs 相对含量为平均值。—为未检测到。

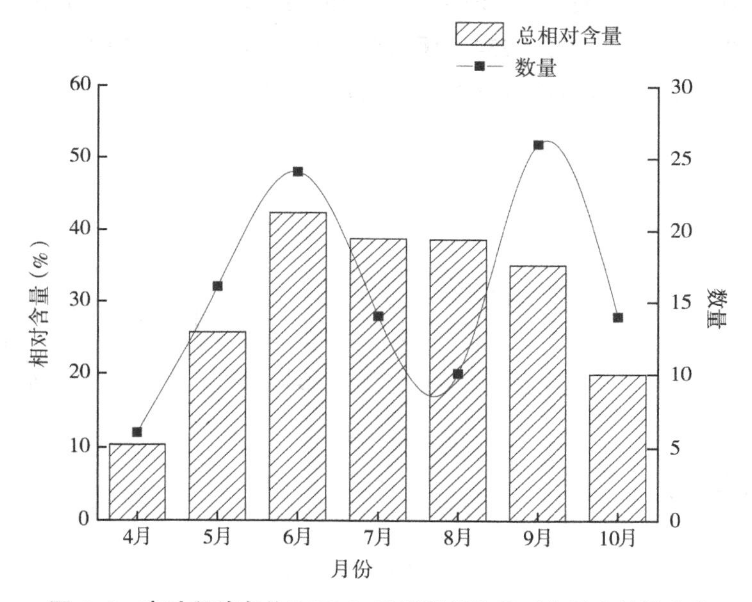

图 4-9　李叶释放有益 BVOCs 种类数量和相对含量生长季变化

4.1.4　梨叶释放 BVOCs 组分生长季动态变化

4.1.4.1　梨叶释放 BVOCs 类别生长季动态变化

由图 4-10 可知，在整个生长季（5~10 月），梨叶每月主要释放 BVOCs 组成类别具有相似性，主要释放烷烃类、烯烃类、芳香烃类、醛类和醇类，而酯类只在 6 月略微超过 10%，其他类各个月份均未超过 10%。甲苯、萘、天然壬醛、癸醛和苯乙酮这 5 种每月都会释放，各自相对含量差异较大，其中甲苯相对含量最高，范围为 1.06%（7 月）~8.17%（6 月）。

梨叶共检测出 12 类 272 种 BVOCs，包括烷烃类 53 种、烯烃类 40 种、芳香烃类 37 种、酯类 25 种、醛类 21 种、有机酸类 17 种、酮类 9 种、醇类 32 种、酚类 3 种、醚类 3 种、酰胺类 27 种和其他类 5 种。组分总数量为 9 月（111）>5 月（84）= 6 月（84）>7 月（83）>8 月（66）>10 月（53）。

所有 BVOCs 相对含量为平均值。图 4-10 中横坐标代表不同 BVOCs，其中 1~53 为烷烃类，54~93 为烯烃类，94~130 为芳香烃类，131~155 为酯类，156~176 为醛类，177~193 为有机酸类，194~202 为酮类，203~234 为醇类，235~237 酚类，238~240 为醚类，241~267 为酰胺类和 267~272 为其他类。

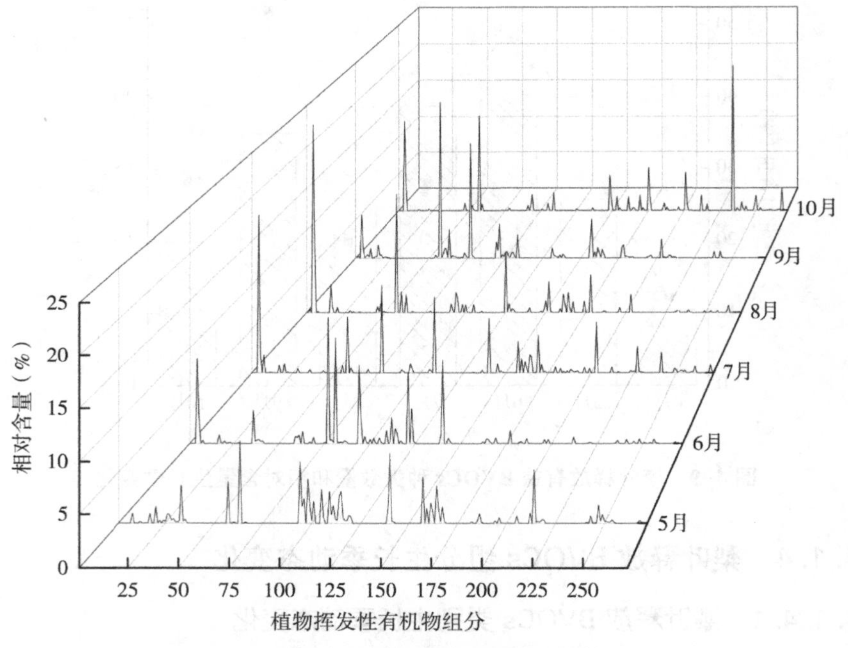

图 4-10　梨叶在生长季释放 BVOCs 组分统计

在梨叶中，释放的烯烃类是相对含量最多的 BVOCs，如图 4-11 所示，在 9 月达到最大值（45. 18%±4. 73%），与排名第二烷烃类相比，在同时期相对含量是其 3 倍以上，烷烃类相对含量最大值在 8 月（38. 70%±5. 84%），两者相对含量均在 5 月最低，烯烃类数量在 5 月最少（4），烷烃类在 5 月数量较多（17），仅次于数量最多的 9

月（23），变化趋势分别为“N”形和“双峰型”。而芳香烃类相对含量在5月达到最大值（36.72%±1.57%）后，随时间变化，波动下降，在10月达到最小谷值（5.81%±1.04%）。酯类相对含量较少，各月相对含量不足10%。醇类和醛类在5月、7月、10月相对含量较高，在所有月份中排名前三，其中醛类在7月相对含量最高（16.51% ± 1.41%），醇类在10月相对含量最高（22.43% ± 10.46%），数量均在7月到达最大值（11）；醛类数量各月变化较为稳定，而醇类数量出现峰值紧接下个月为谷值，表现为7月（11）= 9月（11）>5月（8）>6月（4）= 8月（4）>10月（3）。

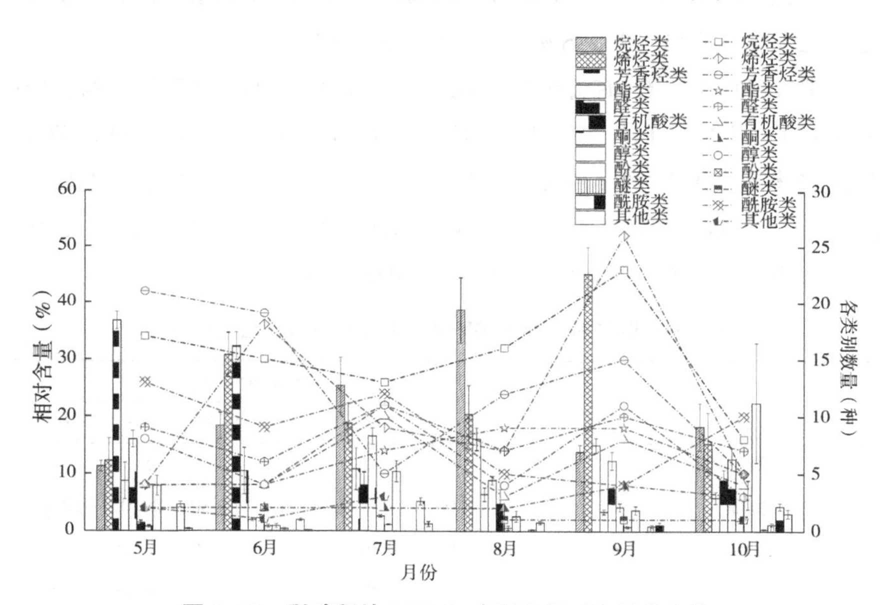

图4-11 梨叶释放BVOCs类别和相对含量月变化

主要释放BVOCs类别季节变化：烷烃类相对含量夏季（27.49%）>秋季（16.00%）>春季（11.28%），组分数量秋季（20）>春季（17）>夏季（15）；烯烃类相对含量秋季（30.19%）>夏季（23.30%）>春季（12.28%），组分数量秋季（17）>夏季（11）>春季（4）；芳香烃类相对含量春季（36.72%）>夏季（19.69%）>秋季（10.38%），组分数量春季（21）>秋季（14）>夏季（12）；醛类相对含量春季（15.95%）>秋季（12.42%）>夏季（9.09%），组分数量春季（9）= 秋季（9）>夏季（8）；醇类相对含量秋季

(13.04%) >春季 (7.90%) >夏季 (4.60%), 组分数量春季 (8) = 秋季 (8) >夏季 (6)。

4.1.4.2 梨叶释放 BVOCs 有益组分及动态变化

梨叶每月释放有益 BVOCs 在组成成分和相对含量上均存在明显差异。由表 4-4 可知, 梨叶共检测出烯烃类、芳香烃类、酯类、醛类、有机酸类、醇类和酰胺类 7 类 36 种有益成分。

由图 4-12 可知, 相对含量变化趋势呈近倒"V"形, 在 7 月和 9 月出现两个峰值, 分别为 36.76%和 53.55%; 两个谷值出现在 8 月和 10 月, 分别为 26.35%和 17.49%。有益组分总相对含量秋季 (35.52%) >春季 (31.95%) >夏季 (29.96%)。

梨叶释放 BVOCs 有益组分生长季总数量大小排序为 9 月 (24) >6 月 (15) >7 月 (14) >8 月 (13) >5 月 (11) >10 月 (6), 数量变化趋势呈"M"形。主要释放有益成分为右旋萜二烯、(1R) -(+) -α-蒎烯、罗汉柏烯、α-蒎烯、对薄荷-1 (7), 3-二烯、乙酸乙酯、丙酸芳樟酯、己醛、天然壬醛和正戊醛。

表 4-4 梨叶释放有益 BVOCs 组分和相对含量月变化

BVOCs 名称		相对含量 (%)					
		5月	6月	7月	8月	9月	10月
烯烃类	α-侧柏烯	—	0.13	—	—	0.32	—
	α-蒎烯	4.06	—	6.38	14.30	20.05	12.84
	对薄荷-1 (7), 3-二烯	0.08	0.61	0.14	2.47	1.26	—
	3-蒈烯	—	0.90	—	—	1.24	—
	右旋萜二烯	8.06	1.27	—	2.14	3.75	—
	β-侧柏烯	—	—	—	—	0.32	—
	萜品油烯	0.09	—	—	—	0.21	—
	α-柏木烯	—	—	0.39	—	0.05	—
	异长叶烯	—	—	—	—	0.02	—
	α-香柠檬烯	—	—	—	—	0.08	—
	α-柏木萜烯	—	—	—	—	0.68	—
	(+) -β-雪松烯	—	—	—	—	0.31	—
	(-) -β-花柏烯	—	0.12	—	—	0.07	—
	罗汉柏烯	—	—	9.93	—	14.71	—

（续表）

	BVOCs 名称	相对含量（%）					
		5 月	6 月	7 月	8 月	9 月	10 月
烯烃类	（+）-花侧柏烯	—	0.35	—	0.14	0.33	0.30
	（1R）-（+）-α-蒎烯	—	11.12	—	—	—	—
	1，5，8-对-薄荷三烯	—	0.13	—	—	—	—
	松油烯	—	0.10	—	—	—	—
芳香烃类	邻伞花烃	0.27	0.44	—	0.89	0.79	—
	对伞花烃	—	—	—	1.00	—	—
酯类	乙酸乙酯	6.85	8.67	6.25	0.51	—	—
	丙酸芳樟酯	—	—	—	0.34	—	1.68
	乙酸芳樟酯	—	—	—	0.03	—	—
醛类	己醛	4.47	—	3.62	—	5.12	—
	庚醛	1.43	—	1.61	0.40	0.84	—
	天然壬醛	3.64	0.47	2.07	2.33	1.12	0.31
	癸醛	1.43	0.44	1.80	0.48	0.54	0.30
	异戊醛	1.58	—	—	—	—	—
	十二醛	—	—	—	1.33	—	—
	正戊醛	—	0.63	4.32	—	—	2.06
有机酸类	醋酸	—	1.39	0.07	—	1.53	—
	壬酸	—	—	0.11	—	—	—
醇类	（+/-）-薄荷醇	—	—	—	—	0.12	—
	柏木脑	—	—	—	—	0.04	—
	植物醇	—	—	0.05	—	—	—
酰胺类	1-金刚烷乙胺	—	—	0.03	—	0.04	—
	总计	31.95	26.76	36.76	26.35	53.55	17.49

注：所有 BVOCs 相对含量为平均值。—为未检测到。

4.1.5　山楂叶释放 BVOCs 组分生长季动态变化

4.1.5.1　山楂叶释放 BVOCs 类别生长季动态变化

由图 4-13 可知，在整个生长季（4~10 月），山楂叶不同月份主要释放 BVOCs 组成类别有一定共性，主要释放烷烃类、烯烃类、芳香烃类、酯类和醇类，醛类只在 7 月超过 10%，其他类各个月份均未超过 10%。天然壬醛每月都会释放，但相对含量占比较少，为 0.13%（10 月）~2.37%（5 月）。

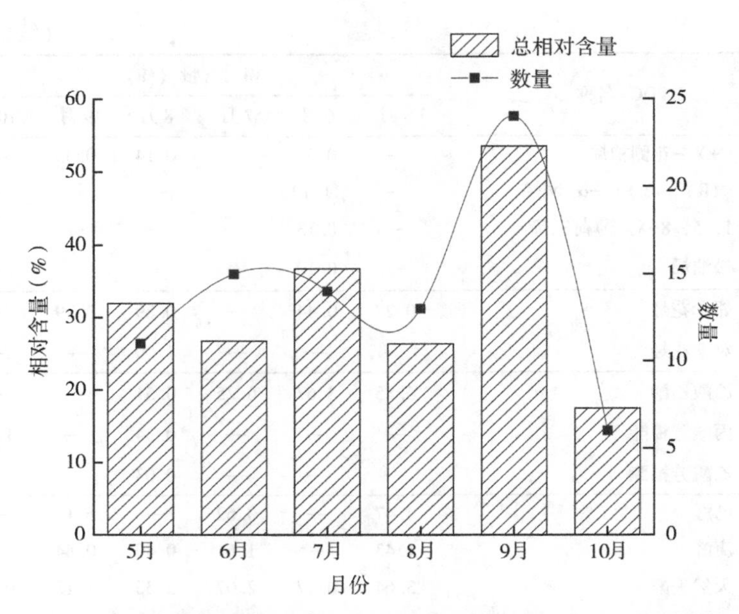

图 4-12 梨叶释放有益 BVOCs 数量和总相对含量生长季变化

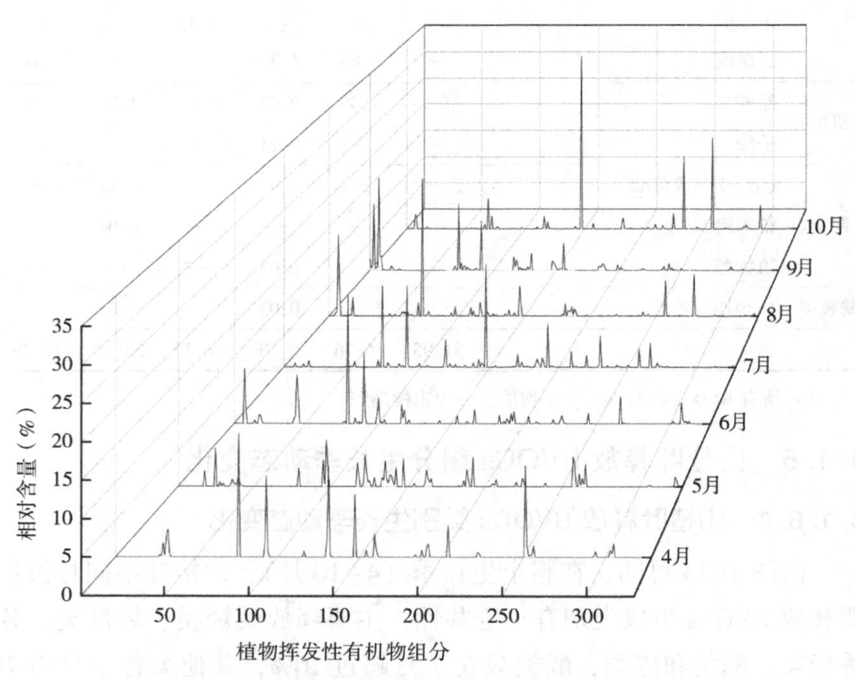

图 4-13 山楂叶在生长季释放 BVOCs 组分统计

山楂叶共检测出 12 类 328 种 BVOCs，包括烷烃类 67 种、烯烃类 48 种、芳香烃类 31 种、酯类 36 种、醛类 16 种、有机酸类 18 种、酮类 17 种、醇类 54 种、酚类 2 种、醚类 8 种、酰胺类 25 种和其他类 6 种。组分总数量 9 月（122）>7 月（111）>8 月（88）>5 月（68）>6 月（66）>10 月（62）>4 月（39）。

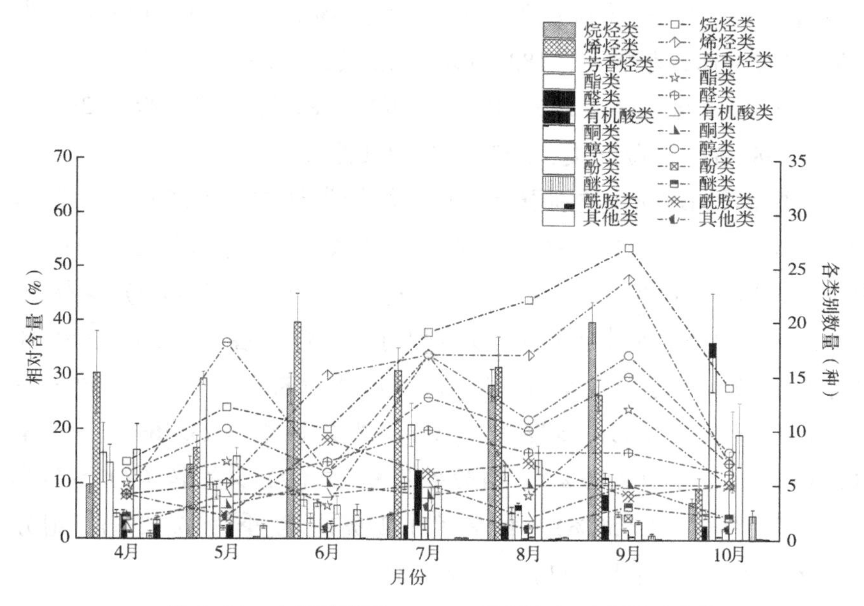

图 4-14　山楂叶释放 BVOCs 类别和相对含量月变化

由图 4-14 可知，烷烃类、烯烃类和酯类在山楂释放 BVOCs 中占据重要地位，其相对含量分别在 9 月（39.96%±3.74%）、6 月（39.65%±5.37%）和 10 月（36.29%±9.07%）到达最大值，最小值分别在 7 月（4.59%±0.31%）、10 月（9.24%±2.02%）和 6 月（3.68%±0.91%）；除酯类在 7 月数量达到最大值（17），在 6 月数量最少（3）外，烷烃类和烯烃类数量均在 9 月达到最大值，在 4 月达到最大值。芳香烃类相对含量各月变化趋势呈“M”形，烷烃类相对含量由 4 月（15.59%±5.48%）开始上升，到 5 月达到相对含量最大值（29.34%±1.23%），随后 6 月下降至（6.99%±1.11%），在 7~8 月回升，到 9 月又开始下降，到 10 月达到生长季最小值（4.75%±0.84%）；数量则表现为 5 月（18）>9 月（15）>7 月

(13) >8月 (10) >10月 (7) >6月 (6) >4月 (4)。醇类相对含量在10月达到最大值 (19.26%±5.87%)，与同时期达到最大值的酯类相比，仅约占酯类的53%；而数量在7月和9月达到最大值 (17)。

所有BVOCs相对含量为平均值。图4-13中横坐标代表不同BVOCs，其中1~67为烷烃类，68~115为烯烃类，116~146为芳香烃类，147~182为酯类，183~198为醛类，199~216为有机酸类，217~233为酮类，234~287为醇类，288~289为酚类，290~297为醚类，298~322为酰胺类，323~328为其他类。

主要释放BVOCs类别季节变化：烷烃类秋季 (23.35%) >夏季 (20.13%) >春季 (11.58%)，组分数量秋季 (21) >夏季 (17) >春季 (10)；烯烃类夏季 (34.15%) >春季 (23.45%) >秋季 (17.92%)，组分数量夏季 (16) =秋季 (16) >春季 (5)；芳香烃类春季 (22.47%) >夏季 (9.84%) >秋季 (8.02%)，组分数量春季 (11) =秋季 (11) >夏季 (10)；酯类秋季 (23.46%) >春季 (11.96%) >夏季 (9.82%)，组分数量秋季 (9) >夏季 (8) >春季 (6)；醇类春季 (15.59%) >秋季 (11.27%) >夏季 (10.12%)，组分数量秋季 (13) >夏季 (11) >春季 (8)。

4.1.5.2 山楂叶有益BVOCs组分及动态变化

在整个生长季 (4~10月)，山楂叶每月释放有益BVOCs在组成成分和相对含量上均存在明显差异。由表4-5可知，山楂叶共检测出烯烃类、芳香烃类、酯类、醛类、有机酸类、酮类、醇类和酰胺类8类43种有益成分。

表4-5 山楂叶释放有益BVOCs组分和相对含量月变化

BVOCs名称		相对含量 (%)						
		4月	5月	6月	7月	8月	9月	10月
烯烃类	α-水芹烯	—	—	—	0.26	—	—	—
	α-蒎烯	—	—	—	12.93	23.10	11.64	2.31
	对薄荷-1 (7)，3-二烯	16.72	—	0.18	0.76	0.31	0.72	0.23
	长叶烯	—	—	0.20	0.16	—	0.04	—
	α-柏木烯	—	—	0.80	0.57	—	0.10	—

（续表）

BVOCs 名称		相对含量（%）						
		4 月	5 月	6 月	7 月	8 月	9 月	10 月
烯烃类	罗汉柏烯	—	—	10.81	13.05	—	8.76	—
	（+）-β-雪松烯	—	—	0.27	0.26	0.08	0.19	—
	（+）-花侧柏烯	—	—	0.94	0.36	—	0.23	—
	右旋萜二烯	—	6.60	—	0.18	1.63	—	0.20
	（1R）-（+）-α-蒎烯	10.98	—	—	—	—	—	—
	莰烯	0.77	—	—	—	0.51	—	—
	3-蒈烯	—	2.66	19.29	—	—	0.56	
	（-）-莰烯	—	0.35	—	—	—	—	—
	（+）-α-长叶蒎烯	—	3.17	—	—	—	—	—
	（-）-β-花柏烯	—	—	0.32	—	—	0.06	—
	α-侧柏烯	—	—	—	—	—	0.09	—
	β-侧柏烯	—	—	—	—	—	0.17	—
	萜品油烯	—	—	—	—	—	0.06	—
	α-柏木萜烯	—	—	—	—	—	0.40	—
芳香烃类	甘菊蓝	—	—	—	—	—	0.43	—
	邻伞花烃	—	0.57	0.55	0.55	0.62	0.51	0.08
酯类	乙酸乙酯	8.41	4.01	—	16.46	2.23	1.73	32.15
	乙酸叶醇酯	—	—	—	2.15	—	—	—
	乙酸冰片酯	—	—	—	0.10	—	—	—
	异丁酸叶醇酯	—	0.56	—	—	—	—	—
	丙酸芳樟酯	—	—	—	—	—	0.13	0.98
醛类	正戊醛	0.31	—	—	1.39	0.82	0.70	—
	己醛	1.81	4.26	0.36	6.82	—	—	—
	天然壬醛	0.97	2.37	0.69	1.50	1.19	1.05	0.13
	癸醛	—	1.16	0.46	0.76	0.79	0.46	0.04
	庚醛	—	—	—	0.59	0.75	0.63	0.03
	十二醛	—	—	—	0.09	—	—	—
	异戊醛	1.42	—	1.53	—	—	—	—
有机酸类	醋酸	—	—	—	—	—	1.01	—
酮类	异佛尔酮	—	—	—	4.98	—	—	—

（续表）

BVOCs 名称		相对含量（%）						
		4 月	5 月	6 月	7 月	8 月	9 月	10 月
醇类	顺-3-己烯-1-醇	—	—	—	0.39	—	0.30	—
	(+/-) -薄荷醇	—	—	—	0.02	—	0.02	—
	红没药醇	—	—	—	0.03	—	—	—
	异植醇	—	—	—	0.19	—	—	—
	桉树醇	1.58	—	—	—	—	—	—
	植物醇	—	—	—	—	—	0.02	—
	壬醇	—	—	—	—	0.74	1.19	—
酰胺类	1-金刚烷乙胺	—	—	0.03	0.03	—	—	—
	总计	42.98	25.71	36.42	64.57	32.78	31.21	36.15

注：所有 BVOCs 相对含量为平均值。—为未检测到。

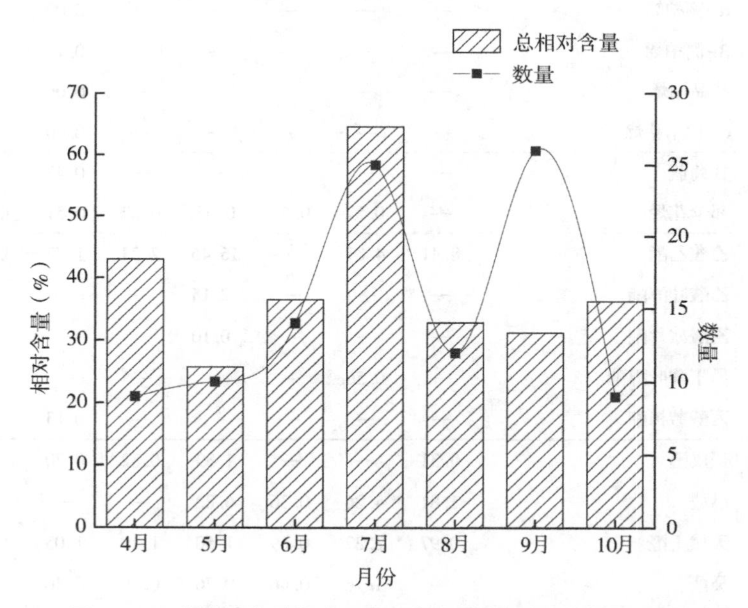

图 4-15　山楂叶释放有益 BVOCs 数量和总相对含量月变化

由图4-15可知，相对含量变化趋势呈“W”形，在4月和7月出现两个峰值，分别为42.98%和64.57%；两个谷值出现在5月和10月，分别为25.71%和31.21%。有益组分总相对含量夏季（44.59%）>春季（34.35%）>秋季（33.68%）。

山楂叶释放 BVOCs 有益组分生长季总数量大小排序为9月

（26）>7 月（25）>6 月（14）>8 月（12）>5 月（10）>10 月（9）=4 月（9）。数量变化趋势呈“M”形。主要释放对薄荷-1（7），3-二烯、（1R）-（+）-α-蒎烯、右旋萜二烯、3-蒈烯、α-蒎烯、罗汉柏烯、乙酸乙酯、己醛、异戊醛和丙酸芳樟酯。

4.1.6　枣叶释放 BVOCs 组分生长季动态变化

4.1.6.1　枣叶释放 BVOCs 类别生长季动态变化

由图 4-16 可知，在整个生长季（5~10 月），枣叶不同月份主要释放 BVOCs 组成类别具有相似性，以释放烷烃类、烯烃类、芳香烃类、酯类、醛类和醇类为主。而酮类在 10 月从不足 3%，急速增长至 39.06%±17.10%；其他类各个月份均未超过 10%，各类相对含量和数量存在显著差异。癸烷、正十九烷、α-蒎烯、邻伞花烃、庚醛、天然壬醛和庚胺醇每月都会释放，但相对含量差异较大，其中 α-蒎烯相对含量占比最大，范围为 0.10%~16.74%。

枣叶共检测出 12 类 301 种 BVOCs，包括烷烃类 53 种、烯烃类 47 种、芳香烃类 32 种、酯类 30 种、醛类 21 种、有机酸类 18 种、

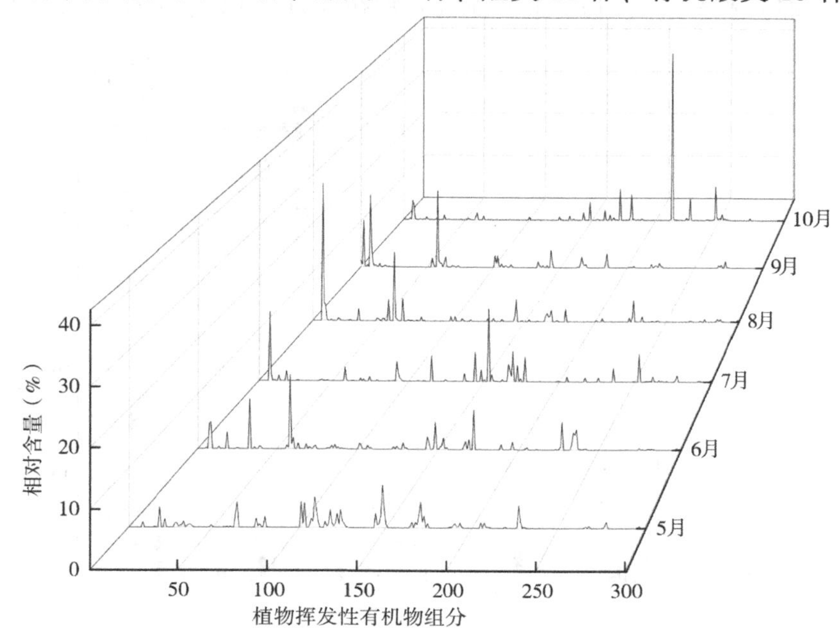

图 4-16　枣叶在生长季释放 BVOCs 组分统计

酮类 16 种、醇类 47 种、酚类 3 种、醚类 4 种、酰胺类 25 种和其他类 5 种。组分总数量 9 月（106）>6 月（98）>5 月（96）>7 月（89）>10 月（79）>8 月（66）。

所有 BVOCs 相对含量为平均值。图 4-16 中横坐标代表不同 BVOCs，1~53 为烷烃类，54~100 为烯烃类，101~132 为芳香烃类，133~162 为酯类，163~183 为醛类，184~201 为有机酸类，202~217 为酮类，218~264 为醇类，265~267 为酚类，268~271 为醚类，272~296 为酰胺类，297~301 为其他类。

由图 4-17 可知，烷烃类是枣叶释放 BVOCs 类别中相对含量最多，在 8 月达到最大值，为 41.42%±6.96%，相对含量整体变化趋势呈“M”形，在 5 月相对含量最低，为 10.52%±0.86%，数量变化趋势呈近“N”形；数量在 9 月达到最大值（27），其余月份数量变化较为稳定。烯烃类与烷烃类相对含量变化趋势一致，其最大峰值时间晚于烷烃类，在 9 月最高（27.81%±3.59%），在 10 月最低（4.18%±0.58%），数量变化趋势也呈“M”形，两个峰值分别在 6 月（24）和 9 月（21），3 个谷值分别在 5 月（12）、8 月（11）和

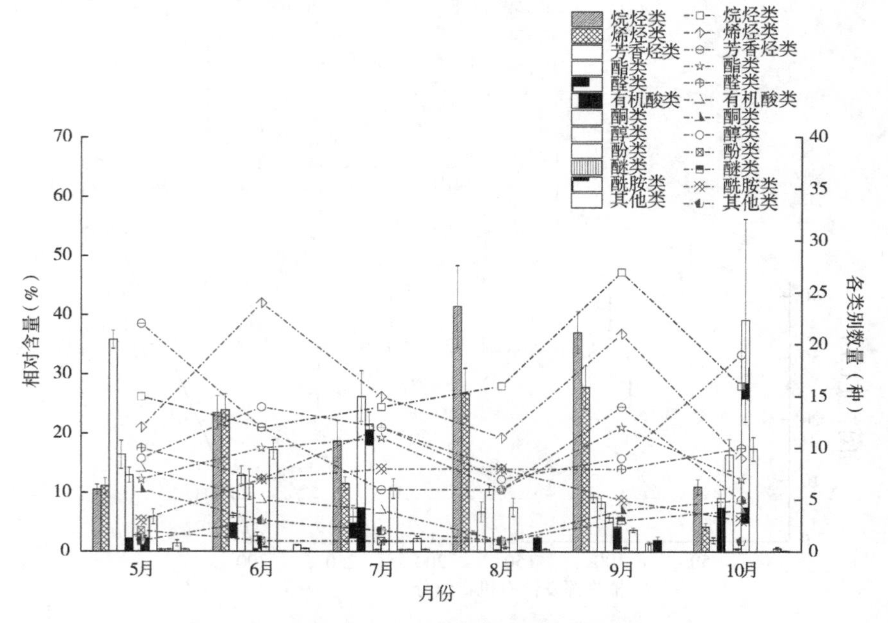

图 4-17　枣叶释放 BVOCs 类别和相对含量月变化

10月（9）。芳香烃类在5月相对含量最高（35.81%±1.54%），其余月份相对含均未超过10%，除9月略有回升，整体相对含量变化趋势呈线性下降，在10月达到最低（1.89%±0.47%）；其数量最高值和最低值也在5月（22）和10月（5）。酯类相对含量在出现峰值后快速下降，变化趋势呈“W”形，最大峰值在7月（26.31%±4.27%），最小谷值在8月（6.72%±1.75%），数量变化趋势呈近“M”形，表现为9月（12）>7月（11）>6月（10）>5月（7）=10月（7）>8月（6）。醛类相对含量和数量均在7月达到最大值，除9月外，其余月份的相对含量均超过10%。醇类相对含量和数量均在10月达到最大值，数量和相对含量最小值分别9月（3.65%±0.33%）和8月（7），其中，相对含量变化趋势呈“M”形，数量变化趋势呈“N”形。

主要释放BVOCs类别季节变化：烷烃类夏季（27.88%）>秋季（24.00%）>春季（10.52%），组分数量秋季（22）>春季（15）>夏季（14）；烯烃类夏季（20.77%）>秋季（15.99%）>春季（11.12%），组分数量夏季（17）>秋季（15）>春季（12）；芳香烃类春季（35.81%）>秋季（5.56%）>夏季（5.01%），组分数量春季（22）>秋季（10）>夏季（8）；酯类春季（16.42%）>夏季（15.30%）>秋季（8.74%），组分数量秋季（10）>夏季（9）>春季（7）；醛类夏季（14.51%）>春季（12.93%）>秋季（11.05%），组分数量春季（10）>夏季（9）=秋季（9）；醇类夏季（11.81%）>秋季（10.52%）>春季（5.90%），组分数量秋季（14）>夏季（11）>春季（9）。

4.1.6.2 枣叶有益BVOCs组分及动态变化

在整个生长季（5~10月），枣叶每月释放有益BVOCs在组成成分和相对含量上均存在明显差异。由表4-6可知，枣叶共检测出烯烃类、芳香烃类、酯类、醛类、有机酸类、醇类和酰胺类7类46种有益成分。

由图4-18可知，相对含量变化趋势呈倒“V”形，在7月达到最大值，为40.15%，两个谷值出现在5月和10月，分别为20.63%

和17.59%。有益组分总相对含量夏季（36.03%）>秋季（25.25%）>春季（20.63%）。

枣叶释放BVOCs有益组分生长季总数量大小排序为9月（24）>7月（23）>6月（22）>5月（19）>8月（15）=10月（15）。数量变化趋势呈“M”形。主要释放成分为右旋萜二烯、α-蒎烯、对薄荷-1（7），3-二烯、罗汉柏烯、乙酸乙酯、天然壬醛、己醛、癸醛和反式-2-己烯醛。

表4-6 枣叶释放有益BVOCs组分和相对含量月变化

	BVOCs名称	相对含量（%）					
		5月	6月	7月	8月	9月	10月
烯烃类	α-水芹烯	—	0.28	—	0.36	0.16	—
	α-蒎烯	0.10	13.59	2.71	14.12	16.74	0.74
	对薄荷-1（7），3-二烯	0.08	2.08	—	—	0.89	—
	3-蒈烯	2.28	1.11	0.09	4.68	0.99	—
	右旋萜二烯	4.33	—	—	—	2.28	0.90
	萜品油烯	—	0.06	—	—	0.11	—
	姜烯	—	—	—	—	0.04	—
	α-柏木烯	—	0.91	0.55	0.26	0.05	0.06
	（+）-α-柏木萜烯	—	—	—	—	0.40	
	（+）-β-雪松烯	—	0.36	0.36	0.11	0.19	0.03
	（-）-β-花柏烯	—	0.21	—	—	0.19	—
	（+）-花侧柏烯	—	0.61	0.90	0.12	0.27	0.04
	莰烯	0.09	—	—	—	—	—
	（+）-α-长叶蒎烯	1.84	—	—	—	—	—
	金合欢烯	—	0.16	—	—	—	—
	异长叶烯	—	0.02	—	—	—	—
	长叶烯	—	0.14	0.09	—	—	—
	罗汉柏烯	—	0.05	3.89	—	—	—
	β-蒎烯	—	—	1.49	—	—	—
	（Z）-β-罗勒烯	—	—	0.60	—	—	—
芳香烃类	甘菊蓝	—	—	—	—	0.61	—
	邻伞花烃	0.31	0.74	0.14	0.54	0.82	0.02

（续表）

BVOCs 名称		相对含量（%）					
		5 月	6 月	7 月	8 月	9 月	10 月
酯类	丙酸芳樟酯	—	—	—	—	0. 36	0. 26
	乙酸叶醇酯	—	—	1. 54	—	0. 50	—
	乙酸乙酯	2. 48	1. 43	5. 76	4. 64	1. 34	—
	水杨酸异辛酯	1. 99	0. 28	—	—	—	—
醛类	正戊醛	0. 94	—	0. 01	1. 24	0. 92	—
	癸醛	—	0. 69	3. 38	1. 75	2. 42	0. 10
	庚醛	0. 93	1. 46	2. 32	1. 01	0. 85	0. 62
	天然壬醛	2. 11	1. 86	5. 84	2. 43	0. 75	0. 10
	己醛	2. 01	7. 18	3. 17	—	—	7. 22
	异戊醛	—	—	—	—	—	0. 87
	反式-2-己烯醛	—	—	—	—	—	5. 96
	十一醛	0. 75	—	0. 62	—	—	—
	十二醛	0. 07	—	—	0. 27	—	—
有机酸类	醋酸	—	—	—	—	0. 97	—
	癸酸	0. 12	—	0. 07	—	—	—
	壬酸	0. 14	—	—	—	—	—
醇类	壬醇		—	—	0. 81	1. 04	0. 49
	植物醇	0. 04	—	—	—	—	—
	橙花叔醇	0. 02	—	—	—	—	—
	2-壬醇	—	1. 14	—	1. 06	—	—
	(-) -反式松香芹醇	—	0. 16	—	—	—	—
	顺-3-己烯-1-醇	—	—	5. 48	—	—	0. 18
	香茅醇	—	—	0. 06	—	—	—
	红没药醇	—	—	1. 06	—	—	—
酰胺类	1-金刚烷乙胺	—	—	0. 04	—	0. 03	—
	总计	20. 63	34. 53	40. 15	33. 49	32. 91	17. 59

注：所有 BVOCs 相对含量为平均值。—为未检测到。

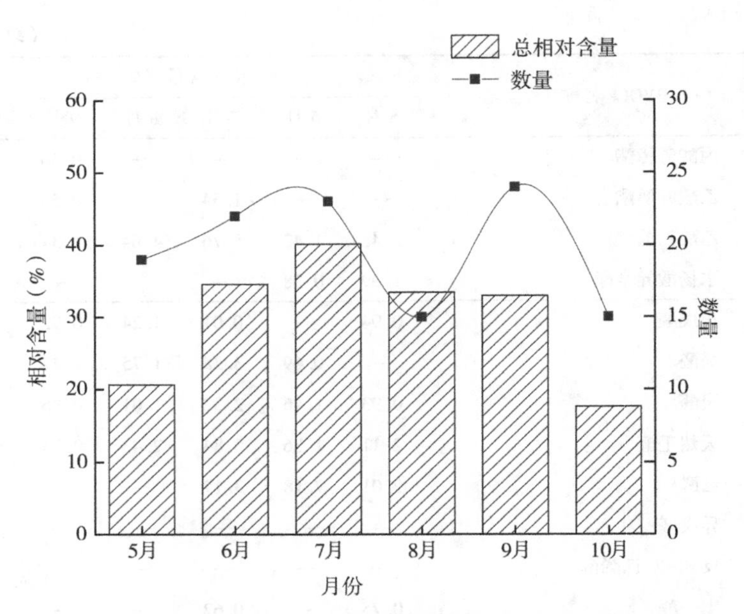

图 4-18 枣叶释放有益 BVOCs 数量和总相对含量月变化

4. 1. 7 6 种树种间叶片释放 BVOCs 组分对比分析

在整个生长季（4~10 月），6 种经济林叶均检测出 12 类（烷烃类、烯烃类、芳香烃类、酯类、醛类、有机酸类、酮类、醇类、酚类、醚类、酰胺类和其他类）BVOCs，各组成成分、数量和相对含量存在较大差异，桃叶成分总数量最少，为 266 种；李叶最多为桃叶成分总量的 1. 3 倍，为 337 种。各类别 BVOCs 相对含量存在明显差异，苹果叶释放烷烃类、烯烃类、芳香烃类、酯类、醛类和醇类较多；桃叶释放烷烃类、烯烃类、芳香烃类、酯类、醛类、酮类和醇类较多；李叶释放烷烃类、烯烃类、芳香烃类、酯类、醛类、醇类、有机酸类和酰胺类较多；梨叶释放烷烃类、烯烃类、芳香烃类、醛类和醇类较多；山楂叶释放烷烃类、烯烃类、芳香烃类、酯类和醇类较多；枣叶释放烷烃类、烯烃类、芳香烃类、酯类、醛类和醇类较多。

除苹果外，其他树种每月都有释放特征成分，如桃叶是萘和乙酸乙酯；李叶和山楂叶是天然壬醛，但山楂叶相对含量更高；梨叶是甲苯、萘、天然壬醛、癸醛和苯乙酮；枣叶是癸烷、正十九烷、

α-蒎烯、邻伞花烃、庚醛、天然壬醛和庚胺醇。6种经济林叶每月烷烃类、烯烃类、芳香烃类、酯类、醛类和醇类总占比量均超过70%；苹果和李是秋季烷烃类高释放量树种；桃和枣是夏季烷烃类高释放量树种；梨和山楂是夏季烯烃类高释放量树种。

6种经济林树种对各类别有益BVOCs释放能力不同。除梨叶和枣叶不释放有益酮类BVOCs外，其他叶片释放有益BVOCs均包含烯烃类、芳香烃类、酯类、醛类、有机酸类、酮类、醇类和酰胺类共8类挥发性化合物，6种叶片释放BVOCs类别数量各为40种、45种、51种、36种、43种和47种。

在整个生长季中，6种树种共有有益成分19种，分别为α-蒎烯、对薄荷-1（7），3-二烯、（+）-β-雪松烯、（-）-β-花柏烯、3-蒈烯、右旋萜二烯、（+）-花侧柏烯、罗汉柏烯、α-柏木烯 、邻伞花烃、乙酸乙酯、丙酸芳樟酯、庚醛、天然壬醛、癸醛、正戊醛、己醛、醋酸和1-金刚烷乙胺。苹果叶独有有益BVOCs成分是桧烯；桃叶独有有益BVOCs成分是（±）-柠檬烯、丙酸松油酯和（+）-新薄荷醇；李叶独有有益BVOCs成分是柏木烯、香橙烯 、α-芹子烯、反式罗勒烯、苯甲酸苄酯、油酸、二氢-β-紫罗兰酮和环戊醇；梨叶独有有益BVOCs成分是松油烯、乙酸芳樟酯和（+/-）-薄荷醇；山楂叶独有有益BVOCs成分是（-）-莰烯、乙酸冰片酯和红没药醇；枣叶独有有益BVOCs成分是β-蒎烯、反式-2-己烯醛、橙花叔醇、(-）-反式松香芹醇和红没药醇。

由图4-19可知，烯烃类是6种树种释放相对含量最多的有益BVOCs类别，在4月苹果叶释放其相对含量最高（39.01%），其次山楂叶（28.47%）；在5月李叶释放其相对含量最高（13.80%），其次是山楂叶（12.79%）和梨叶（12.28%）；在6月、7月、8月山楂叶其释放相对含量最高，分别为32.81%、28.52%和25.63%，李叶和苹果叶分别在6月和7月其释放相对含量仅次于山楂叶，在8月苹果叶和桃叶其释放相含量分别排第二（23.76%）和第三（19.08%）；在9月梨叶其释放相对含量最高（43.41%），在10月桃叶其释放相对含量最高（14.94%）。6种树种以释放对薄荷-1（7），3-二烯、α-蒎烯、罗汉柏烯、3-蒈烯、右旋萜二烯为主。

树种间有益芳香烃类 BVOCs 相对含量均不超过 2%。邻伞花烃在所有树种叶片中均有释放，在 9 月李叶相对含量最高，为 0.91%；对伞花烃只在苹果叶和梨叶中有少量释放，在 8 月梨叶相对含量最高，为 1.00%；甘菊蓝在苹果叶、李叶、山楂叶和枣叶中有少量释放，在 8 月苹果叶相对含量最高，为 0.91%。

有益酯类 BVOCs 在 6 种树种间各月释放相对含量差异极大，除山楂叶释放 BVOCs 相对含量在秋季（10 月）最高外，其他树种均在夏季（6~8 月）达到释放最高峰。在 4 月山楂叶释放其相对含量最高（8.41%），苹果叶释放量仅有其的一半左右；在 5 月桃叶释放其相对含量最高（18.99%），其余树种的释放量不足其释放量 50%；在 6 月苹果叶释放其相对含量最高（21.11%），其次是桃叶（17.35%）和梨叶（8.67%），其余叶片释放量均未超过 2%；在 7 月山楂叶释放其相对含量最高（18.72%），其次是李叶（14.07%）和苹果叶（12.95%）；在 8 月桃叶释放其相对含量最高（12.41%），其次是李叶（7.67%），其他叶片释放量均未超过 5%；在 9 月苹果叶释放其相对含量最高（8.55%），其他是桃叶（5.45%）；在 10 月山楂叶释放其相对含量远超其他树种，达到 33.13%。

5~7 月是各树种叶片释放有益醛类 BVOCs 主要月份，相对含量最高不超过 16%，苹果叶和枣叶相对含量在 10 月出现显著增加，尤其是枣叶从 4.94%陡增至 14.88%。有益有机酸类 BVOCs 未在枣叶

烯烃类

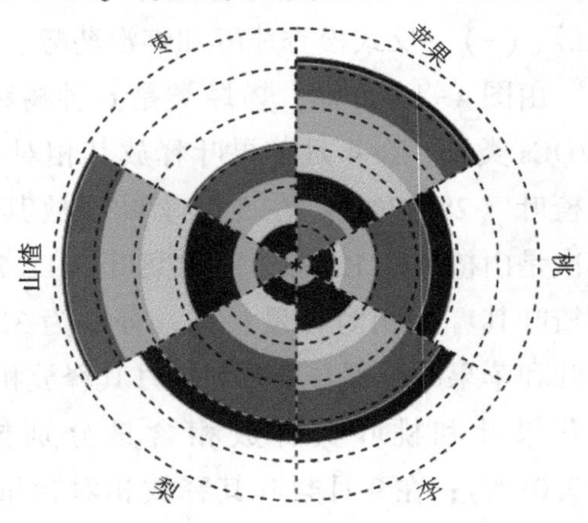

● 4月 ● 5月 ● 6月 ● 7月 ● 8月 ● 9月 ● 10月

芳香烃类

枣　苹果　桃　杏　梨　山楂

● 4月　● 5月　● 6月　● 7月　● 8月　● 9月　● 10月

酯类

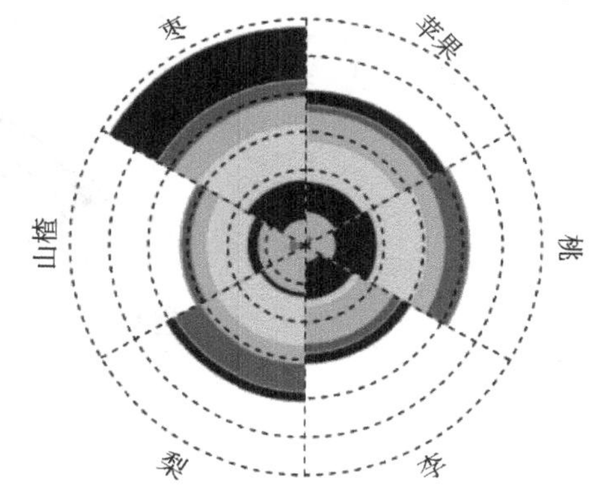

● 4月　● 5月　● 6月　● 7月　● 8月　● 9月　● 10月

醛类

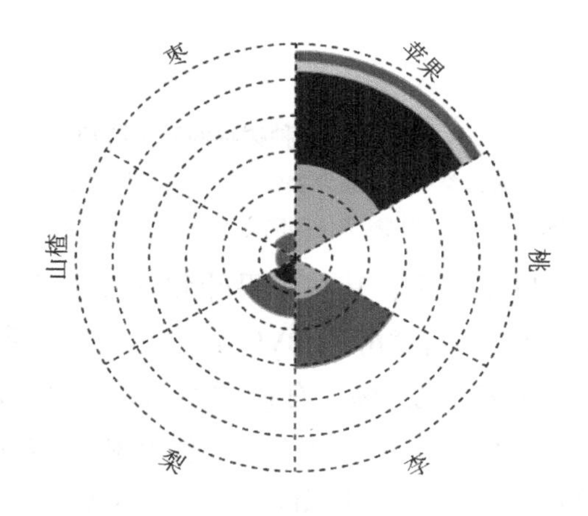

● 4月　● 5月　● 6月　● 7月　● 8月　● 9月　● 10月

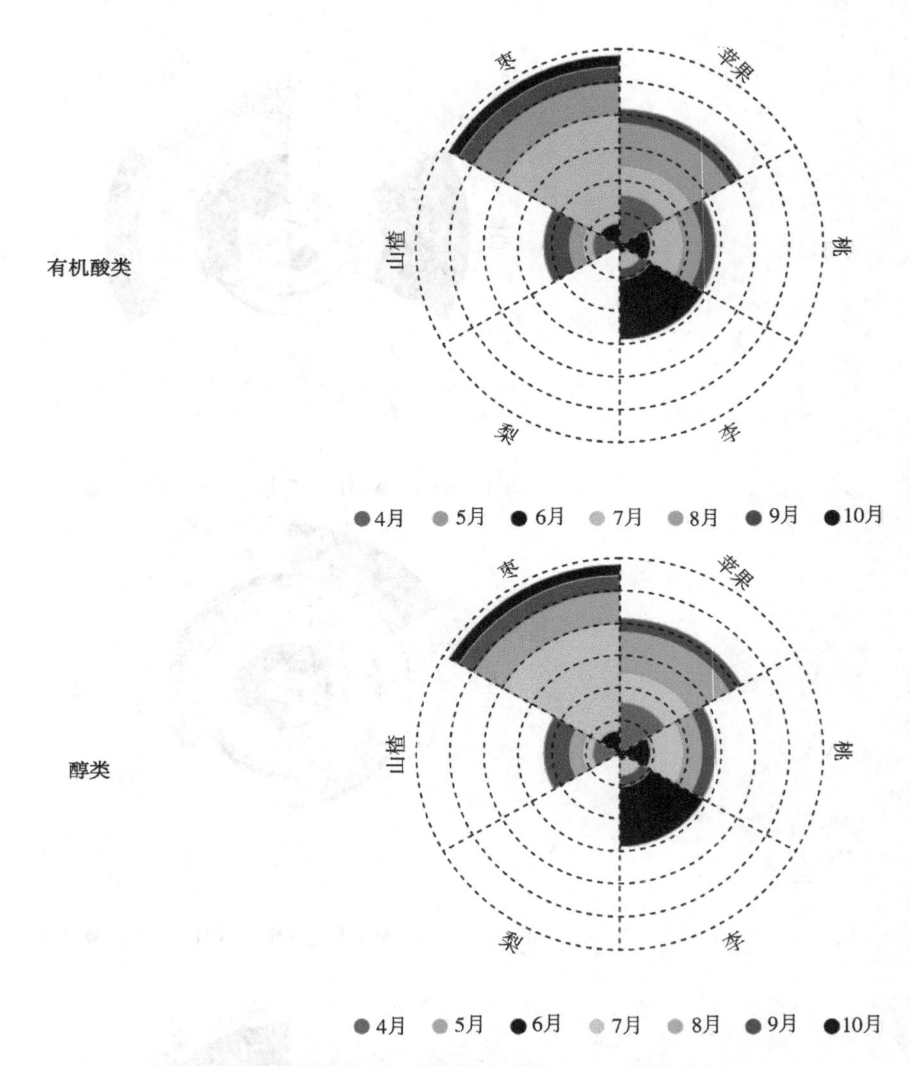

图 4-19　6 种树种间叶片释放各有益 BVOCs 类别对比

注：烯烃类中轴间隔为 25%；芳香烃类中轴间隔为 0.6%；酯类中轴间隔为 10%；醛类中轴间隔为 10%；有机酸类中间隔为 1.8%；醇类中轴间隔为 2%。

和桃叶中出现，其在苹果叶和李叶中相对含量较高，但相对含量未超过 5%；有益醇类 BVOCs 在苹果叶和枣叶中相对含量较高，但相对含量未超过 7%；有益酮类 BVOCs 仅在苹果叶、桃叶、李叶和山楂叶有少量释放，苹果叶、桃叶和山楂叶释放有益成分仅一种为异佛尔酮，李叶与其不同，为二氢-β-紫罗兰酮；有益酰胺类 BVOCs 在各树种均有释放，但相对含量极其微量，不足 1%，释放成分为1-

金刚烷乙胺。

综上可知，6 种经济林树种叶片释放 BVOCs 类别和成分丰富，各月类别数量多不等于相对含量高，烷烃类、烯烃类和芳香烃类 BVOCs 在各树种释放相对含量占比超过 70%。各树种以释放有益烯烃类为主，苹果叶、桃叶、梨叶和山楂叶中有益 BVOCs 释放相对含量较高，其中苹果叶和山楂叶在 7 月达到最大值，桃叶和梨叶在 9 月达到最大值，因此这 4 个树种适合搭配种植，以提升经济林树种的生态效益。

4.1.8　讨论

植物释放 BVOCs 具一定的季节动态变化规律。前人研究大多选用夏季处于成熟期的叶片作为试验材料，对 6 种树种叶片释放 BVOCs 季节变化特征研究未见系统性报道。本书中 6 种经济林树种叶片在夏季释放主要类别为烷烃类、烯烃类和芳香烃类等，这与李双江等（2019）采集北京地区夏季 3 种蔷薇科（苹果、桃和李）和鼠李科（枣）经济林树种叶片的 BVOCs 主要释放烃类（烷烃类、烯烃类和芳香烃类）的结果相似。但本书 6 种经济林树种为落叶阔叶树种均并未检测出释放异戊二烯，原因是选用树种可能属于单萜烯释放类型，有待下一步的研究。本书发现，梨叶和桃叶释放烯烃类 BVOCs 相对含量秋季>夏季>春季，这与李娟等（2010）对侧柏在一年四季释放 BVOCs 进行采集，发现烯烃类 BVOCs 季节变化规律冬季>秋季>夏季>春季的结果相似。而苹果叶和李叶发现烯烃类 BVOCs 季节变化规律夏季>春季>秋季；李叶和山楂叶发现烯烃类 BVOCs 季节变化规律夏季>秋季>春季，与此不同。在本书中，枣叶释放有益成分相对含量变化趋势呈倒“V”形，在 7 月达到最大值，两个谷值出现在 5 月和 10 月，这与高岩（2005）采集油松、白皮松、桧柏、槐树、金银木（*Lonicera maackii*）和紫叶李（*Prunus cerasifera*）的 BVOCs，研究其在自然状态下的研究结果有相似之处，但桃叶释放有放有益成分相对含量变化趋势与此不同。

4.1.9　小结

6 种常见经济林树种叶片释放 BVOCs 组分存在一定的季节动态

变化性，不同月份，不同季节，各树种组成成分、数量和相对含量差异较大。6种树种（苹果、桃、李、梨、山楂和枣）均检测出（烷烃类、烯烃类、芳香烃类、酯类、醛类、有机酸类、酮类、醇类、酚类、醚类、酰胺类和其他类）12类BVOCs，6种树种BVOCs组分总数量分别为295、266、337、272、328和301；在释放的所有类别BVOCs相对含量中，烷烃类、烯烃类和芳香烃类BVOCs名列前三；所有经济林树种均在9月释放类别最多；苹果、桃和李是烷烃类秋季高释放量树种，梨是烯烃类秋季高释放量树种和芳香烃类春季高释放量树种，山楂是烯烃类夏季高释放量树种，枣是春季芳香烃高释放量树种。经济林树种释放有益BVOCs成分呈明显的季节性变化，释放的有益BVOCs总相对含量在春、夏和秋这三个季节都有可能达到最高，一般在夏季居多，烯烃类在有益BVOCs成分中占比最大，6种经济林叶片释放的有益BVOCs成分相对含量在7~9月最高。夏季是苹果叶、李叶、山楂叶和枣叶有益BVOCs组分释放的主要季节，秋季是桃叶和梨叶有益BVOCs组分释放的主要季节。主要释放有益成分为对薄荷-1（7），3-二烯、α-蒎烯、乙酸乙酯、己醛、罗汉柏烯、3-蒈烯和天然壬醛。由于梨和山楂释放的有益BVOCs释放高峰期交替出现，在农林复合经营下两种树种适合搭配种植。

4.2 典型经济林树种叶片释放BVOCs组分日变化

4.2.1 苹果叶释放BVOCs组分日变化

4.2.1.1 5月苹果叶释放BVOCs组分日变化

由图4-20可知，苹果叶在5月日变化8:00~18:00释放BVOCs各组分类别有相似之处，以释放烯烃类、芳香烃类、酯类和醇类为主，但各时间点相对含量和数量各有不同。

烷烃类、烯烃类、芳香烃类、酯类、醛类、有机酸类、醇类和酰胺类在各时段均能检测到。一天中不同时间点总数量大小排序为10:00（86）>8:00（76）=14:00（76）>12:00（62）>18:00（61）>16:00（52），其中烷烃类在各个时间点数量最多，最高值为15。

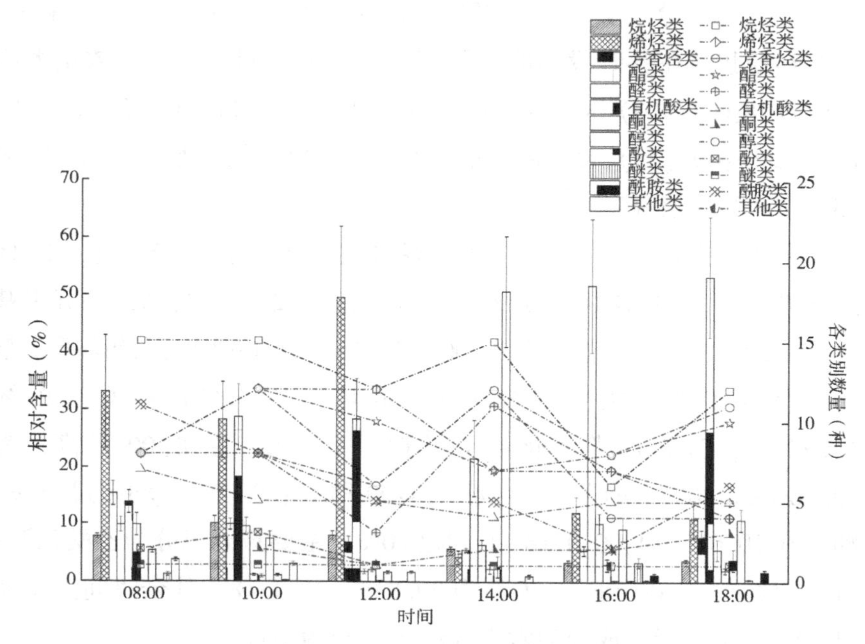

图 4-20　5 月苹果叶释放 BVOCs 类别和相对含量日变化

主要释放 BVOCs 类别日变化：烯烃类变化趋势为低—高—低，在 8:00 和 12:00 较高，分别为 33.16%±9.80%和 49.57%±12.39%；α-蒎烯在这 2 个时间点最高，分别为 28.31%和 43.44%。芳香烃类整体呈“V”形变化趋势，在 8:00 最高（15.31%±2.14%），其余时间点均未超过 10%。酯类整体呈波动上升变化趋势，在 18:00 到达最高值（53.36%±10.53%），主要释放乙酸乙酯（31.53%）和乙酸叶醇酯（16.62%）。醛类整体呈波动下降变化趋势，在 8:00 为最高值（13.79%±2.02%）。醇类整体呈倒“V”形变化趋势，在 14:00 达到最高值（50.76%±9.65%），主要成分为 1，2-丙二醇（29.01%）和顺-3-己烯-1-醇（19.91%），随后大幅下跌。其余类别 BVOCs 各时间点未超过 10%。

4.2.1.2　6 月苹果叶释放 BVOCs 组分日变化

由图 4-21 可知，苹果叶在 6 月日变化 8:00~18:00 释放 BVOCs 组成成分各类别存在共性，主要释放烷烃类、烯烃类、芳香烃类、酯类和有机酸类，但各时间点相对含量和数量各有不同。

烷烃类、烯烃类、芳香烃类、酯类、醛类、有机酸类、酮类、醇类和酰胺类在各时段均能检测到，一天中不同时间点总数量大小排序为18:00（103）>8:00（95）>10:00（94）>14:00（93）>12:00（86）>16:00（75），烷烃类在各个时间点数量均为最多，在10:00和14:00为峰值（22）。

主要释放BVOCs类别日变化：烷烃类变化趋势呈"N"形，12:00达到最高值（35.04%±5.09%），主要成分为2，2，4，6，6-五甲基庚烷（23.13%）；烯烃类从8:00（31.16%±4.09%）开始降低，整体呈下降趋势，主要成分为α-蒎烯（17.72%）和罗汉柏烯（5.32%）；芳香烃类变化趋势近似"V"形，在8:00最高，为18.86%±1.80%；酯类在10:00、14:00和18:00较高，均超过20%；酯类在10:00、14:00和18:00超过20%，主要释放成分为乙酸乙酯；有机酸类在16:00到达最大值为39.84%±12.11%，其余时间点不超过10%，主要释放成分为六十九烷酸（34.92%）。

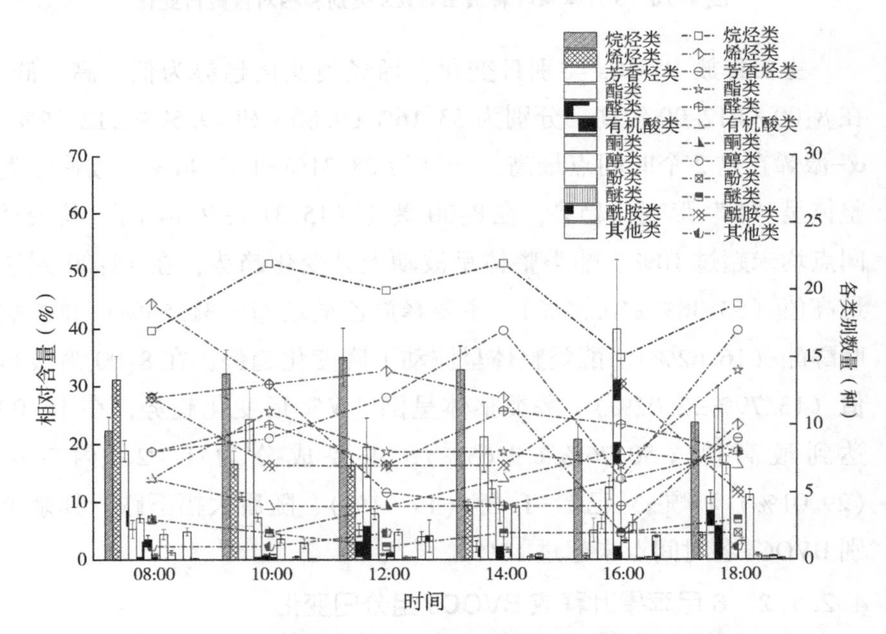

图4-21 6月苹果叶释放BVOCs类别和相对含量日变化

4.2.1.3　7 月苹果叶释放 BVOCs 组分日变化

由图 4-22 可知，苹果叶在 7 月日变化 8:00~18:00 释放 BVOCs 组成成分各类别存在相似之处，主要释放烷烃类、烯烃类、酯类、醛类、有机酸类和醇类。

烷烃类、烯烃类、芳香烃类、酯类、醛类、有机酸类、酮类、醇类、酰胺类和其他类在各时段均能检测到，一天中不同时间点总数量大小排序为 14:00（121）>16:00（108）>12:00（101）>8:00（98）>10:00（87）>18:00（68）。

主要释放 BVOCs 类别日变化：烷烃类变化趋势呈"V"形，8:00（36.76%±3.03%）和 18:00（41.17%±5.29%）为两个峰值，12:00 为谷值（7.24%±0.52%），主要释放成分为十二烷、十一烷；烯烃类除在 16:00（6.10%±1.20%）有明显下降，其他时间点均保持在 10%以上，主要释放成分罗汉柏烯；酯类只在 14:00 和 16:00 高于 10%，主要成分为乙酸乙酯；醛类在 8:00~18:00 每个时间点均超过 10%，变化趋势呈倒"V"形，在 14:00 到达最高值，为 22.10%±1.71%；有机酸类除在12:00（21.86%±5.78%）有大幅上升，其他

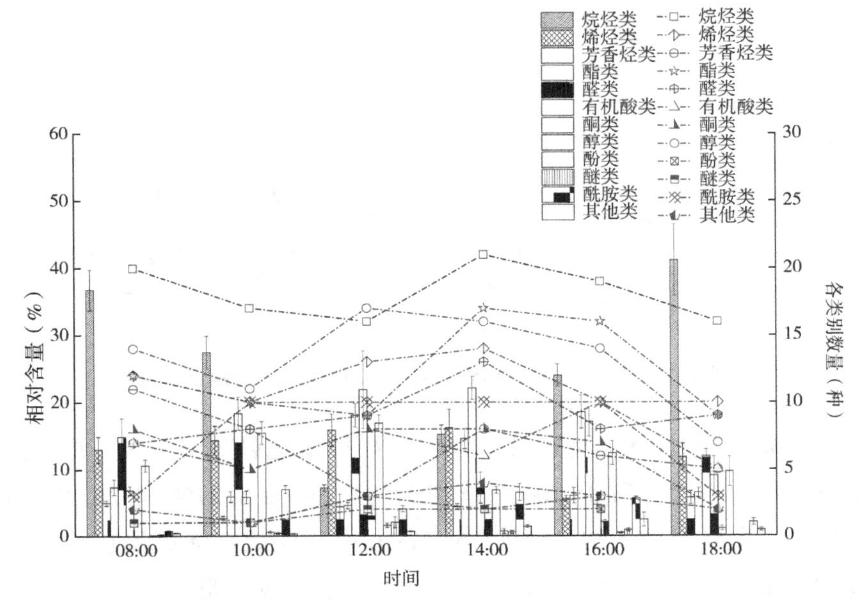

图 4-22　7 月苹果叶释放 BVOCs 类别和相对含量日变化

时间点均保持在10%以下，主要成分为醋酸；醇类变化趋势呈“M”形，在12:00到达最高值（16.88%±1.20%），主要成分为1，3-丁二醇。

4.2.1.4 8月苹果叶释放BVOCs组分日变化

由图4-23可知，苹果叶在8月日变化8:00~18:00释放BVOCs组成成分各类别存在共性，主要释放烷烃类、烯烃类、芳香烃类、酯类、醛类和醇类。

烷烃类、烯烃类、芳香烃类、酯类、醛类、有机酸类、酮类、醇类、醚类和酰胺类在各时段均能检测到。一天中不同时间点总数量大小排序为8:00（92）>10:00（85）>18:00（84）>14:00（77）>16:00（76）>12:00（63）。

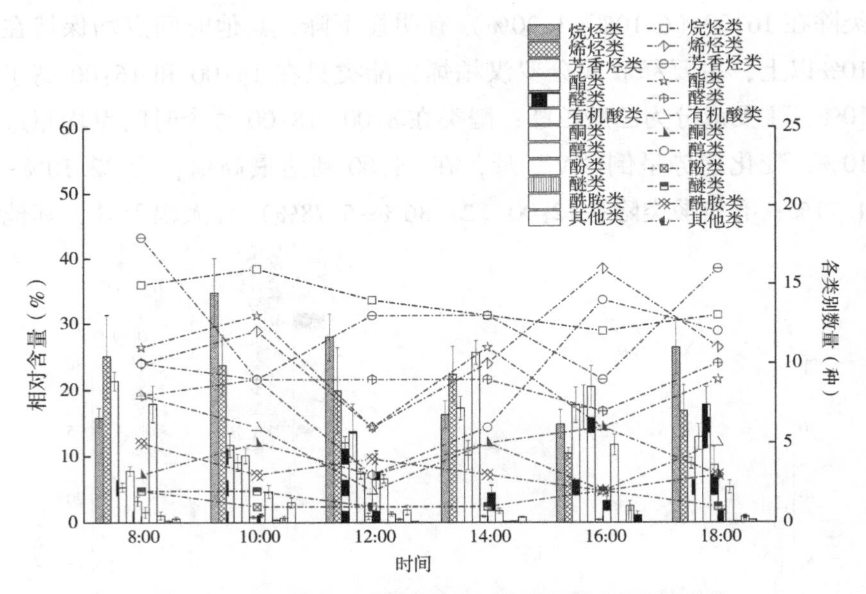

图4-23 8月苹果叶释放BVOCs类别和相对含量日变化

主要释放BVOCs类别日变化：烷烃类变化趋势呈“N”形，两个峰值在10:00和18:00，分别为34.75%±5.27%和26.37%±4.02%，主要成分为2，2，4，6，6-五甲基庚烷；烯烃类在8:00~18:00每个时间点均超过10%，变化趋势呈“W”形，在8:00达到最高值（25.07%±6.29%），主要成分为α-蒎烯和α-柏木烯；芳香烃类除了 18:00，其余时间均大于 10%，整体呈低—高—低趋势，主要成分为苯和邻伞花烃；酯类变化趋势呈到“V”形，在16:00达到最大值（20.50%±3.14%），主要成分为乙酸乙酯和(E)-3-己烯-1-醇乙酸酯；醛类除 8:00 和 12:00，其余时间均大于 10%，在 14:00 达到峰值（20.50%±3.14%），主要成分为 L-（-）-甘油醛和己醛；醇类只有 8:00 和 16:00 超过 10%，在16:00达到最高值（17.94%±2.74%），主要成分为 1，2-丙二醇和 1，3-丁二醇。

4.2.1.5　9 月苹果叶释放 BVOCs 组分日变化

由图 4-24 可知，苹果叶在 9 月日变化 8:00~18:00 释放 BVOCs 组成成分各类别存在相似之处，主要释放烷烃类、烯烃类、芳香烃类、醛类和醇类，但各时间点相对含量和数量差异较大。

烷烃类、烯烃类、芳香烃类、酯类、醛类、有机酸类、酮类、醇类和酰胺类在各时段均能检测到，一天中不同时间点总数量大小排序为 12:00（86）>10:00（85）>14:00（84）>8:00（82）>16:00（75）>18:00（74）。

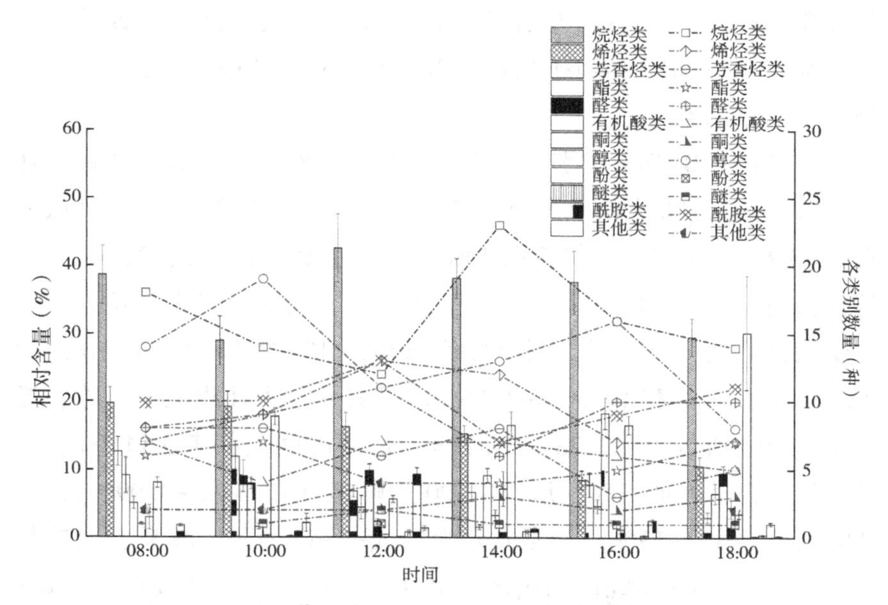

图 4-24　9 月苹果叶释放 BVOCs 类别和相对含量日变化

主要释放 BVOCs 类别日变化：烷烃类在 8:00~18:00 每个时间

点均超过20%，在12:00达到最高值（42.55%±5.02%），主要释放2，2，4，6，6-五甲基庚烷、环氧乙烷，2-甲基-3-丙基-，（2R，3R）-rel-（5.76%）、2，2，4，4，6，8，8-七甲基壬、癸烷（9.81%）和辛烷（8.52%）；烯烃类变化趋势呈“V”形，在8:00达到最高值（19.70%±2.34%），主要成分为α-蒎烯；芳香烃类在8:00~18:00整体呈波动下降趋势，在8:00达到最高值（12.63%±2.08%）；醛类在16:00为峰值（18.30%±2.31%），变化趋势为倒“V”形，其他时间点均小于10%，主要成分为聚丙烯醛（5.35%）；醇类整体呈波动上升趋势，在18:00达到峰值（30.19%±8.36%），主要成分为4-甲基-2-戊醇（24.35%）。

4.2.1.6 10月苹果叶释放BVOCs组分日变化

由图4-25可知，苹果叶在10月日变化8:00~18:00释放BVOCs组成成分各类别存在一定共性，主要释放烷烃类、烯烃类、芳香烃类、醛类和醇类，但各时间点相对含量和数量各有不同。

烷烃类、烯烃类、芳香烃类、酯类、醛类、有机酸类、酮类、醇类和酰胺类在各时段均能检测到，一天中不同时间点总数量大小排序为12:00（76）>14:00（74）>10:00（65）=16:00（65）>18:00（58）>8:00（49）。

主要释放BVOCs类别日变化：烷烃类在8:00~10:00，快速下降一半后，在12:00大幅上升至49.70%±8.11%，之后在14:00略微下降至33.64%±4.29%，保持在40%以上，主要成分为2，3，4-三甲基正己烷、2，2，4，6，6-五甲基庚烷、辛烷和正二十七烷。烯烃类变化趋势呈“M”形，两个峰值出现在10:00和16:00，分别为29.88%±12.55%和14.66%±1.86%，主要成分为环庚三烯。芳香烃类在8:00为最大值13.28%±1.71%，后续时间点都未超过5%。醛类变化趋势呈近似“N”形，14:00为峰值（17.33%±4.99%），其余时间点都小于15%，主要成分为反式-2-己烯醛。醇类变化趋势是“M”形，最高峰值在10:00（38.80%±7.59%），主要成分是顺-2-戊烯-1-醇。

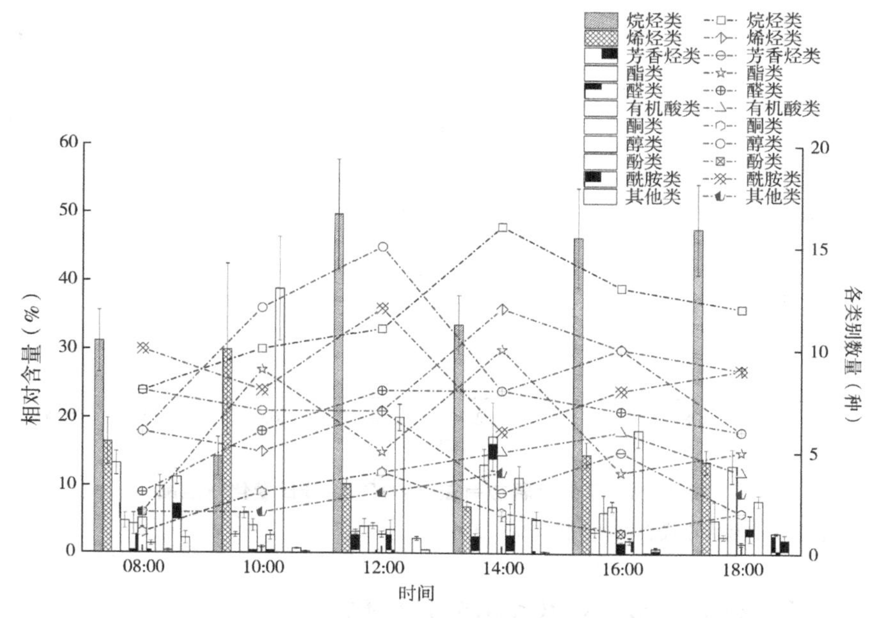

图 4-25　10 月苹果叶释放 BVOCs 类别和相对含量日变化

4.2.1.7　苹果叶释放有益 BVOCs 组分日变化

苹果叶有益 BVOCs 由烯烃类、芳香烃类、酯类、醛类、有机酸类、醇类和酰胺类共 7 类 BVOCs 组成，总相对含量和数量在 5~10 月整体呈波动下降趋势（图 4-26）。

苹果叶释放总相对含量和组分数量释放高峰期会出现在一天（8:00~18:00）内各个时间点，在 8:00 和 12:00 达到最高值的次数最多。在夏季出现高峰期后移现象，有益成分数量随月份变化呈波动下降趋势。

5 月日变化各个时间点苹果叶释放有益 BVOCs 相对含量与其他月份相比，位于前列，尤其是在 12:00 和 16:00 出现有益 BVOCs 两个峰值，相对含量分别为 72.79%和 74.66%；7 月日变化释放数量最多，趋势呈近倒“V”形一天中不同时间点总数量大小排序为14:00（26）>12:00（23）>16:00（20）>10:00（18）= 8:00（18）> 18:00（13），其他月份相对含量和数量相对稳定。主要释放有益 BVOCs 成分包括 α-蒎烯、（1R）-（+）-α-蒎烯、3-蒈烯、罗汉柏烯、α-柏木烯、邻伞花烃、乙酸乙酯、乙酸叶醇酯、顺-3-己烯-1-醇、天然壬醛、己醛和醋酸。

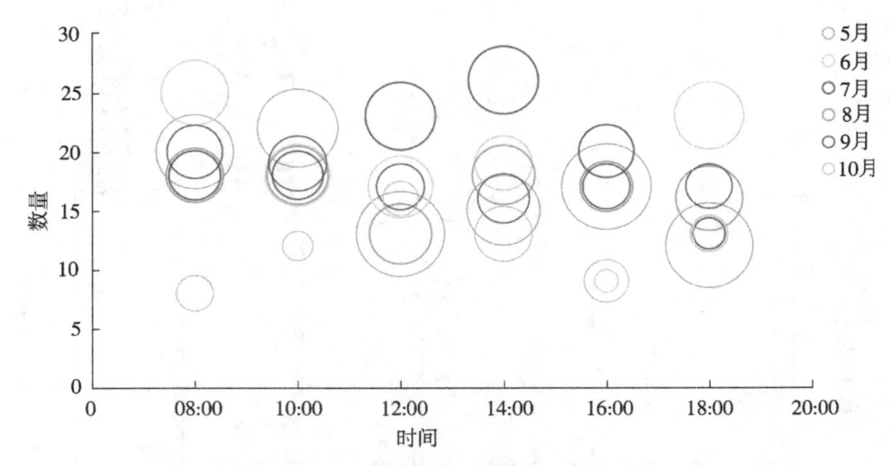

图 4-26 苹果叶释放有益 BVOCs 组分日变化气泡图

注：气泡直径大小代表相对含量（%）大小。

4.2.2 桃叶释放 BVOCs 组分日变化

4.2.2.1 5 月桃叶释放 BVOCs 组分日变化

由图 4-27 可知，桃叶在 5 月日变化 8:00~18:00 释放 BVOCs 组成成分各类别相似，主要释放烷烃类、烯烃类、芳香烃类和酯类，但各时间点相对含量和数量各有不同。

烷烃类、烯烃类、芳香烃类、酯类、醛类、有机酸类、醇类和酰胺类在各时段均能检测到，一天中不同时间点总数量大小排序为 12:00（81）>16:00（59）>18:00（52）>10:00（51）>14:00（48）>8:00（40）。

主要释放 BVOCs 类别日变化：烷烃类变化趋势呈“N”形，从 8:00~12:00 大幅上升至 26.43%±2.50%，主要成分为 2，2，4，4，6，8，8-七甲基壬烷，随后基本保持不变；烯烃类变化趋势呈倒“M”形，两个峰值出现在 10:00 和 14:00，分别为27.22%±9.07%和 41.20%±15.04%，主要成分为 α-蒎烯和 3-蒈烯；芳香烃类变化趋势近似“N”形，两个峰值出现在 14:00 和 18:00，分别为 13.66%±1.65%和 15.32%±2.40%；酯类变化趋势近似“V”形，在 8:00 达到最大值（43.86%±10.96%），主要释放成分为乙酸乙酯。

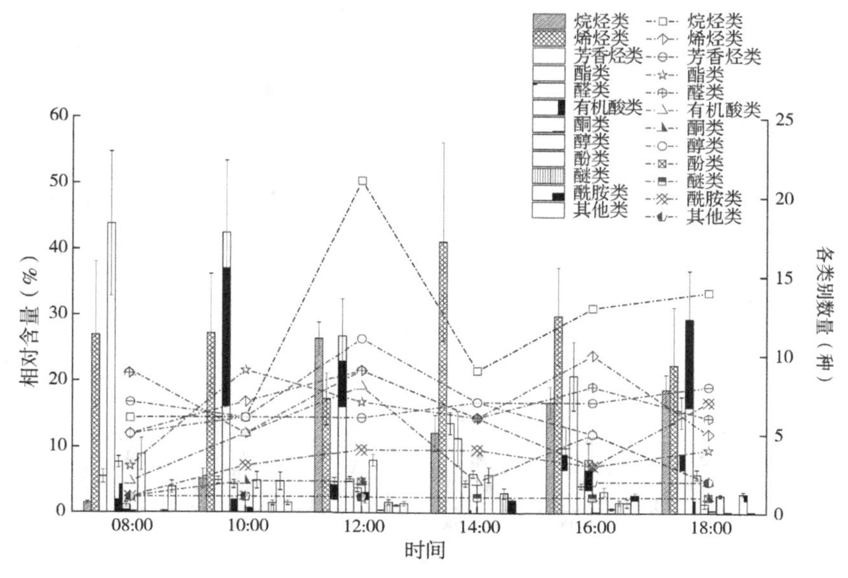

图 4-27　5 月桃叶释放 BVOCs 类别和相对含量日变化

4.2.2.2　6 月桃叶释放 BVOCs 组分日变化

由图 4-28 可知，桃叶在 6 月日变化 8:00~18:00 释放 BVOCs 组成成分各类别有相似之处，但各时间点相对含量和数量各有不同，以释放烷烃类、烯烃类、芳香烃类、醛类、有机酸类、醇类和醚类为主。

烷烃类、烯烃类、芳香烃类、酯类、醛类、有机酸类、酮类、醇类、酚类、醚类、酰胺类和其他类在各时段均能检测到，一天中不同时间点总数量大小排序为 12:00（101）>14:00（99）>10:00（90）>8:00（89）>16:00（84）>18:00（81）。

主要释放 BVOCs 类别日变化：烷烃类整体变化趋势呈倒“V”形，在 14:00 达到最大值（17.24%±1.04%），主要成分为 3-甲基二十一烷（3.57%）；烯烃类整体呈下降趋势，在 8:00 到达最高值（37.42%±5.42%），主要成分为 3-蒈烯、罗汉柏烯和 α-蒎烯；芳香烃类变化趋势呈“V”形，在 8:00 为最高值（12.96%±1.49%）；醛类变化趋势呈“N”形，在 18:00 到达最大值（23.16%±2.20%）；有机酸类只在 14:00 的含量超过 10%，为 16.03%±4.22%，主要成

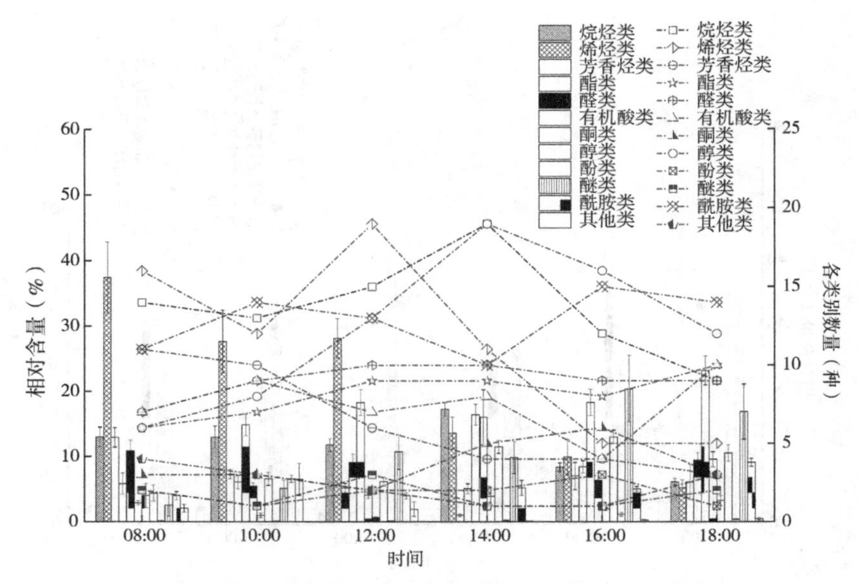

图 4-28 6 月桃叶释放 BVOCs 类别和相对含量日变化

分为六十九烷酸（12.40%）；醇类变化趋势呈倒“V”形，在 16:00 达到最大值（13.00%±1.02%）；醚类在 12:00、16:00 和 18:00 相对含量超过 10%，在 16:00 达到最大值（20.34%±5.08%），主要成分为丙二醇单甲醚（20.34%）。

4.2.2.3 7 月桃叶释放 BVOCs 组分日变化

由图 4-29 可知，桃叶在 7 月日变化 8:00~18:00 释放 BVOCs 组成成分各类别具有一定共性，各时间点相对含量和数量各有不同，以释放烷烃类、烯烃类、酯类、醛类、有机酸类和醇类为主。

烷烃类、烯烃类、芳香烃类、酯类、醛类、有机酸类、酮类、醇类、酚类和酰胺类，在各时段均能检测到，一天中不同时间点总数量大小排序为 8:00（108）>10:00（98）>12:00（82）>14:00（75）>16:00（73）>18:00（68）。

主要释放 BVOCs 类别日变化：烷烃类变化趋势呈“M”形，在 16:00 到达最大值（35.09%±4.62%），主要成分为 2，2，4，6，6-五甲基庚烷和正十九烷；烯烃类整体呈“V”形变化趋势，在 8:00 达到最高值（25.12%±3.01%），主要成分为 α-蒎烯和罗汉柏烯；酯类整体呈倒“V”形变化趋势，在 14:00 达到最高值（44.00%±

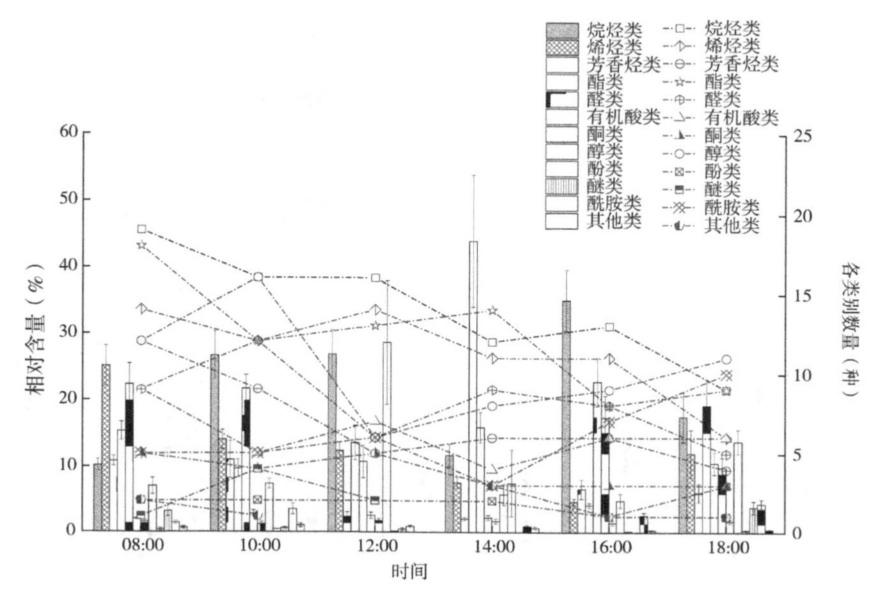

图 4-29　7 月释放桃叶 BVOCs 类别和相对含量日变化

9.91%），主要释放乙酸乙酯和苯甲酸-4-甲基苯酯；醛类变化趋势呈低-高-低型，在 16:00 达最高峰（22.83%±3.62%），主要释放苯甲醛和天然壬醛；有机酸类只在 16:00 的含量超过 10%，为 17.39%±3.33%，主要成分为乙酰乙酸；醇类整体呈倒“V”形变化趋势，在 12:00 达到最高值（28.68%±9.31%），主要成分为 1，2-丙二醇，随后大幅下降；酚类在 14:00 达到最高值（7.50%±5.10%），主要成分为 2，6-二叔丁基对甲基苯酚（7.36%）。

4.2.2.4　8 月桃叶释放 BVOCs 组分日变化

由图 4-30 可知，桃叶在 8 月日变化 8:00~18:00 释放 BVOCs 组成成分各类别有共性，但各时间点相对含量和数量各有不同，以释放烷烃类、烯烃类、芳香烃类、醛类、有机酸类和酮类为主。

烷烃类、烯烃类、芳香烃类、酯类、醛类、有机酸类、酮类和醇类，在各时段均能检测到，一天中不同时间点总数量大小排序为 14:00（107）>10:00（105）>12:00（102）>16:00（101）>8:00（87）>18:00（75）。

主要释放 BVOCs 类别日变化：烷烃类变化趋势呈波动上升，在

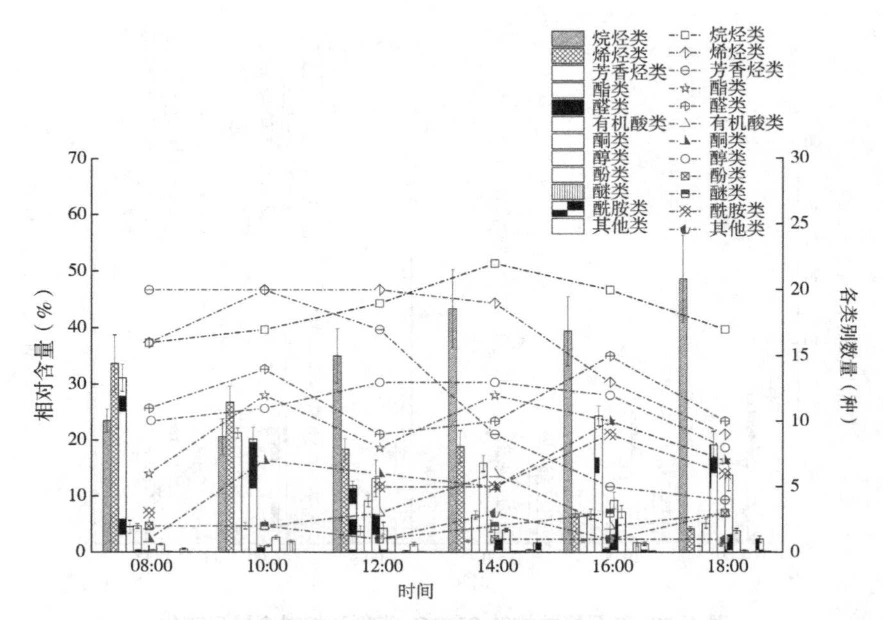

图 4-30 8 月桃叶释放 BVOCs 类别和相对含量日变化

18:00 到达最大值（48.61%±7.71%），主要成分为 2，2，4，6，6-五甲基庚烷；烯烃类呈波动下降趋势，在 8:00 达到最高（33.64%±5.08%），主要成分为α-蒎烯和罗汉柏烯；芳香烃类呈大幅下降趋势，在 8:00 达到最大值（31.11%±2.41%），主要成分为间二甲苯；醛类整体呈“M”形变化趋势，在 16:00 达到最高值（24.30%±1.77%），主要释放癸醛；有机酸类只在 12:00（13.16%±3.29%）的相对含量超过 10%，主要成分为乙酰乙酸；酮类只在 18:00 超过 10%，主要成分为 3-苯基-2-恶唑烷酮。

4.2.2.5 9 月桃叶释放 BVOCs 组分日变化

由图 4-31 可知，桃叶在 9 月日变化 8:00~18:00 释放 BVOCs 组成成分各类别具有相似性，但各时间点相对含量和数量各有不同，以释放烷烃类、烯烃类、芳香烃类、酯类、醛类和醇类为主。

释放的 BVOCs 组成成分在各时段均能检测到，一天中不同时间点总数量大小排序为12:00（99）>10:00（88）>14:00（83）>16:00（76）>8:00（72）>18:00（69）。

主要释放 BVOCs 类别日变化：烷烃类整体变化趋势呈“N”形，

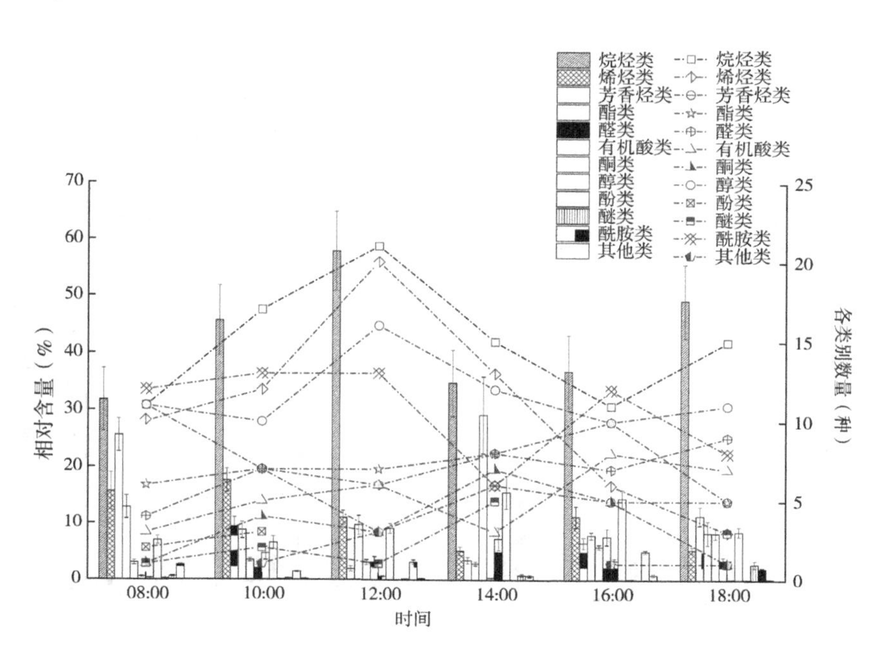

图 4-31　9 月桃叶释放 BVOCs 类别和相对含量日变化

在 12:00 达到最大值（57.97%±7.02%），主要成分为 2，2，4，6，6-五甲基庚烷、癸烷和辛烷；烯烃类整体呈下降趋势，在 10:00 达到最大值（17.64%±2.07%），主要成分罗汉柏烯和 α-蒎烯；芳香烃类变化趋势呈波动下降趋势，在 8:00 为最高值（25.54%±2.90%），主要成分为 4 邻二甲苯；酯类变化趋势也呈波动下降，在 8:00 为最高值（12.87%±2.04%）；醛类只在 14:00 的含量超过 10%，为 29.18%±6.75%，主要成分为顺-3-己烯醛；醇类在 14:00 和 16:00 相对含量超过 10%，在 14:00 达到最大值（15.59%±2.90%），主要成分为顺-2-戊烯-1-醇。

4.2.2.6　10 月桃叶释放 BVOCs 组分日变化

由图 4-32 可知，桃叶在 10 月日变化 8:00~18:00 释放 BVOCs 组成成分各类别具有一定共性，但各时间点相对含量和数量各有不同，主要释放烷烃类、烯烃类、芳香烃类、酯类和醇类。

烷烃类、烯烃类、芳香烃类、酯类、醛类、有机酸类、酮类、醇类、酰胺类和其他类，在各时段均能检测到，一天中不同时间点总数量大小排序为 8:00（112）>10:00（96）= 12:00（96）>16:00

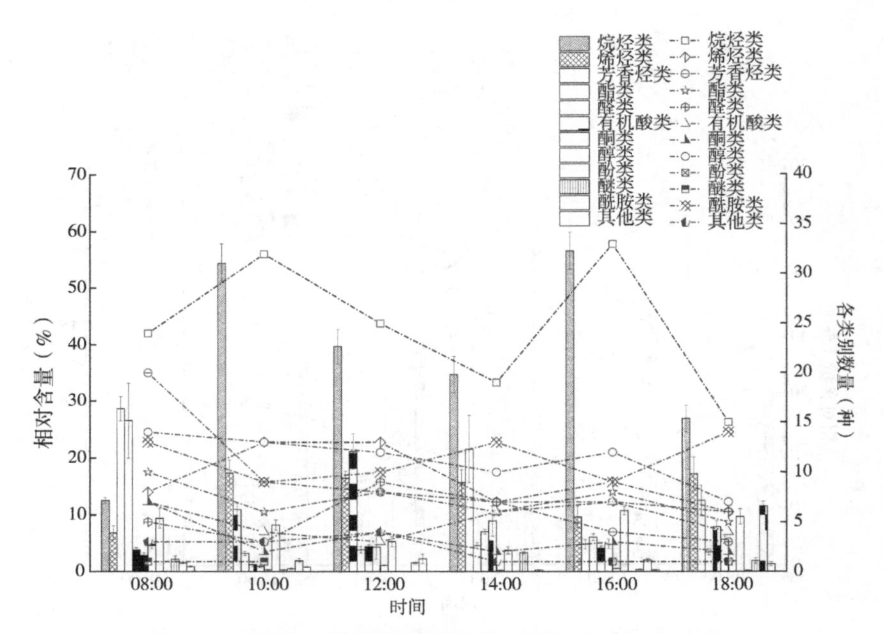

图 4-32　10 月桃叶释放 BVOCs 类别和相对含量日变化

（94）>14:00（78）>18:00（65）。

主要释放 BVOCs 类别日变化：烷烃类变化趋势呈“M”形，在 16:00 达到最大值（56.54%±3.32%），主要成分为 2，2，4，6，6-五甲基庚烷、癸烷和辛烷；烯烃类变化趋势呈近似倒“V”形，在 10:00 达到最大值（17.33%±2.27%）；芳香烃类变化趋势近似“W”形，有 3 个峰值分别出现在 8:00、14:00 和18:00，在8:00到达最大值（21.54%±5.86%），主要成分为苯和邻二甲苯；酯类只在 8:00 的含量超过 10%，为 29.18%±6.75%，主要成分为邻苯二甲酸 2-乙基己基丁酯；醇类只在 16:00（10.70%±0.72%）的相对含量超过 10%，主要成分为 2-乙基己醇。

4.2.2.7　桃叶有益释放 BVOCs 组分日变化

桃叶有益 BVOCs 主要由烯烃类、芳香烃类、酯类、醛类、有机酸类、醇类和酰胺类共 7 类 BVOCs 组成，总相对含量和数量在 5~10 月整体呈波动下降趋势如图 4-33 所示。

桃叶有益 BVOCs 相对含量和种类数量释放高峰期会出现在一天（8:00~18:00）内各个时间点，在 10:00 和 14:00 达到最高值的次数

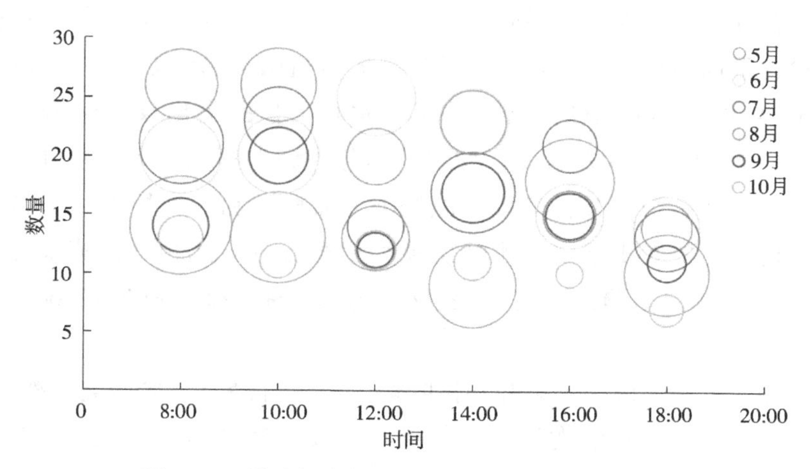

图 4-33　桃叶释放有益 BVOCs 组分日变化气泡图

注：气泡直径大小代表相对含量（%）大小。

最多，并随着季节变化，夏季出现高峰期后移现象。

在不同季节，5月日变化8:00~18:00各个时间点桃叶释放有益BVOCs相对含量与其他月份相比，处于前列，尤其是在8:00和16:00出现两个相对含量峰值，分别为77.85%和58.41%。

7月日变化组分数量最多，数量变化趋势呈近倒“M”形。一天中不同时间点总数量大小排序为10:00（23）>8:00（21）= 16:00（21）>14:00（17）>12:00（14）>18:00（13），其他月份相对含量和数量相对稳定。主要有益BVOCs成分包括α-蒎烯、3-蒈烯、罗汉柏烯、乙酸乙酯 、天然壬醛和庚醛。

4.2.3　讨论

在生长季（5~10月），典型树种苹果和桃在一天（8:00~18:00）中释放BVOCs数量和相对含量表现一定共性和差异性。在5月一天内，苹果叶以释放烯烃类、芳香烃类、酯类和醇类为主，烯烃类和酯类相对含量远超于其他类别，烯烃类相对含量上午大于下午；酯类则相反，总数量在10:00最多，有86种。桃叶则主要释放烷烃类、烯烃类、芳香烃类和酯类，与苹果叶相似，烯烃类和酯类相对含量远超于其他类别，但这两类释放规律与苹果叶相反，总数量在12:00最多，为81种。

在6月一天内，苹果叶和桃叶释放烷烃类、烯烃类和芳香烃类相对含量远超其他类，其中苹果叶释放有机酸类BVOCs在16:00骤增至39.84%±12.11%，同一时间点桃叶则是醚类出现突然升高现象。各类BVOCs相对含量：烷烃类和芳香烃类苹果叶大于桃叶，烯烃类苹果叶小于桃叶，苹果叶烷烃类、烯烃类和芳香烃类相对含量均表现为上午大于下午，桃叶烷烃类相对含量与此相反，苹果叶释放BVOCs类别数量最大值在18:00，为103种，桃叶则在12:00，为101种。

在7月一天内，苹果叶和桃叶均以释放烷烃类、烯烃类、酯类、醛类、有机酸类和醇类为主，苹果叶释放烷烃类BVOCs在8:00和18:00出现峰值，桃叶对烷烃类和有机酸类释放不如苹果叶；烯烃类、酯类和醛类则正好相反，桃叶释放相对含量更多，其中苹果叶烯烃类相对含量上午大于下午，桃叶正好相反；苹果叶释放BVOCs类别数量最大值在14:00，有121种，桃叶则在8:00，为108种。

在8月一天内，苹果以释放烷烃类、烯烃类、芳香烃类、酯类、醛类和醇类为主，而在桃叶中有机酸类和酮类释放相对含量比酯类更多；对苹果叶与桃叶释放各类BVOCs进行比较，苹果叶各类BVOCs相对含量较为稳定，而在桃叶中除8:00和10:00外，其他时间点烷烃类BVOCs远超其他类别BVOCs。其中苹果叶和桃叶释放烯烃类相对含量均表现为上午大于下午；烷烃类苹果叶表现为上午大于下午，桃叶则相反；苹果叶在8:00释放数量最多，为92种，桃叶则是在14:00最多，达107种。

在9月一天内，苹果叶和桃叶主要释放烷烃类、烯烃类、芳香烃类、醛类和醇类，且两者烷烃类释放相对含量在各个时间点占比较大，均超过25%；两者烷烃类均在12:00达到最大值，苹果叶和桃叶释放烯烃类相对含量均表现为上午大于下午；苹果叶和桃叶释放BVOCs类别数量最大值均在12:00。

在10月一天内，苹果叶以释放烷烃类、烯烃类、芳香烃类、醛类和醇类为主，与其不同，桃叶中酯类释放相对含量多于醛类。对于烷烃类，苹果叶除10:00外，其释放量在各个时间点远超于其他类别，达到30%以上，最大值在12:00（49.70%±8.11%）；桃叶除

8:00 外，其释放量在各个时间点也远超于其他类别，达到 25%以上，最大值在 16:00（56.54%±3.32%）。苹果叶和桃叶释放烯烃类相对含量均表现为上午大于下午；苹果叶在 8:00 释放数量最多，有 92 种，桃叶则是在 8:00 释放数量最多，有 112 种。

苹果叶和桃叶在生长季总有益 BVOCs 日变动较大，其总相对含量和数量 5~10 月整体呈波动下降趋势。苹果叶有益成分相对含量和组分数量释放高峰期一般在 8:00 和 12:00；桃叶有益成分相对含量和组分数量释放高峰期一般在 10:00 和 14:00；在夏季出现高峰期后移现象。苹果叶和桃叶都在 7 月释放数量最多，苹果叶是在 14:00 组分最多，共有 26 种；桃叶是在 10:00 种类最多，共 23 种，数量最少都在 18:00，均为 13 种。各月数量差异不大，苹果叶数量略高于桃叶。

综上所述，在生长季日变化中，苹果叶和桃叶一般释放烷烃类、烯烃类和芳香烃类 BVOCs，除 7 月，苹果叶和桃叶烯烃类相对含量均表现为上午大于下午；苹果叶释放有益 BVOCs 相对含量少于桃叶，数量则相反。桃叶释放总有益 BVOCs 相对含量除在 12:00 有明显下降外，在各个时间点数量和释放量较苹果叶稳定，更适合作为有康体保健效果经济林树种进行栽植，且最佳游憩时间段为8:00~10:00。

4.2.4　小结

在生长季（5~10 月），典型树种叶片释放 BVOCs 日变化特征具有相似性，组分差异明显。在 7 月、8 月和 10 月，桃叶每日释放类别组分数量平均值比苹果叶多；苹果叶和桃叶释放烯烃类 BVOCs 一般最高值出现在 8:00，其他类 BVOCs 比较随机。在一天中，苹果叶和桃叶主要释放类别出现更替现象，在夏季尤为突出，苹果下午释放有机酸类和醛类 BVOCs 明显增加，桃叶下午释放醚类和酮类 BVOCs 相对含量明显增加。日变化特征中，苹果叶和桃叶有益 BVOCs 组分在 8:00~18: 00 整体呈波动下降趋势，有益 BVOCs 相对含量多不等于有益组分数量多。在不同季节，不同月份，苹果叶和桃叶有益 BVOCs 相对含量和种类数量峰值会出现在一天中各个时间点，变化趋势一般呈双峰型；苹果叶释放有益 BVOCs 成分相对含量和组分数量释放高峰期一般在 8:00 和 12:00；桃叶释放有益 BVOCs 成分相对含量和组分数量释放高峰期一般在 10:00 和 14:00。苹果叶和桃叶释放有益 BVOCs 成分数量基本相同，在同一时间点，相对含量苹果叶一般高于桃叶，桃叶在各个时间点有益 BVOCs 相对含量和数量更为稳定。桃树在康体保健效果上更佳，在广泛种植苹果树和桃树的林内最佳游憩时间段为 8:00~10:00。

4.3 经济林树种盛花期花朵释放 BVOCs 组分对比分析

4.3.1 BVOCs 组成类别及相对含量

如图 4-34 所示，对 6 种经济林树种（苹果、桃、李、梨、山楂和枣）盛花期花朵 BVOCs 进行定量分析，共检测出 12 类 269 种不同 BVOCs。其中，烷烃类 65 种、烯烃类 38 种、芳香烃类 26 种、酯类 20 种、醛类 17 种、有机酸类 17 种、酮类 13 种、醇类 39 种、酚类 4 种、醚类 3 种、酰胺类 20 种，其他类 2 种。相对含量在 1%及以上的各花朵花香成分分别占总 BVOCs 相对含量的 90.30%、84.50%、

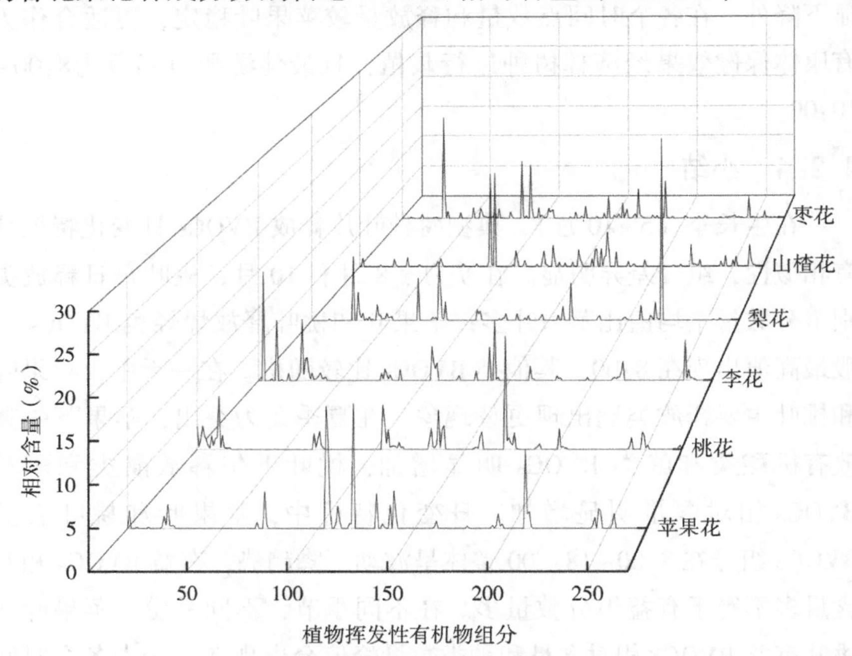

图 4-34 6 种盛花期花朵释放 BVOCs 组分统计

85.67%、82.09%、84.76%和82.65%（表4-7）。各花朵释放3种共有BVOCs：甲苯、乙基苯和乙酸乙酯，其相对含量差异较大，范围

表4-7　相对含量在1%及以上的花香成分

BVOCs 名称		相对含量（%）					
		苹果花	桃花	李花	梨花	山楂花	枣花
烷烃类	3-甲基二十烷	2.12	—	—	—	—	—
	正庚烷	1.45	—	—	—	—	—
	2，4-二甲基已烷	2.82	—	—	—	—	—
	环氧乙烷，2-甲基-3-丙基-（2R，3R）-rel-	—	2.90	—	—	—	—
	正十七烷	—	1.38	—	—	1.30	—
	正二十七烷	—	2.97	14.96	—	—	—
	十五烷	—	1.70	—	—	—	—
	五十四烷	—	1.24	—	—	—	—
	四十三烷	—	1.73	—	—	—	—
	四十四烷	—	1.34	—	—	—	—
	正三十五烷	—	1.44	8.27	—	—	—
	正二十五烷	—	6.75	—	—	—	—
	三十二烷	—	1.75	—	—	—	—
	2，3-环氧丁烷	—	—	1.19	—	—	—
	正戊烷	—	—	8.41	9.28	—	—
	辛烷	—	—	3.05	—	—	—
	2，2，4，6，6-五甲基庚烷	—	—	3.15	4.09	—	16.39
	癸烷	—	—	1.29	1.05	—	4.24
	正十九烷	—	—	1.04	1.04	1.39	1.10
	十一烷5，7-二甲基	—	—	1.09	—	—	—
	十六烷	—	—	1.02	—	—	—
	环氧乙烷（3-甲基丁基）	—	—	—	2.30	—	—
	1-丙氧辛烷	—	—	—	1.04	—	—
	正二十一烷	—	—	—	—	1.18	—
	二十烷，9-辛基	—	—	—	—	1.19	—
	2，2，4，4，5，5，7，7-辛甲基辛烷	—	—	—	—	—	1.01
	十二烷	—	—	—	—	—	1.67
	正二十八烷	—	—	—	—	—	1.62

（续表）

	BVOCs 名称	相对含量（%）					
		苹果花	桃花	李花	梨花	山楂花	枣花
	三蝶烯	4.35	—	—	—	—	—
	1-庚烯	—	2.04	—	—	—	2.04
	(1R)-(+)-α-蒎烯	—	1.22	—	6.16	—	
	右旋萜二烯	—	2.25	—	—	—	1.53
	3-甲基十六烷	—	—	1.04	—	—	—
	反-2-辛烯	—	—	1.60	—	—	—
烯烃类	罗汉柏烯	—	—	1.55	2.79	—	9.22
	2-乙基十六烯	—	—	—	8.15	—	—
	反-4-辛烯	—	—	—	4.78	—	—
	3-蒈烯	—	—	—	—	14.16	—
	α-蒎烯	—	—	—	—	14.35	8.59
	1-辛烯	—	—	—	—	—	1.72
	5-甲基壬-4-烯	—	—	—	—	—	1.00
	11-二十三烯	—	—	—	—	—	1.64
	苯	14.49	5.68	4.66	—	—	1.60
	甲苯	10.40	3.71	2.46	1.55	2.43	1.00
	乙基苯	2.18	—	1.61	—	1.33	1.16
芳香烃类	2,2′,5,5′-四甲基联苯基	2.62	—	—	—	—	—
	1,1′-联萘	14.84	—	—	—	—	—
	对二甲苯	—	2.51	2.40	1.35	—	1.35
	邻二甲苯	—	—	—	—	2.35	—
	萘	—	—	—	—	1.19	1.03
	乙酸乙酯	4.13	—	1.33	—	3.25	1.94
	邻苯二甲酸二异丁酯	2.73	2.46	—	—	—	—
	顺式-3-己烯醇苯甲酸酯	4.45	—	—	—	—	—
	丙酸丁酯	1.63	—	—	—	—	—
酯类	邻苯二甲酸单乙基己基酯	—	2.66	—	—	1.22	—
	邻苯二甲酸二乙酯	—	4.99	—	—	—	—
	邻苯二甲酸二丁酯	—	3.02	4.58	—	—	—
	乙基己基 氰基乙酸酯	—	—	8.25	—	—	—
	硝基丙酸乙酯	—	—	—	—	2.55	—

（续表）

BVOCs 名称		相对含量（%）					
		苹果花	桃花	李花	梨花	山楂花	枣花
酯类	甲基丁酸甲酯	—	—	—	—	1.19	—
	邻苯二甲酸二异辛酯	—	—	—	—	—	3.60
醛类	苯甲醛	—	1.55	—	—	2.54	—
	天然壬醛	—	2.17	—	2.03	2.66	1.40
	正戊醛	—	—	1.94	—	2.74	—
	癸醛	—	—	—	5.42	1.34	—
	3-甲基-1-戊醛	—	—	—	—	5.31	—
	庚醛	—	—	—	—	1.24	2.42
	己醛	—	—	—	—	2.87	4.76
	辛醛	—	—	—	—	1.63	
有机酸类	醋酸	—	14.49	—	—	2.24	—
	2-辛烯酸	—	1.11	—	—	—	—
	壬酸	—	1.43	—	—	—	—
	六十九烷酸	—	2.09	—	—	—	—
	乙氧基乙酸	—	—	—	—	—	6.00
酮类	2，6-二羟基-4-甲基苯乙酮	1.73	—	—	—	—	—
	苯乙酮		—	—	—	1.02	—
醇类	环丁醇	9.40	—	—	—	—	—
	（S）-（+）-1，3-丁二醇	1.69	—	—	2.18	—	—
	4-甲基己烷-2-醇	1.93	—	—	—	—	—
	1，2-丙二醇	—	2.63	—	—	—	—
	4-氨基戊烷-1-醇	—	—	1.22	—	—	—
	1-庚醇	—	—	2.61	2.65	—	—
	2-乙基己醇	—	—	—	26.23	—	—
	1，3-丁二醇	—	—	—	—	3.36	—
	反式-2-癸烯醇	—	—	—	—	1.03	—
酚类	2，6-二叔丁基对甲基苯酚	1.30	—	—	—	—	—
	2，6-二苯基苯酚	—	1.46	—	—	—	—
醚类	丙二醇单甲醚	2.30	—	—	—	1.64	3.48
	丁醚	2.02	—	—	—	—	—

（续表）

BVOCs 名称		相对含量（%）					
		苹果花	桃花	李花	梨花	山楂花	枣花
酰胺类	N，N-二乙基-4-硝基苯胺 N	1.72	—	—	—	—	—
	藻烷胺	—	2.16	—	—	—	—
	3-异丙氧基丙胺	—	1.71	—	—	—	—
	壬烷-2-胺	—	—	5.52	—	—	—
	4-甲基苯乙胺	—	—	1.45	—	—	—
	二甲胺	—	—	—	—	3.31	—
	3，5-二羟基苯甲酰胺	—	—	—	—	1.52	—
	庚胺	—	—	—	—	1.22	—
	4-甲基苯乙胺	—	—	—	—	—	1.13
总计		90.30	84.50	85.67	82.09	84.76	82.65

注：所有 BVOCs 相对含量为平均值。—为未检测到。

为 0.73%～10.40%。甲苯（10.40%）、乙酸乙酯（4.13%）和乙基苯（2.18%）相对含量在苹果花释放 BVOCs 中最高，这 3 种是花香的重要成分（王元成等，2022）。

所有 BVOCs 相对含量（%）为平均值。图 4-34 中横坐标代表不同 BVOCs，1～65 为烷烃类，66～103 为烯烃类，104～129 为芳香烃类，130～154 为酯类，155～171 为醛类，172～188 为有机酸类，189～201 为酮类，202～240 为醇类，241～244 为酚类，245～247 为醚类，248～267 为酰胺类和 268～269 为其他类。

4.3.2 BVOCs 组分对比分析

如图 4-35 所示，6 种盛花期花朵释放 BVOCs 组成成分和相对含量具有明显差异。

苹果花共检测出 11 类 46 种 BVOCs。其中，组分较多是烷烃类 10 种、芳香烃类 9 种和酯类 6 种，相对含量范围：0.25%±0.06%（有机酸类）～47.04%±6.18%（芳香烃类），释放 BVOCs 以芳香烃类、酯类和醇类为主。主要成分为 1，1′-联萘（14.84%）、苯（14.49%）和甲苯（10.40%）。

桃花共检测出 11 类 73 种 BVOCs。其中，组分较多是烷烃类 19 种、芳香烃类 12 种和酯类 9 种，相对含量范围：0.50%±0.13%（其

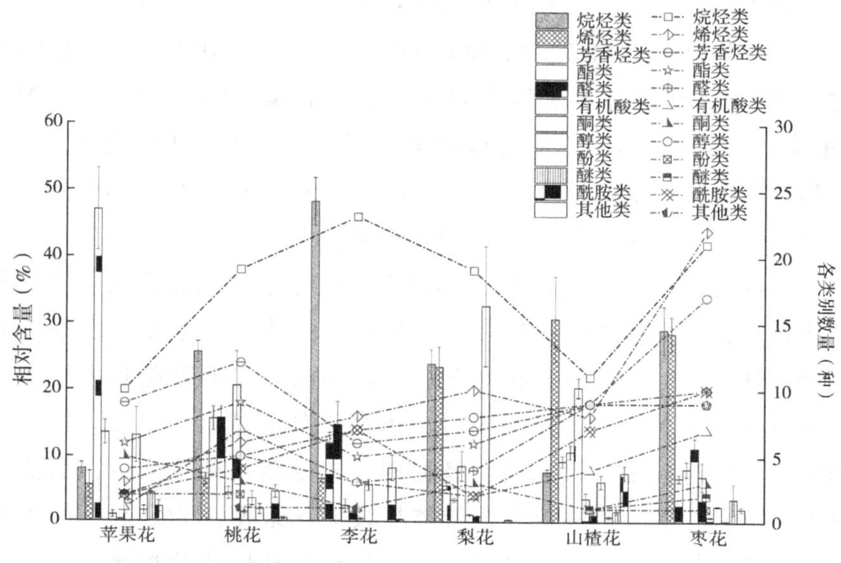

图4-35　6种盛花期花朵释放BVOCs类别及相对含量

他类）~25.64%±1.58%（烷烃类），释放BVOCs以烷烃类、酯类和芳香烃类为主。主要成分为醋酸（14.19%）、正二十五烷（6.75%）和苯（5.68%）。

李花共检测出10类64种BVOCs。其中，组分较多是烷烃类23种、烯烃类8种和酰胺类7种；相对含量范围：0.33%±0.08%（其他类）~48.30%±3.63%（烷烃类），释放BVOCs以烷烃类、酯类和芳香烃类为主。主要成分为正二十七烷（14.96%）、正戊烷（8.41%）和三十五烷（8.27%）。

梨花共检测出9类61种BVOCs。其中，组分数量较多是烷烃类19种、烯烃类10种和醇类8种，相对含量范围：0.81%±0.16%（酮类）~32.68%±9.00%（醇类），释放BVOCs以醇类、烷烃类和烯烃类为主。主要成分为2-乙基己醇（26.23%）、正戊烷（9.28%）和2-乙基十六烯（8.15%）。

山楂花共检测出11类69种BVOCs。其中，组分数量较多是烷烃类11种、芳香烃类9种、酯类9种、醛类9种和醇类9种，相对含量范围：0.76%±0.19%（酚类）~30.75%±6.43%（烯烃类），释放BVOCs以烯烃类、醛类和酯类为主。主要成分为α-蒎烯

（14. 35%）、3-蒈烯（14. 16%）和3-甲基-1-戊醛（5. 31%）。

枣花共检测出11类111种BVOCs。其中，组分数量较多是烯烃类22种、烷烃类21种和醇类17种，相对含量范围：0. 17%±0. 04%（酚类）~29. 10%±3. 57%（烷烃类），释放BVOCs以烷烃类、烯烃类和醛类为主。主要成分为2，2，4，6，6-五甲基庚烷（16. 39%）、罗汉柏烯（9. 22%）和α-蒎烯（8. 59%）。

烷烃类BVOCs在李花中，远超于其他花朵的相对含量，桃花和梨花相对含量大致相同；烯烃类在梨花、山楂花和枣花中占据较大比例，其中山楂花烯烃类相对含量到达最高值；苹果花芳香烃类相对含量接近其总相对含量的50%，远高于其他花朵；苹果、桃花和李花酯类相对含量大致相同；醛类相对含量在6种花朵中，山楂花最高，苹果花最少；桃花有机酸类与其他花朵相比为最高，但苹果花、李花和梨花相对含量极其微量；梨花与其他花朵相比，醇类相对含量最高；6种花其他类别BVOCs的相对含量，均未超10%。

4. 3. 3 各花朵香型比较

结合气味ABC分类法，对BVOCs进行不同香韵特征权重比较，可将花朵香韵（%）量化为酯香、果香、松柏香、玫瑰香和青草香等32种气味，直观地表达其整体香韵。由图4-36可知，6种花朵香韵共涵盖25种香型，各盛花期特征香韵分布差异明显。

苹果花香型为12种，香韵载荷最大的是坚果香，其次是芳香族化合物香，其他香韵比例均未超过10%；桃花具有21种香型，主要以果香、酸香、坚果香和芳香族化合物香为主，其他香韵比例均未超过10%；李花香型为20种，主要为坚果香、芳香族化合物香和酯香，其他香韵比例均未超过10%；梨花香型为16种，以酯香、玫瑰香和醛香为主，其他香韵比例均未超过10%；山楂花香型为20种，主要为酯香、松柏香和果香，其他香韵比例均未超过10%；枣花香型为20种，主要为酯香、檀木香和果香，其他香韵比例均未超过10%。

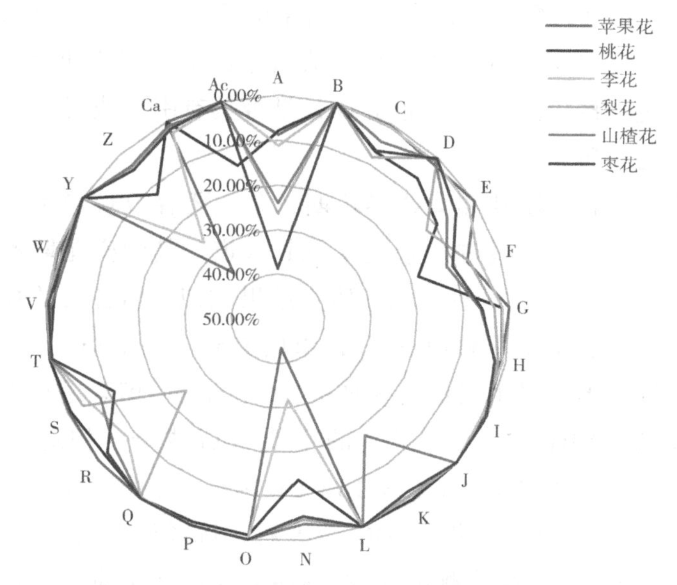

图 4-36　6 种盛花期花朵香韵比较

注：A. 脂肪香；B. 香橼香气；C. 柑橘香气；D. 乳酪香；E. 醛香；F. 果香；G. 青草香；H. 药草香；I. 冰凉香气；J. 茉莉花香气；K. 松柏香；L. 薰衣草香；N. 坚果香；O. 兰花香气；P. 酚香；Q. 香膏香；R. 玫瑰香味；S. 檀木香；T. 焦烟味；V. 豆香；W. 辛香；Y. 土壤香；Z. 芳香族化合物香气；Ca. 樟香；Ac. 酸香。

4.3.4　讨论

植物不同器官释放 BVOCs 组成成分和相对含量均有差异。对于花来说，释放烃类占比较大，本书研究表明，烃类（烷烃类、烯烃类和芳香烃类）是花香的重要构成，但组成成分差异极大，甲苯、乙酸乙酯和乙基苯作为共有成分，三者相对含量在苹果花释放 BVOCs 中最高。花朵能释放某些 BVOCs 去直接影响传粉昆虫的访花行为。传粉昆虫嗅闻某一种或者几种关键 BVOCs 去识别植物组分，对不同香气存在本能上偏好性选择，植物也可以释放某些 BVOCs 驱避无传粉效果的访花昆虫（邱珊莲等，2022）。其中，壬醛具有玫瑰香、柑橘香和脂肪香混合香气，它对吸引蜜蜂等传粉昆虫访问起到重要作用；水杨酸甲酯（0.23%）是桃花检测出特有的酯类 BVOCs，具有特殊草药气味，也能吸引昆虫授粉，且有抗广泛性焦虑和抑郁的作用（刘一博，2021）；α-柏木烯（0.20%）是李花的独有

BVOCs，是大量存在雪松油中的一种倍半萜烯，具有抗白血病、抗菌和抗肥胖作用（李晓凤等，2015）。在春季经济林盛花期时，桃花和梨花可能更易授粉，释放其他 BVOCs 是否具有引诱或者驱避昆虫的作用有待后续研究。

本书中苹果花、桃花和梨花盛花期花朵主要释放烷烃类、芳香烃类和酯类 BVOCs，枣花和山楂花未见其报道。其中盛花期桃花主要释放 BVOCs 组成类别与杜秀娟等研究结果相似，但各自的释放主要成分差异极大；苹果花释放 BVOCs 组成成分与马卫华等（2018）研究结论不同，他们采用固相微萃取和气相色谱-质谱联用技术，经测定后发现醇类 BVOCs 为苹果花的主要组成成分，相对含量为 76.05%，与本书醇类 BVOCs（13.18%±4.14%）差距明显；郭媛等（2021）鉴定出梨花中挥发性 BVOCs 有 9 种，烷烃类为主要 BVOCs，占 44.44%，与本书梨花检测出释放 BVOCs 数量远超前者，其烷烃类相对含量为 23.95%±2.16%，与其有明显差异。此外，本书使用 ABC 气味分析法对香气划分基于常见香料香精的挥发性物质，具有局限性，各花朵具体每一种香气 BVOCs 有少部分缺少对应的香比强值和香韵 ABC 值，无法量化，尤其是酰胺类 BVOCs。目前以人的嗅觉主观评价如二甲胺、三甲胺和甲胺等酰胺类 BVOCs 具有明显的鱼腥味，所以含有较多酰胺类 BVOCs 的山楂花香气比起其他花朵香气更为复杂独特（胡秋芳，2015）。

4.3.5 小结

6 种经济林树种盛花期花朵释放的 BVOCs 共检测出 12 类 269 种，主要释放烷烃类、烯烃类、芳香烃类、酯类、醛类和醇类，各组分数量均超过 40 种。枣花成分数量最多，为 111 种。有 3 种共有 BVOCs 分别为甲苯、乙基苯和乙酸乙酯。相对含量最高是 1，1′-联萘（14.84%）、醋酸（14.19%）、十七烷（14.96%）、2-乙基己醇（26.23%）、α-蒎烯（14.35%）和 2，2，4，6，6-五甲基庚烷（16.39%）。

苹果花香型为坚果香和芳香族化合物香混合型；桃花香型为果香、酸香、坚果香和芳香族化合物香混合型；李花香型为坚果香、芳香族化合物香和酯香混合型；梨花香型为酯香、玫瑰香和醛香混合型；山楂花香型为酯香、松柏香和果香混合型；枣花香型为酯香、檀木香和果香混合型。

4.4　经济林树种果实释放 BVOCs 组分对比分析

4.4.1　经济林树种膨大期果实 BVOCs 组分对比分析

4.4.1.1　BVOCs 组成类别及相对含量

对 6 种经济林（苹果、桃、李、梨、山楂和枣）树种膨大期果实 BVOCs 进行定量分析。如图 4-37 所示，共检测出 12 类 305 种不同 BVOCs，其中，烷烃类 59 种、烯烃类 49 种、芳香烃类 21 种、酯类 32 种、醛类 19 种、有机酸类 15 种、酮类 18 种、醇类 48 种、酚类 5 种、醚类 8 种、酰胺类 25 种、其他类 6 种。相对含量在 1%及以上的各果实果香成分分别占总 BVOCs 相对含量的 76.51%、83.57%、82.78%、75.32%、76.83%和 85.36%（表 4-8）。各果实释放 14 种共有 BVOCs，即 2，2，4，6，6-五甲基庚烷、癸烷、正十九烷、正二十七烷、a-柏木烯、（+）-花侧柏烯、萘、正戊醛、庚醛、辛醛、

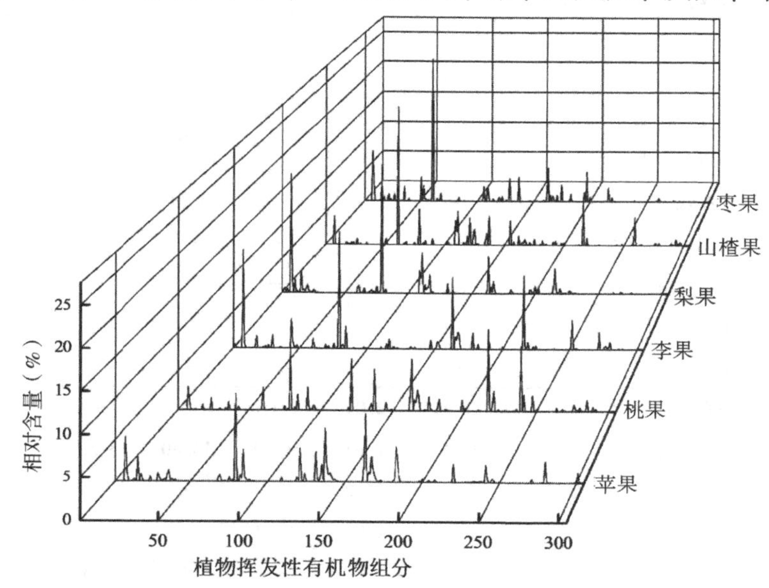

图 4-37　6 种果实膨大期果实释放 BVOCs 组分统计

天然壬醛、癸醛、苯乙酮和庚胺醇，其相对含量差异较大，范围为0.73%~10.40%。其中，2，2，4，6，6-五甲基庚烷、正戊醛、天然壬醛和癸醛4种BVOCs是果香重要组成部分（张文君等，2020）。

所有BVOCs相对含量（%）为平均值。图4-37中横坐标代表不同BVOCs，其中1~59为烷烃类，60~108为烯烃类，109~129为芳香烃类，130~161为酯类，162~180为醛类，181~195为有机酸类，196~213为酮类，214~261为醇类，262~266为酚类，267~274为醚类，275~299为酰胺类和300~305为其他类。

表4-8 相对含量在1%及以上的果香成分

BVOCs名称		相对含量（%）					
		苹果	桃果	李果	梨果	山楂果	枣果
烷烃类	2，2，4，6，6-五甲基庚烷	5.35	2.95	13.42	17.32	4.40	8.19
	癸烷	1.08	1.09	—	2.02	—	3.77
	十二烷	3.03		—	3.14	—	2.51
	十六烷	1.37	1.03	—	—	—	2.46
	正二十七烷	—	1.54	—	—	—	—
	2，4-二甲基庚烷	—	—	4.05	—	—	—
	2，2，4，4，6，8，8-七甲基壬烷	—	—	1.84	—	—	—
	正十九烷	—	—	1.76	—	—	—
	2，2，4，4，5，5，7，7-辛甲基辛烷	—	—	—	1.91	—	—
	十四烷	—	—	—	1.11	—	—
	2，3-环氧丁烷	—	—	—	—	—	2.51
	四十四烷	—	—	—	—	—	1.11
	正二十一烷	—	—	—	—	—	3.93
	正二十八烷	—	—	—	—	—	1.14
烯烃类	3-蒈烯	3.92	2.01	3.05	—	—	—
	罗汉柏烯	10.54	7.94	16.05	18.80	5.53	
	1-庚烯	—	2.99	—	—	—	—
	1-辛烯	—	2.90	1.29	—	—	—
	α-蒎烯	—	—	—	1.03	21.39	23.15

（续表）

	BVOCs 名称	相对含量（%）					
		苹果	桃果	李果	梨果	山楂果	枣果
烯烃类	对薄荷-1（7），3-二烯	—	—	—	—	—	1.30
	右旋萜二烯	—	—	—	—	—	2.42
芳香烃类	苯	4.07	6.73	—	—	4.23	—
	1，2，3，5-四甲苯	—	—	1.36	—	—	—
	甲苯	—	—	—	3.34	3.73	2.34
	乙基苯	—	—	—	2.17	2.15	1.37
	对二甲苯	—	—	—	5.95	5.20	—
	2-乙基对二甲苯	—	—	—	1.20	—	—
	1，2，4，5-四甲苯	—	—	—	2.67	—	—
	邻二甲苯	—	—	—	—	2.45	—
	萘	—	—	—	—	1.37	—
	2，2′，5，5′-四甲基联苯基	—	—	—	—	1.98	—
	间二甲苯	—	—	—	—	—	3.82
酯类	乙酸乙酯	6.45	5.41	—	—	4.54	3.96
	草酸二异丁酯	2.17	—	—	—	—	—
	甲基丁酸乙酯	1.07	—	—	—	—	—
	（E）-乙酸十六烯酯	3.70	—	—	1.37	—	—
	邻苯二甲酸二丁酯	2.15	—	—	—	1.79	—
	异丁酸叶醇酯	—	1.08	—	—	—	—
	硝基丙酸乙酯	—	—	1.19	—	—	—
	非氨酯	—	—	1.04	—	—	—
	丙酸芳樟酯	—	—	—	—	3.73	—
醛类	正戊醛	1.98	2.14	—	—	1.46	1.36
	庚醛	1.27	1.41	1.69	—	—	1.05
	己醛	8.17	6.68	9.74	5.46	—	5.48
	癸醛	1.48	1.78	2.08	—	—	—
	天然壬醛	3.12	2.67	2.32	1.77	—	—
	苯甲醛	—	1.85	—	—	—	2.70
	辛醛	—	1.10	1.24	—	—	—
	2-环戊烯-1-丙醛	—	—	2.26	—	—	—
	3-羟基丁醛	—	—	—	—	—	1.03

（续表）

	BVOCs 名称	相对含量（%）					
		苹果	桃果	李果	梨果	山楂果	枣果
有机酸类	醋酸	4.30	—	—	—	—	1.22
	1，2-苯二甲酸，1，2-双（7-甲基辛基）酯	3.07	—	—	—	—	—
	蝶呤-6-羧酸	—	1.55	—	—	—	—
	苯甲酰甲酸	—	—	1.06	—	—	—
	邻苯二甲酸	—	—	—	—	—	1.49
酮类	6-（二甲氨基）-1，2，4-三嗪-3，5（2H，4H）-二酮	—	1.41	—	—	—	—
	苯乙酮	—	—	—	1.13	—	—
	3-苯基-2-恶唑烷酮	—	—	—	—	—	4.87
醇类	顺-3-己烯-1-醇	2.26	2.61	—	—	—	—
	2-乙基己醇	2.14	2.13	—	—	—	—
	环丁醇	—	8.46	—	—	—	—
	4-氨基-1-丁醇	—	2.02	—	—	—	—
	1，3-丁二醇	—	10.61	9.99	3.65	7.45	2.21
	2，3-二甲基丁醇	—	—	3.98	—	—	—
	4-氨基戊烷-1-醇	—	—	—	1.27	—	—
	反-2-甲基环戊醇	—	—	—	—	4.32	—
	庚胺醇	—	—	—	—	1.11	—
醚类	乙二醇二甲醚	—	—	2.37	—	—	—
酰胺类	3，5-二羟基苯甲酰胺	2.58	—	1.01	—	—	—
	2-苯乙酰胺	—	1.48	—	—	—	—
其他类	二苯并［a，i］咔唑	1.25	—	—	—	—	—
	总计	76.51	83.57	82.78	75.32	76.83	85.36

注：所有 BVOCs 相对含量为平均值。—为未检测到。

4.4.1.2 BVOCs 组分对比分析

如图 4-38 所示，6 种膨大期果实释放 BVOCs 组成成分和相对含量各自具有明显差异。

苹果共检测出 11 类 106 种 BVOCs。其中，组分较多是烷烃类 20

种、醇类15种和烯烃类15种，相对含量范围：0.48%±0.12%（醚类）~19.04%±2.74%（烯烃类），释放BVOCs以烯烃类、酯类和醛类为主。主要成分为罗汉柏烯（10.54%）、己醛（8.17%）和乙酸乙酯（6.45%）。

桃果共检测出12类95种BVOCs。其中，组分较多是醇类17种、酰胺类14种和烯烃类13种，相对含量范围：0.13%±0.03%（其他类）~28.39%±3.10%（醇类），释放BVOCs以醇类、烯烃类和醛类为主。主要成分为1，3-丁二醇（10.61%）、环丁醇（8.46%）和罗汉柏烯（7.94%）。

李果共检测出10类79种BVOCs。其中，组分较多是烷烃类16种、烯烃类15种和醇类12种，相对含量范围：0.48%±0.19%（酮类）~25.70%±3.31%（烷烃类），释放BVOCs以烷烃类、烯烃类和醛类为主。主要成分为罗汉柏烯（16.05%）、2，2，4，6，6-五甲基庚烷（13.42%）和1，3-丁二醇（9.99%）。

梨果共检测出11类116种BVOCs。其中，组分数量较多是烷烃类29种、烯烃类23种和醇类19种，相对含量范围：0.81%±0.16%（酮类）~32.68%±9.00%（醇类），释放BVOCs以醇类、烷烃类和烯烃类为主。主要成分为罗汉柏烯（18.80%）、2，2，4，6，6-五甲基庚烷（17.32%）和对二甲苯（5.95%）。

山楂果共检测出11类94种BVOCs。其中，组分数量较多是烷烃类15种、酰胺类14种、烯烃类12种和芳香烃类12种，相对含量范围：0.21%±0.11%（酚类）~30.61%±6.12%（烯烃类），释放BVOCs以烯烃类、芳香烃类和醇类为主。主要成分为α-蒎烯（21.39%）、1，3-丁二醇（7.45%）和罗汉柏烯（5.53%）。

枣果共检测出12类82种BVOCs。其中，组分数量较多是烷烃类20种、烯烃类13种和芳香烃类9种，相对含量范围：0.16%±0.04%（酚类）~29.25%±6.32%（烯烃类），释放BVOCs以烯烃类、烷烃类和醛类为主。主要成分为2，2，4，6，6-五甲基庚烷（16.39%）、罗汉柏烯（9.22%）和α-蒎烯（8.59%）。

烷烃类相对含量在梨果和枣果中较高，尤其是梨果达到最大值；山楂果和枣果烯烃类相对含量大致相同，远高于苹果和桃果；山楂

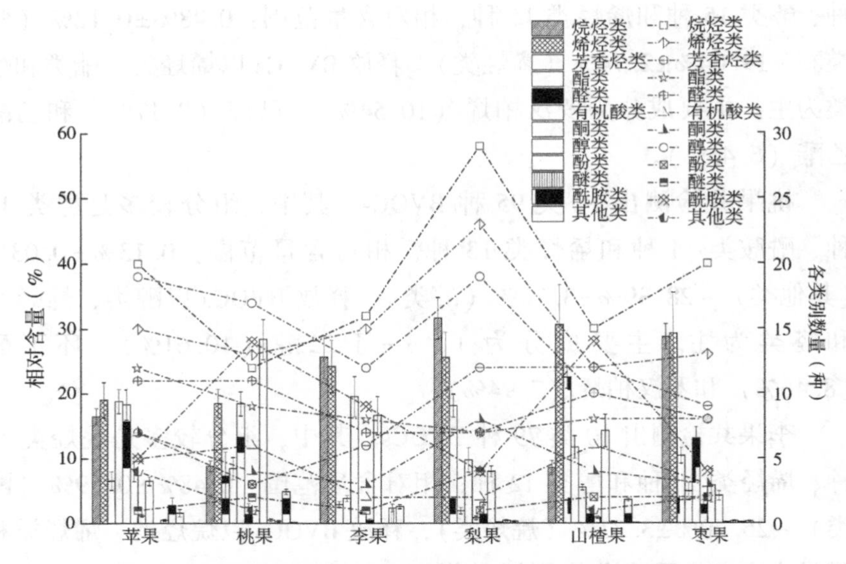

图 4-38　6 种果实膨大期果实释放 BVOCs 类别及相对含量

果有着最高的芳香烃类相对含量，远高于苹果、桃果和李果；酯类在苹果中相对含量最高，在李果、梨果和枣果中相对含量较少，李果和枣果其相对含量大致相同；苹果、桃果和李果醛类相对含量相似，远超其他果实；桃果有着远超其他果实的醇类相对含量，大概是枣果的 6 倍以上；6 种果其他类别 BVOCs 的相对含量，均未超 10%。

4.4.1.3　各果实香型比较

由图 4-39 可知，6 种果实香韵共涵盖 25 种香型，除苹果外，其他果实酯香是其固定香型，各自分布差异明显。苹果香型为 23 种，香韵载荷最大的是酯香（31.00%），其次是果香（16.33%）和青草香（13.82%），其他香韵比例均未超过 10%。桃果具有 21 种香型，主要以酯香（33.68%）、青草香（16.38%）和果香（14.46%）为主，其他香韵比例均未超过 10%。李果香型为 19 种，主要为酯香（42.48%）、檀木香（14.60%）和果香（10.85%），其他香韵比例均未超过 10%。梨果香型为 22 种，以酯香（31.05%）、檀木香（14.69%）、坚果香（11.77%）和芳香族化合物香（10.19%）为主，其他香韵比例均未超过 10%。山楂果香型为 24 种，主要为坚果香（16.41%）、芳香族化合物香（13.90%）和酯香（11.47%），其他香韵比例均未超过10%。枣果香型为22种，主要为酯香（28.08%）和果香（17.46%），其他香韵比例均未超过10%。

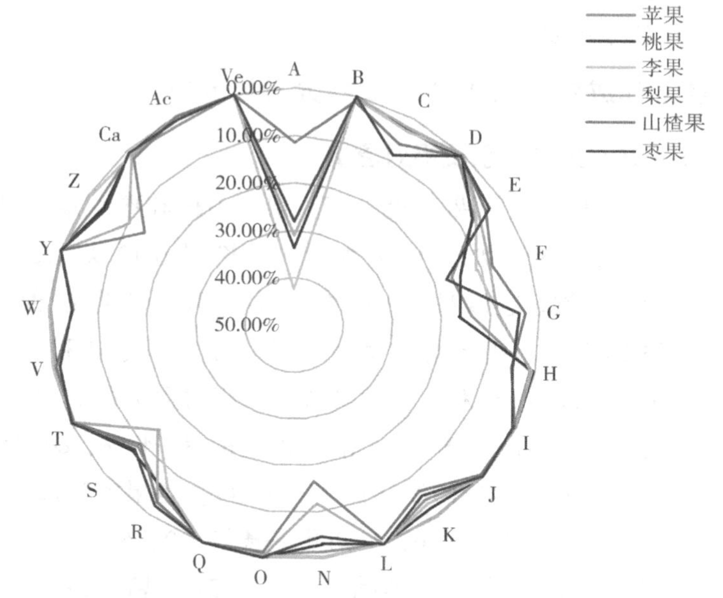

图4-39　6种果实膨大期果实香韵比较

注：A. 脂肪香；B. 香橼香气；C. 柑橘香气；D. 乳酪香；E. 醛香；F. 果香；G. 青草香；H. 药草香；I. 冰凉香气；J. 茉莉花香气；K. 松柏香；L. 薰衣草香；N. 坚果香；O. 兰花香气；P. 酚香；Q. 香膏香；R. 玫瑰香味；S. 檀木香；T. 焦烟味；V. 豆香；W. 辛香；Y. 土壤香；Z. 芳香族化合物香气；Ca. 樟香；Ac. 酸香；Ve. 蔬菜香。

综上所述，6种经济林树种膨大期果实共检测出12类305种不同BVOCs，其中苹果种类数量最多为106种，李果最少为79种。烷烃类相对含量在梨果和枣果中较高，尤其是梨果达到最大值；山楂果和枣果烯烃类相对含量大致相同，远高于苹果和桃；山楂果有着最高的芳香烃类相对含量，远高于苹果、桃果和李果；酯类在苹果中相对含量最高，在李果、梨果和枣果中相对含量较少，李果和枣果其相对含量大致相同；苹果、桃果和李果醛类相对含量相似，远超其他果实；桃果有着远超其他果实的醇类相对含量，大概是枣果6倍以上；6种果其他类别BVOCs的相对含量均未超10%。各苹果、李果和梨果组成成分相对含量最高均为罗汉柏烯，桃果为1，3-丁二醇（10.61%），山楂果为α-蒎烯（21.39%），枣果为2，2，4，

6，6-五甲基庚烷（16.39%）。其中山楂果香型最复杂，酯香是苹果、桃果、李果、梨果、山楂果和枣果主要香型；果香是苹果、桃果、李果和山楂果主要香型。

4.4.2 经济林成熟期果实 BVOC 组分对比分析

4.4.2.1 BVOCs 组成类别及相对含量

对 6 种经济林树种（苹果、桃、李、梨、山楂和枣）成熟期果实 BVOCs 进行定量分析。如图 4-40 所示，共检测出 12 类 275 种不同 BVOCs。其中，烷烃类 49 种、烯烃类 45 种、芳香烃类 31 种、酯类 36 种、醛类 18 种、有机酸类 17 种、酮类 9 种、醇类 41 种、酚类 1 种、醚类 4 种、酰胺类 22 种、其他类 2 种。相对含量在 1%及以上的各果实果香成分分别占总 BVOCs 相对含量的 83.49%、84.45%、85.46%、76.61%、80.97%和 78.35%（表 4-9）。各果实释放 15 种共有 BVOCs，分别为 2，2，4，6，6-五甲基庚烷、2，6，10-三甲基十二烷、正十九烷、α-蒎烯、对薄荷-1（7），3-二烯、a-柏木烯、β-甲基萘、乙酸乙酯、正戊醛、庚醛、辛醛、天然壬醛、癸醛、苯乙酮和庚胺醇，其相对含量差异较大，范围为0.10%~23.07%。

所有 BVOCs 相对含量（%）为平均值。图 4-40 中横坐标代表不同 BVOCs，1~49 为烷烃类，50~94 为烯烃类，95~125 为芳香烃类，126~161 为酯类，162~179 为醛类，180~196 为有机酸类，197~205 为酮类，206~246 为醇类，247 为酚类，248~251 为醚类，252~273 为酰胺类，274~275 为其他类。

表 4-9 相对含量在 1%及以上的果香成分

	BVOCs 名称	相对含量（%）					
		苹果	桃果	李果	梨果	山楂果	枣果
烷烃类	2，2，4，6，6-五甲基庚烷	20.71	13.88	5.11	21.35	5.52	14.87
	癸烷	5.07	1.56	1.51	3.09	1.47	—
	2，6，10-三甲基十二烷	1.12	—	—	—	—	—
	十二烷	1.99	4.89	—	—	—	4.06
	2，2，4，4，6，8，8-七甲基壬烷	—	1.66	—	—	—	—

（续表）

	BVOCs 名称	相对含量（%）					
		苹果	桃果	李果	梨果	山楂果	枣果
烷烃类	正十九烷	—	1.11	—	—	—	1.86
	环氧乙烷，2-甲基-3-丙基-	—	—	—	5.75	—	—
	十六烷	—	—	—	2.91	—	—
	2，5-二甲基十一烷	—	—	—	3.74	—	—
	辛烷	—	—	—	—	10.96	—
	3-乙基己烷	—	—	—	—	1.00	—
	2，3-环氧丁烷	—	—	—	—	—	4.06
	十一烷	—	—	—	—	—	8.19
烯烃类	反-4-辛烯	3.34	—	—	—	—	—
	α-蒎烯	7.78	1.07	23.07	8.52	21.91	5.30
	5-甲基壬-4-烯	1.91	—	2.69	1.19	—	1.20
	（1R）-（+）-α-蒎烯	12.23	—	—	—	—	—
	1-庚烯	—	2.38	—	—	—	—
	1-辛烯	—	1.29	—	1.55	—	1.90
	右旋萜二烯	—	2.77	1.93	—	2.99	—
	罗汉柏烯	—	—	7.33	17.61	7.28	—
	对薄荷-1（7），3-二烯	—	—	—	—	1.06	—
	α-葑烯	—	—	—	—	1.23	—
	环庚三烯	—	—	—	—	—	3.03
	（S）-（-）-柠檬烯	—	—	—	—	—	1.19
芳香烃类	甲苯	2.06	1.82	2.61	—	3.22	—
	对二甲苯	1.44	3.74	2.36	—	—	—
	甘菊蓝	—	1.41	—	—	—	—
	乙基苯	—	—	1.86	—	1.35	1.71
	间二甲苯	—	—	5.10	—	—	4.66
	邻二甲苯	—	—	—	—	5.80	2.98
	苯	—	—	—	—	—	5.55
	3，4-二乙基联苯	—	—	—	—	—	1.60
酯类	乙酸乙酯	1.14	4.88	20.68	5.32	5.19	3.72
	乙酸 1-甲基丁酯	—	1.13	—	—	—	—
	乙酸异戊酯	—	1.03	—	—	—	—

（续表）

	BVOCs 名称	相对含量（%）					
		苹果	桃果	李果	梨果	山楂果	枣果
酯类	邻苯二甲酸二异丁酯	—	—	1.09	—	2.35	—
	二十二碳酰二十二碳酸酯	—	—	—	1.12	—	—
	硝基丙酸乙酯	—	—	—	—	1.37	—
醛类	正戊醛	1.52	—	1.05	—	1.56	2.20
	己醛	4.90	7.97	7.84	—	—	—
	庚醛	1.23	1.40	—	—	—	1.90
	2，2，4，4-四甲基乙醛	5.42	—	—	—	—	—
	天然壬醛	2.15	5.46	—	1.77	—	2.06
	癸醛	1.47	1.43	—	—	—	—
	苯甲醛	—	15.32	—	1.21	1.15	—
	辛醛	—	1.63	—	—	—	1.14
有机酸类	邻苯二甲酸	1.94	—	—	—	—	—
	苯甲酰甲酸	—	—	—	—	—	1.82
酮类	6-（二甲氨基）-1，2，4-三嗪-3，5（2H，4H）-二酮	—	—	—	—	—	1.09
醇类	氨基乙醛缩二甲醇	1.24	—	—	—	—	—
	3-甲基己烷-2-醇	2.84	—	—	—	—	—
	1，3-丁二醇	1.98	6.63	1.24	—	—	—
	(S) -（+）-1，3-丁二醇	—	—	—	—	2.87	—
	正丁醇	—	—	—	—	2.68	—
	3-甲基庚烷-2-醇	—	—	—	—	—	1.00
酰胺类	壬烷-2-胺	—	—	—	1.47	—	—
	十七胺	—	—	—	—	—	1.25
	总计	83.49	84.45	85.46	76.61	80.97	78.35

注：所有 BVOCs 相对含量为平均值。—为未检测到。

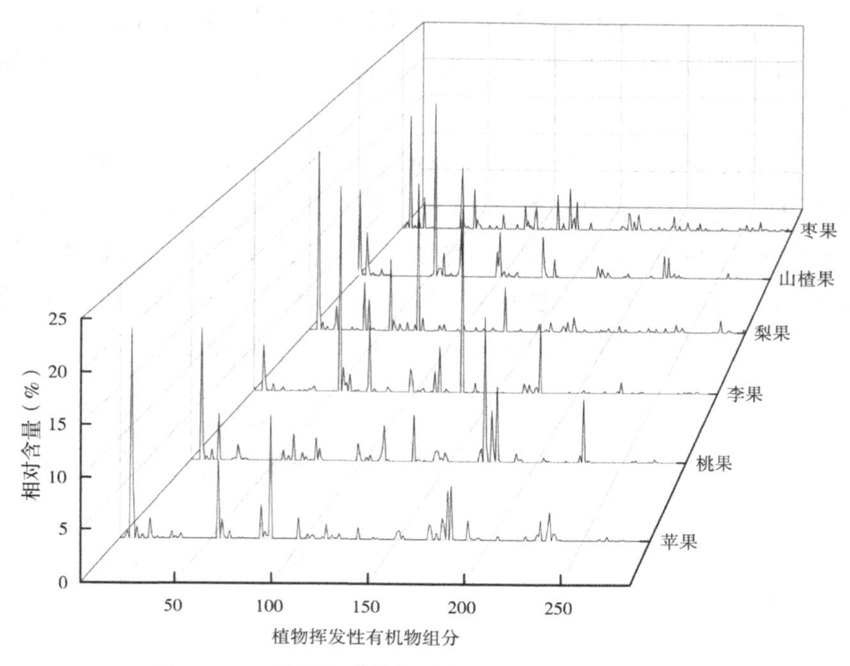

图 4-40　6 种果实成熟期果实释放 BVOCs 组分统计

4.4.2.2　BVOCs 组分对比分析

如图 4-41 所示，6 种成熟期果实释放 BVOCs 组成成分和相对含量具有明显差异。苹果共检测出 10 类 80 种 BVOCs。其中，组分较多是烷烃类 14 种、醇类 13 种和烯烃类 12 种，相对含量范围：0.17%±0.04%（醚类）~32.31%±5.46%（烷烃类），释放 BVOCs 以烷烃类、烯烃类和醛类为主。主要成分为 2，2，4，6，6-五甲基庚烷（20.71%）、（1R）-（+）-α-蒎烯（12.23%）和 α-蒎烯（7.78%）。

桃果共检测出 11 类 76 种 BVOCs。其中，组分较多是烷烃类 15 种、酯类 12 种和烯烃类 11 种，相对含量范围：0.13%±0.03%（酚类）~34.39%±5.05%（醛类），释放 BVOCs 以醛类、烷烃类和酯类为主。主要成分为苯甲醛（15.32%）、2，2，4，6，6-五甲基庚烷（13.88%）和己醛（7.97%）。

李果共检测出 9 类 75 种 BVOCs。其中，组分较多是烷烃类 17 种、烯烃类 13 种和芳香烃类 10 种，相对含量范围：0.15%±0.04%

(有机酸类) ~38.85%±6.34% (烯烃类), 释放 BVOCs 以醛类、烷烃类和酯类为主。主要成分为 α-蒎烯 (23.07%)、乙酸乙酯 (20.68%) 和己醛 (7.84%)。

梨果共检测出 10 类 92 种 BVOCs。其中, 组分数量较多是烯烃类 16 种、醇类 15 种和烷烃类 14 种, 相对含量范围: 0.45%±0.11% (其他类) ~39.90%±5.61% (烷烃类), 释放 BVOCs 以烷烃类、烯烃类和酯类为主。主要成分为 2, 2, 4, 6, 6-五甲基庚烷 (21.35%)、罗汉柏烯 (17.61%) 和 α-蒎烯 (8.52%)。

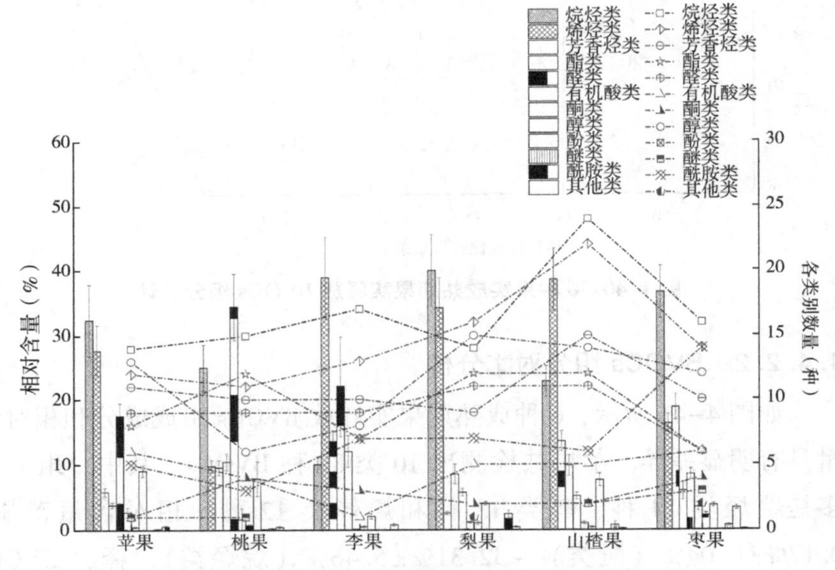

图 4-41 6 种果实成熟期果实释放 BVOCs 类别及相对含量

山楂果共检测出 10 类 113 种 BVOCs, 少了酚类和其他类。其中, 组分数量较多是烷烃类 (24 种)、烯烃类 (22 种) 和芳香烃类 (15 种), 相对含量范围: 0.21%±0.05% (酰胺类) ~38.54%±4.78% (烯烃类), 释放 BVOCs 以烯烃类、烷烃类和芳香烃类为主。主要成分为 α-蒎烯 (21.91%)、辛烷 (10.96%) 和罗汉柏烯 (7.28%)。

枣果共检测出 11 类 93 种 BVOCs。其中, 组分数量较多是烷烃类 (16 种)、烯烃类 (14 种) 和醇类 (12 种), 相对含量范围: 0.16%±0.04% (其他类) ~36.59%±4.02% (烷烃类), 释放

BVOCs以烷烃类、芳香烃类和烯烃类为主。主要成分为2，2，4，6，6-五甲基庚烷（14.87%）、十一烷（8.19%）和苯（5.55%）。

4.4.2.3　各果实香型比较

由图4-42可知，6种果实香韵共涵盖26种香型，除苹果外，其他果实酯香是其固定香型，各自分布差异明显。

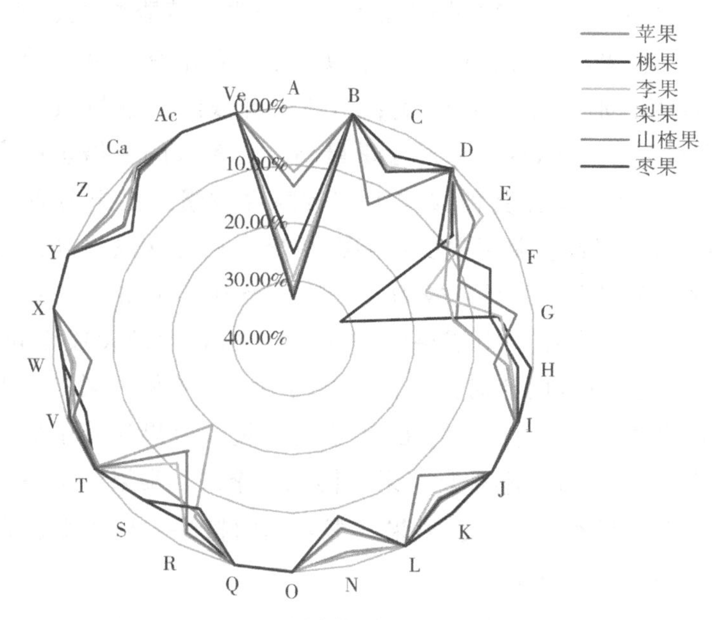

图4-42　6种果实成熟期果实香韵比较

注：A. 脂肪香；B. 香橼香气；C. 柑橘香气；D. 乳酪香；E. 醛香；F. 果香；G. 青草香；H. 药草香；I. 冰凉香气；J. 茉莉花香；K. 松柏香；L. 薰衣草香；N. 坚果香；O. 兰花香气；Q. 香膏香；R. 玫瑰香味；S. 檀木香；T. 焦烟味；V. 豆香；W. 辛香；X. 麝香；Y. 土壤香；Z. 芳香族化合物香气；Ca. 樟香；Ac. 酸香；Ve. 蔬菜香。

苹果香型为20种，香韵载荷最大的是酯香（31.87%），其次是青草香（12.84%）和果香（10.64%），其他香韵比例均未超过10%；桃果具有19种香型，主要以果香（31.65%）、酯香（25.21%）和醛香（7.99%）为主，其他香韵比例均未超过10%；李果香型为21种，主要为酯香（29.66%）、果香（16.60%）和檀木香（11.17%），其他香韵比例均未超过10%；梨果香型为24种，以檀木香（19.93%）、青草香（13.29%）、果香（13.21%）和酯香（11.26%）为主，其他香韵比例均未超过10%；山楂果香型为20种，主要为檀木香（13.97%）、酯香（13.77%）、柑橘香（13.68%）和果香（10.87%），其他香韵比例均未超过10%；枣果香型为21种，主要为酯香（33.15%）和醛香（10.92%），其他香韵比例均未超过10%。

综上所述，6种经济林树种成熟期果实BVOCs共检测出12类275种不同BVOCs，主要释放烷烃类、烯烃类、芳香烃类、酯类、醛类和醇类，各果实主要释放类别相似，相对含量有显著差异。桃果和枣果释放类别最多，为11类；山楂果释放组分数量最多，为113种。梨果烷烃类BVOCs相对含量最高，是李果的3倍多；除桃果外，烯烃类BVOCs在其他果实中有较高释放量；枣果芳香烃类BVOCs相对含量最高，苹果最少；酯类在李中相对含量最高，是苹果的4倍多；苹果和桃果具有较为突出的醛类BVOCs相对含量，尤其是桃果；苹果、桃果、山楂果醇类BVOCs相对含量大致相同；6种果其他类别BVOCs的相对含量，均未超10%。苹果、梨果、枣果相对含量最高均为2，2，4，6，6-五甲基庚烷；桃果为苯甲醛；李果和山楂果为α-蒎烯。酯香是苹果、桃果、李果、梨果、山楂果和枣果主要香型；果香是苹果、桃果、李果和山楂果主要香型；青草香是苹果和梨果主要香型。

4.4.3 不同物候期各树种叶、花和果释放BVOCs组分对比分析

4.4.3.1 不同物候期苹果叶、花和果释放BVOCs组分对比分析

如图4-43所示，在不同物候期中，苹果叶、花和果释放各BVOCs类别相对含量差异明显，共有成分为乙酸乙酯。

（1）L（DP）释放烷烃类BVOCs相对含量（42.65%）远超其他时期的叶、花和果，主要释放2，2，4，6，6-五甲基庚烷和壬烷。整体来看，烷烃类BVOCs相对含量叶>果>花，L（LS）释放烯烃类BVOCs相对含量最高（39.43%），表现为L（LS）>L（FM）>F（FM）>L（FE）>F（FE）>L（DP）>F（BS），其中L（LS）释放醇类BVOCs相对含量与F（FE）和L（FM）基本相同，三者均超过10%。

（2）F（BS）释放芳香烃类BVOCs相对含量远超其他物候期的叶和果，表现为F（BS）>L（LS）>F（FE）>F（FM）>L（FE）>

L（FM）= L（DP），F（BS）释放酯类（13.60%）BVOCs 与不同物候期叶和果实相比较多，主要释放 1，1′-联萘（14.84%）、苯（14.49%）和甲苯（10.40%）。

（3）F（FE）释放烷烃类 BVOCs 相对含量明显小于 L（FE），

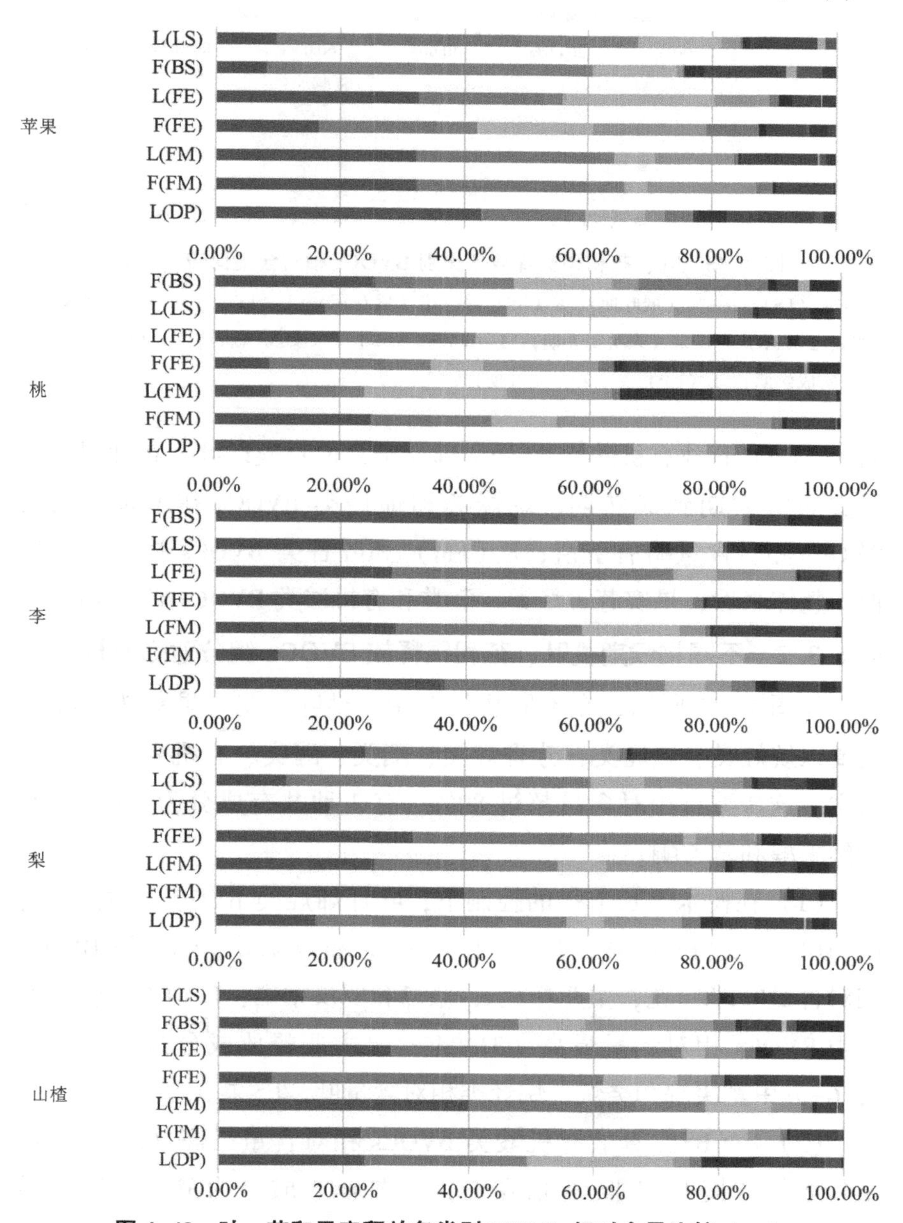

图 4-43　叶、花和果实释放各类别 BVOCs 相对含量比较（一）

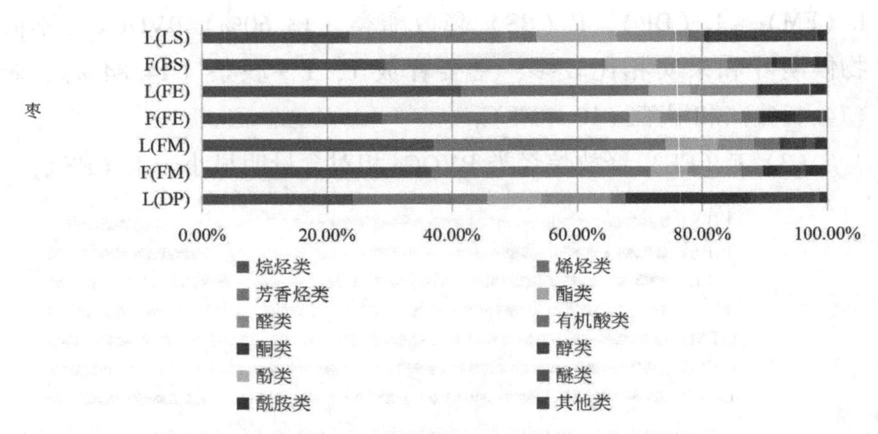

图 4-43　叶、花和果实释放各类别 BVOCs 相对含量比较（二）

注：L（LS）——叶（展叶期）；F（BS）——花（盛花期）；L（FE）——叶（果实膨大期）；F（FE）——果（果实膨大期）；L（FM）——叶（果实成熟期）；F（FM）——果（果实成熟期）；L（DP）——叶（落叶期）。

而 F（FE）释放有机酸类 BVOCs 远高于其他物候期叶、花和果。从果实的膨大期到成熟期，烷烃类和烯烃类 BVOCs 在增加，酯类 BVOCs 相对含量略有下滑；F（FM）和叶各类 BVOCs 相对含量近似。整体来看，果实芳香烃类、醛类和有机酸类 BVOCs 略高于叶。

4.4.3.2　不同物候期桃叶、花和果释放 BVOCs 组分对比分析

如图 4-43 所示，在不同物候期中，桃叶、花和果释放 BVOCs 主要以烷烃类、烯烃类、芳香烃类、酯类、醛类、有机酸类和醇类为主，这 7 类总相对含量超过 80%。有 3 种共有成分为乙酸乙酯、天然壬醛和苯乙酮。

（1）在树木生长节律的控制下，叶片烯烃类 BVOCs 相对含量：L（DP）>L（FE）>L（LS）>L（FM）。整体来看，烯烃类 BVOCs 相对含量叶>果>花，主要释放 α-蒎烯和罗汉柏烯；L（DP）释放烷烃类 BVOCs 相对含量最高（31.24%），主要释放成分为 2，2，4，6，6-五甲基庚烷和癸烷，烷烃类相对含量叶>花>果。

（2）F（BS）释放有机酸类 BVOCs 相对含量最高（20.58%），是其他物候期叶和果 10 倍左右，主要释放成分为醋酸；烷烃类 BVOCs 相对含量仅次于 L（DP），达到 25.64%，主要释放成分为正

二十五烷。与其他物候期叶和果相比，F（BS）释放芳香烃类和酯类较多，均超过 15%。

（3）随着果实发育，果实释放醇类 BVOCs 相对含量表现为 F（FE）> F（FM），果实释放烷烃类和醛类 BVOCs 相对含量则反之。其中，F（FM）释放醛类相对含量最高（34.39%），远超于其他物候期叶、花和果，主要释放成分为苯甲醛。整体来看，醛类相对含量果>叶>花。

4.4.3.3　不同物候期李叶、花和果释放 BVOCs 组分对比分析

如图 4-43 所示，李叶、花和果释放各类别 BVOCs 相对含量各有不同。即使同为叶片或果实在不同物候期释放各类别 BVOCs 相对含量亦存在明显差异，有 4 种共有成分为正二十七烷、邻苯二甲酸二丁酯、癸醛和正戊醛。

（1）L（LS）释放有机酸类 BVOCs 和酰胺类 BVOCs 相对含量最高，各为 11.50% 和 16.92%，是其他物候期叶、花和果 2 倍以上，六十九烷酸和菸烷胺在这两类别 BVOCs 占比最大，随着叶片生长发育，烯烃类 BVOCs 相对含量变化趋势近似于倒“V”形，在 L（LS）最少，为 6.44%，到 L（FE）急剧增加至 33.38%，随后 L（FM）明显下降至 24.08%，最后在 L（DP）略有回升至 24.60%。

（2）F（BS）释放烷烃类 BVOCs 相对含量最高，为 48.30%，主要释放正二十七烷、正戊烷和三十五烷，远超于其他物候期叶和果实，相对含量大小排列为 F（BS）>L（DP）>L（FM）>L（FE）> F（FE）>L（LS）>F（FM）。从整体来看，烷烃类 BVOCs 相对含含量花>叶>果，F（BS）释放芳香烃类和酯类 BVOCs 相对含量较高，均超过 10%，仅次于 F（FM）。

（3）伴随着果实发育，F（FE）与 F（FM）相比，F（FM）释放烷烃类、醛类和醇类 BVOCs 相对含量减少，烯烃类、芳香烃类和酯类 BVOCs 相对含量增加，其中 F（FM）释放烯烃类 BVOCs 相对含量与其他叶、花和果相比含量最高（38.85%），主要释放成分为 α-蒎烯。

4.4.3.4　不同物候期梨叶、花和果释放 BVOCs 组分对比分析

如图 4-43 所示，梨叶、花和果以释放烷烃类、烯烃类、芳香烃

类、酯类、醛类和醇类 BVOCs 为主，这 6 种相对含量之和超过 80%，有 6 种共有成分为正十九烷、对薄荷-1（7），3-二烯、辛醛、天然壬醛、癸醛和壬烷-2-胺。

（1）随着树木的生长发育，叶片释放烷烃类 BVOCs 相对含量变化趋势为倒“V”形，表现为 L（FM）>L（FE）>L（DP）>L（LS），与其他物候期花和果释放烷烃类 BVOCs 相对含量相比 L（FM）仅少于果实，主要释放 2，2，4，6，6-五甲基庚烷。在 L（LS）~L（FM）期间，叶片释放芳香烃类 BVOCs 相对含量变化趋势与烷烃类 BVOCs 相反，且 L（LS）释放芳香烃类 BVOCs 相对含量与其他物候期叶、花和果相比含量最高，为 36.72%，以释放甲苯、萘和苯为主；L（FE）释放烯烃类 BVOCs 相对含量较高（30.74%），仅次于 F（FM），以释放罗汉柏烯和（1R）-（+）-α-蒎烯为主。

（2）F（BS）释放醇类 BVOCs 相对含量最高，为 32.68%，是其他物候期叶和果 2.5 倍以上，可知醇类相对含量高低排列为花>叶>果，以释放 2-乙基己醇为主。F（BS）释放烷烃类 BVOCs 和烯烃类 BVOCs 较多，均超过 20%。与其他物候期叶和果相比，F（BS）释放烷烃类 BVOCs 相对含量多于 L（FE）、L（LS）和 L（DP），释放的主要成分为正戊烷和 2，2，4，6，6-五甲基庚烷；F（BS）释放烯烃类相对含量多于 L（LS）和 L（FM）；F（BS）释放芳香烃类 BVOCs 较少，仅有 5.58%，主要释放成分为甲苯。

（3）随着果实营养物质的积累，F（FE）与 F（FM）相比，F（FM）释放烷烃类、烯烃类、酯类 BVOCs 相对含量缓慢上升，芳香烃类 BVOCs 相对含量缓慢下降。与其他物候期叶、花和果相比，F（FM）释放烷烃类和烯烃类 BVOCs 相对含量最高，分别为 39.90% 和 34.16%，各类别 BVOCs 主要释放成分为 2，2，4，6，6-五甲基庚烷和罗汉柏烯。

4.4.3.5 不同物候期山楂叶、花和果释放 BVOCs 组分对比分析

如图 4-43 所示，在不同物候期，山楂叶、花和果释放各类别 BVOCs 相对含量存在明显差异，有 8 种共有成分为 3-蒈烯、乙基苯、

邻伞花烃、邻苯二甲酸二丁酯、辛醛、天然壬醛、癸醛和苯乙酮。

（1）从展叶期到果实成熟期，叶片释放烷烃类 BVOCs 相对含量急剧上升，到落叶期出现明显下降，烷烃类 BVOCs 相对含量表现为 L（FM）>L（FE）>L（DP）>L（LS）。其中在不同物候期中，L（FM）释放烷烃类相对含量最高（39.96%），以释放 2，2，4，6，6-五甲基庚烷为主；芳香烃类则相反，其相对含量呈波动下降趋势，且在不同物候期中，L（LS）释放芳香烃类 BVOCs 相对含量最高，为 29.34%，主要释放 4-乙基间二甲苯、偏三甲苯和乙基苯；叶片释放烯烃类 BVOCs 相对含量变化趋势为倒“V”形，在 L（FE）达到最高峰值，为 39.65%，主要释放 3-蒈烯和罗汉柏烯。整体来看，烯烃类 BVOCs 相对含量叶>果>花；L（DP）释放酮类 BVOCs 相对含量最高（8.40%），是其他物候期叶、花和果的 3 倍以上，以释放 2-戊酮为主。

（2）F（FM）在不同物候期中拥有最高的醛类 BVOCs 相对含量，为 20.44%，以释放 3-甲基-1-戊醛、已醛和正戊醛为主；F（FM）释放酰胺类 BVOCs 相对含量最高，为 7.61%，是其他物候期叶和果的 1.4 倍以上，主要释放成分为二甲胺。在不同物候期叶、花和果中，F（FM）释放烯烃类和酯类 BVOCs 相对含量较高，分别为 30.75%和 10.82%，烯烃类 BVOCs 以释放 α-蒎烯和 3-蒈烯为主，酯类则是乙酸乙酯和 2-硝基丙酸乙酯；F（FM）释放芳香烃类 BVOCs 相对含量较少（9.39%），仅比 L（FE）和 L（DP）多，以释放甲苯和邻二甲苯为主。

（3）在果实发育过程中，与 F（FE）和 F（FM）相比，F（FM）释放烷烃类和烯烃类 BVOCs 相对含量增加，芳香烃类 BVOCs 相对含量下降，酯类和醛类 BVOCs 基本保持不变；F（FE）释放醇类 BVOCs 相对含量较高，为 14.24%，仅次于 L（LS），主要释放成分为 1，3-丁二醇和反-2-甲基环戊醇。

4.4.3.6　不同物候期枣叶、花和果释放 BVOCs 组分对比分析

如图 4-43 所示，不同物候期枣叶、花和果释放各类 BVOCs 相对含量差异较大。其中，烷烃类 BVOCs，均在 20%以上；除了 F

（FM）和L（DP），其余物候期的叶、花和果烯烃类相对含量均保持在25%左右；具有13种共有成分为2，2，4，6，6-五甲基庚烷、正十九烷、α-蒎烯、5-甲基壬-4-烯、（+）-花侧柏烯、4-乙基间二甲苯、乙酸乙酯、庚醛、辛醛、天然壬醛、癸醛、苯乙酮和庚胺醇。

（1）L（LS）与其他物候期叶、花和果相比，酯类BVOCs相对含量最高，为12.88%，以释放邻苯二甲酸二异丁酯和3，3，5-三甲基环己烷水杨酸酯为主；L（LS）释放醇类BVOCs相对含量最高，为17.24%，是其他物候期叶、花和果的1.7倍以上；随着树木的生长发育，叶片释放烷烃类BVOCs相对含量变化趋势为倒“V”形，在L（FE）达到最高峰值（41.42%），远超其他物候期叶、花和果，以释放2，2，4，6，6-五甲基庚烷为主；L（DP）释放酮类BVOCs相对含量最高，为19.85%，是其他物候期叶、花和果的3.43倍以上。

（2）除醇类和酮类BVOCs外，F（BS）与F（FE）各类BVOCs相对含量基本相同；F（BS）释放烷烃类BVOCs相对含量较高，为29.10%，高于F（FE）、L（DP）和L（LS），以释放2，2，4，6，6-五甲基庚烷为主；F（BS）释放烯烃类BVOCs相对含量较高，为28.52%，仅次于F（FE），主要释放成分为罗汉柏烯和α-蒎烯。

（3）在果实发育过程中，F（FE）与F（FM）相比，F（FM）释放烷烃类、芳香烃类和醛类BVOCs相对含量增加，烯烃类BVOCs相对含量下降，酯类和有机酸类BVOCs基本保持不变；F（FM）释放烷烃类BVOCs相对含量较高，为36.59%，仅次于L（FE）和L（FM），以释放2，2，4，6，6-五甲基庚烷为主；在不同物候期中，F（FE）释放烯烃类BVOCs最高，为29.25%，主要释放成分为α-蒎烯。

4.4.4 讨论

随着人们生活水平的不断提高，消费者对果实内在品质、香气品质的要求越来越高，而挥发性物质是香气产生的重要组成部分，是果实品质评价的重要指标（付丽宇等，2022）。目前对果实释放BVOCs研究主要通过顶空固相微萃取技术（HS-SPME）结合气质联用（GC-MS）检测其果实香气 BVOCs 成分，客观评价果实风味和商品价值，改良品种，培育出香味更受人喜爱的品种（慈志娟等，2022）。随着果实生长发育时期的变化，挥发性成分种类和数量也在不断地变化，一般在果实成熟期挥发性成分种类数量增加，但本书只有山楂和枣符合这一规律。本书中苹果、桃果、李果、梨果、山楂果和枣果主要释放烷烃类、烯烃类、芳香烃类、酯类和醛类 BVOCs。例如，杨文渊等（2022）采用 GC-MS 对‘金冠’苹果及优系（SGP-1）果实品质挥发性物质进行定性，BVOCs 主要由酯类、醇类、萜烯类等化合物组成，并具有已酸甲酯、2-甲基丁酸丙酯、丁酸乙酯这些成分，其结果与本书苹果释放 BVOCs 组成成分差异较大。胡哲辉等（2022）通过对定库尔勒香梨（*Pyrus sinkiangensis*）、雪花梨（*P. bretschneideri*）及黄冠梨（*P. bretschneideri*）研究发现，以醛类、萜烯类和脂肪酸类为主，其结果与本书苹果释放 BVOCs 组成成分差异较大。

在 BVOCs 中，烯烃类、酯类和醛类大多数具有提神醒脑，抗真菌、抵御虫害、抑菌、杀菌、抑癌、抗炎和增强免疫力的作用，应用于医药原料和香精香料合成等（李少宁等，2022b）。其香型主要表现为松柏香、药草香、玫瑰香、柑橘香、木香、果香、青香等，使人心情愉悦。例如，苹果叶释放有益 BVOCs 成分异佛尔酮，具有类似樟脑和薄荷香味（李少宁等，2022b）；李叶释放有益 BVOCs 成分二氢-β-紫罗兰酮，具有木香、花香和果香的混合香气，是桂花的特征 BVOCs，香气清甜浓郁（More and Bhat，2013）；李花和梨花中检测出的癸醛，具有类似柑橘的甜香，并能抑制黄曲霉菌增殖（Li et al.，2021b）。在城市林业生态经济系统构建时，侧重于选择有益 BVOCs 释放量高，香气宜人的树种，可应用在园林绿化中，以达到“芳香疗法”和“森林浴”的效果，帮助人们消除疲劳、缓解紧张情绪和改善睡眠质量。

本书研究发现，在自然状态下梨花释放有较多（1R）-（+）-α-蒎烯等萜类及天然壬醛等醛类 BVOCs，其香型以酯香、玫瑰香和醛香为主，树形优美，适合作为春季观花树种，其他花朵主要香型为坚果香和芳香族化合物香。但苹果花释放大量的芳香烃类 BVOCs，对人体有害，长期接触会引起疲劳、乏力、头痛、意识模糊和中枢神经抑郁（谯正林等，2021）。因此，苹果不适合在观花园中大量种植，但除10月外，苹果叶释放有益BVOCs的相对含量一般保持在20%以上，尤其在春季无花后（5月）一天中8:00和16:00苹果叶释放有益BVOCs相对含量超过70%，种类数量较为丰富，在这个时间点苹果林能达到类似于森林康养和森林浴的效果。从化学生态学角度来看，苹果叶释放的有益BVOCs在抑菌、消炎、抗氧化等方面有较高的应用前景。桃叶释放有益BVOCs与其类似，但在各个时间点有益BVOCs数量和相对含量较苹果叶更为稳定，康体保健效果优于苹果叶。

4.4.5 小结

在果实膨大期，果实释放的BVOCs共检测出12类305种，主要释放烷烃类、烯烃类、芳香烃类、醛类和醇类。烯烃类相对含量占比较大。其中苹果种类数量最多（106种），李果最少（79种）。14种共有BVOCs分别为2，2，4，6，6-五甲基庚烷、癸烷、正十九烷等。

苹果香型为酯香，果香和青草香混合型；桃果香型为酯香、青草香和果香混合型；李果香型为酯香、檀木香和果香混合型；梨果香型为酯香、檀木香、坚果香和芳香族化合物香混合型；山楂果香型为坚果香、芳香族化合物香和酯香混合型；枣果香型为酯香和果香混合型。

在果实成熟期，果实BVOCs共检测出12类275种，主要释放烷烃类、烯烃类、芳香烃类、酯类和醛类。释放类别数量桃果和枣果最多（11类），释放组分数量山楂果最多（113种）。15种共有BVOCs包括2，2，4，6，6-五甲基庚烷、2，6，10-三甲基十二烷、正十九烷等。

苹果香型为酯香、青草和香果香混合；桃果香型为果香、酯香和醛香混合；李果香型为酯香、果香和檀木香混合；梨果香型为檀木香、青草香、果香和酯香混合；山楂果香型为檀木香、酯香、柑橘香和果香混合；枣果香型为酯香和醛香混合。

在不同物候期，6 种经济林叶、花和果 BVOCs 均以释放烷烃类、烯烃类、芳香烃类、酯类、醛类和醇类为主，但各自成分、相对含量存在明显差异。苹果有 1 个共有成分为乙酸乙酯；桃有 3 个共有成分为乙酸乙酯、天然壬醛和苯乙酮；李有 4 个共有成分为正二十七烷、癸醛和正戊醛等；梨有 5 个共有成分为正十九烷、对薄荷-1（7），3-二烯、辛醛等；山楂有 8 个共有成分为 3-蒈烯、乙基苯、邻伞花烃等；枣有 13 个共有成分为 2，2，4，6，6-五甲基庚烷、正十九烷、α-蒎烯等。

经济林树种不仅能创造经济价值，而且释放的有益 BVOCs 能起到一定康体保健效果，通过对花朵和果实中香气 BVOCs 的鉴定可为发掘其药用价值和人工模拟调配香精或香水提供参考。

参考文献

安会敏，欧行畅，熊一帆，等，2020. 茉莉花茶挥发性成分在窨制过程中的变化研究［J］. 茶叶通讯，47（1）：67-74.

鲍春，孙圣坤，黄华，2017. 便携式环境空气 VOCs 现场快速分析仪的研制与应用［J］. 分析仪器（3）：1-8.

蔡志全，秦秀英，2005. 植物释放挥发性有机物（VOCs）的研究进展［J］. 生态科学（1）：86-90.

陈大华，叶和春，李国凤，等，2000. 植物类异戊二烯代谢途径的分子生物学研究进展［J］. 植物学报（6）：551-558.

陈洪萍，贾根锁，冯锦明，等，2014. 气候模式中关键陆面植被参量遥感估算的研究进展［J］. 地球科学进展，29（1）：56-67.

陈俊刚，2017. 森林植物排放挥发性有机物及对二次污染物生成的影响［D］. 北京：北京林业大学.

陈丽君，谢惠定，李玉鹏，等，2019. GC-MS 法分析冰糖橙皮挥发油中化学成分［J］. 亚太传统医药，15（12）：41-43.

陈霞，郭立春，刘海燕，2015. 金桂释放挥发性有机物的日动态分析［J］. 江苏林业科技，42（3）：6-11+16.

陈杨杨，2019. 梨不同品种果实挥发性芳香物质组成特性研究［D］. 南京：南京农业大学.

陈怡君，周泽敏，黎祖尧，2020. 樟树文化内涵及其在生态文明建设中的传承与发扬［J］. 中南林业科技大学学报：社会科学版，14（5）：14-19.

陈颖，史奕，何兴元，2009. 沈阳市四种乔木树种 BVOCs 排放特征［J］. 生态学杂志，28（12）：2410-2416.

陈友吾，沈建军，叶华琳，等，2015. 美国山核桃与山核桃叶片挥发性物质的比较和分析［J］. 浙江林业科技，35（2）：8-12.

陈云霞，薛晓明，史洪飞，等，2020. 4 种樟属木材 GC-MS 化学辅助鉴别研究［J］. 江苏农业科学，48（8）：202-207.

程灏旻，王维，罗卿，等，2021. 空气污染对人体健康的影响［J］. 化工设计通讯，47（1）：167-168.

慈志娟，田利光，刘笑宏，等，2022. 富士苹果香气物质的研究进展［J］. 中国果树，221（3）：1-5.

崔骁勇，赵广东，刘世荣，2002. 植物源异戊二烯及其生态意义［J］. 应用生态学报（4）：505-509.

邓小勇，2009. 深圳市常见芳香植物挥发性有机物释放特性研究［D］. 重庆：西南大学.

邓晓军，2005. 植物气味生物工程研究（Ⅱ）：植物挥发性萜类代谢分析及其调控［D］. 上海：中国科学院上海生命科学研究院.

董建华，2011. 白皮松挥发物释放规律及其对小白鼠自发行为的影响［D］. 北京：中国林业科学研究院.

范培珍，潘铖，王梦馨，等，2020. 内山六安瓜片4个等级茶叶香气的组成及其差异［J］. 茶叶科学，40（5）：665-675.

冯青，高群英，张汝民，等，2011. 3种百合科植物挥发物成分分析［J］. 浙江农林大学学报，28（3）：513-518.

扶巧梅，2012. 五种柏科植物精油对蚊虫的生物活性［D］. 长沙：中南林业科技大学.

付丽宇，李艳兰，张昭其，等，2022. 荔枝鲜果及其加工品香气物质研究进展［J］. 广东农业科学，49（8）：120-128.

高超，张学磊，修艾军，等，2019. 中国生物源挥发性有机物（BVOCs）时空排放特征研究［J］. 环境科学学报，39（12）：4140-4151.

高婷婷，孙洁雯，杨克玉，等，2015. SDE-GC-MS分析鲜山楂果肉中的挥发性成分［J］. 食品科学技术学报，33（3）：22-27.

高伟，谭国斌，洪义，等，2013. 在线质谱仪检测植物排放的挥发性有机物［J］. 分析化学，41（2）：258-262.

高岩，2005. 北京市绿化树木挥发性有机物释放动态及其对人体健康的影响［D］. 北京：北京林业大学.

高永生，金斐，朱丽云，等，2022. 植物精油及其活性成分的抗菌机理［J］. 中国食品学报，22（1）：376-388.

高媛，2019. 5种园林绿化树种 BVOCs 排放动态及其影响因素研究 [D]. 杨凌：西北农林科技大学.

苟艳，刘忠川，王刚刚，2017. 异戊二烯合成酶研究进展 [J]. 生物工程学报，33（11）：1802-1813.

关洪全，栗田启幸，大荒田素子，等，2003. 生姜食盐醋酸对食品污染菌的协同抗菌作用的研究 [J]. 中医药学刊，21（1）：119-120.

郭霞，2012. 云南省典型乔木植物挥发性有机物释放规律研究 [D]. 昆明：昆明理工大学.

郭霞，田森林，宁平，等，2012. 电子鼻测定植物挥发性有机物方法研究 [J]. 分析科学学报（4）：497-501.

郭媛，郭宝贝，张旭凤，等，2021. 梨花和油菜花挥发性气味物质的鉴定及差异分析 [J]. 中国农学通报，37（34）：71-76.

韩蔓，江汉美，马银宇，2019. HS-SPME-GC-MS 分析桑不同药用部位的挥发性成分 [J]. 中国现代中药，21（2）：169-172.

郝蕙玲，孙锦程，2011. 香茅醛对白纹伊蚊空间驱避作用的研究 [J]. 中华卫生杀虫药械，17（1）：26-28.

郝静梅，盛冉，孙志高，等，2017. 柠檬烯抗菌性研究进展 [J]. 食品与发酵工业，43（2）：274-278.

郝渊鹏，李静一，杨瑞，等，2020. 芳香植物精油的抗菌性及在动物生产中的应用 [J]. 植物学报，55（5）：644-657.

胡家栋，2019. 倍半萜类天然产物（+）-Cuparene、（+）-Tochuinyl acetate、Herbertenolide 和 Fissistigmatin 的全合成研究及生物活性评价 [D]. 杨凌：西北农林科技大学.

胡秋芳，2015. 纺织化学品甲胺类物质的气味研究 [D]. 北京：北京服装学院.

胡哲辉，刘园，王江波，等，2022. 3个品种梨香气感官品质与挥发性物质关联分析 [J]. 华中农业大学学报，41（4）：217-225.

花圣卓，陈俊刚，余新晓，等，2016. 温带典型森林树种的萜烯类化合物排放及其与环境要素的相关性 [J]. 林业科学，52（11）：19-28.

黄洛华，龙玲，陆熙娴，等，2001. 侧柏枝叶精油的化学组成与抗蚁性［J］. 林业科学研究（4）：416-420.

贾凌云，孙坤，冯汉青，等，2012. 呼吸作用对叶片光合作用和异戊二烯释放的影响［J］. 植物科学学报，30（2）：193-197.

贾潛，程超，田成，等，2019. 恩施山胡椒中挥发性成分的 GC-MS 分析［J］. 湖北民族学院学报：自然科学版，37（3）：241-244.

贾晓轩，2016. 北京地区银杏、红松纯林挥发性有机物释放研究［J］. 北京：中国林业科学研究院.

姜梦丽，2015. 芳冰鼻吸剂的制备及其对大鼠心脑关联性的研究［D］. 福州：福建中医药大学.

姜圆圆，2018. L-薄荷醇衍生物的合成及其抗抑郁，抗惊厥，催眠活性研究［D］. 长春：吉林农业大学.

金蕾，2020.‘微山红莲’和美洲黄莲花形态结构及花香成分分析研究［D］. 淮安：淮阴工学院.

井潇溪，2020. 北京市森林植物挥发性有机物排放研究［D］. 北京：北京林业大学.

李海梅，何兴元，王奎玲，等，2007. 沈阳城区五种乔木树种的光合特性［J］. 应用生态学报，8：1709-1714.

李继泉，金幼菊，沈应柏，等，2001. 环境因子对植物释放挥发性化合物的影响［J］. 植物学通报（6）：649-656+677.

李娟，2009. 侧柏和油松挥发物动态变化规律研究［D］. 北京：中国林业科学研究院.

李娟，王成，彭镇华，2010. 侧柏挥发物变化规律［J］. 东北林业大学学报，38（3）：52-56.

李娟，王成，彭镇华，等，2011. 侧柏春季挥发物浓度日变化规律及其影响因子研究［J］. 林业科学研究，24（1）：82-90.

李俊妮，2020. 近红外光谱技术在辛夷的综合性质量评价中的应用研究［D］. 广州：广东药科大学.

李坤，2015. 速生桉叶片 BVOCs 释放特性研究［D］. 南宁：广西大学.

李玲玉，GUENTHER A B，顾达萨，等，2020. 短期干旱胁迫对马尾松排放挥发性有机物的影响［J］. 中国环境科学，40（9）：3776-3780.

李平，贾红婕，靳毓，等，2016. 核桃分心木水提液易挥发性成分分析［J］. 食品科学，37（16）：142-148.

李少宁，陶雪莹，刘晨晨，等，2022a. 北京地区4种典型针叶树种释放有益挥发性有机物的组成及动态特征研究［J］. 西部林业科学，51（3）：1-10.

李少宁，陶雪莹，李绣宏，等，2022b. 植物释放有益挥发性有机物研究进展［J］. 生态环境学报，31（1）：187-195.

李树炎，徐晓燕，王林，等，2020. 茶树鲜叶和鲜花精油成分及清除DPPH自由基能力的比较［J］. 江苏农业科学，48（6）：184-188.

李双江，2019. 我国常见落叶果树BVOCs释放特征及变化动态［D］. 西安：西北大学.

李双江，袁相洋，李琦，等，2019. 12种常见落叶果树BVOCs排放清单和排放特征［J］. 环境科学，40（5）：2078-2085.

李庭树，莫仁高，雷智冬，等，2022. 鸡骨草不同提取部位体外抗肿瘤活性筛选［J］. 中国老年学杂志，42（19）：4755-4759.

李晓凤，焦慧，袁艺，等，2015. 雪松枝叶挥发性物质的化感作用及其化学成分分析［J］. 生态环境学报，24（2）：263-269.

李晓光，叶富强，徐鸿华，2001. 砂仁挥发油中乙酸龙脑酯的药理作用研究［J］. 华西药学杂志（5）：32-34.

梁利香，叶兆伟，陈利军，等，2017. 白花前胡地上部分挥发性成分对比［J］. 河南中医，37（2）：363-366.

梁水连，2021. 不同后熟方式对'巴西蕉'果实挥发性成分及关基因表达特性的影响［D］. 海南：海南大学.

林富平，2012. 桂花挥发性有机物释放动态及其对空气微生物的影响［D］. 杭州：浙江农林大学.

林静，简毅，骆宗诗，等，2018. 5种康养植物芬多精成分及含量研究［J］. 四川林业科技，39（6）：13-19.

林威，2019. 福州市园林植物BVOCs释放及其臭氧生成潜势对温度和光照的响应［D］. 福州：福建农林大学.

林威，赵振，赖金美，等，2019. 温度和光照对红花檵木和南天竹异戊二烯和单萜烯释放的影响 [J]. 环境科学学报，39 (9)：3126-3133.
林翔云，2007. 香料香精辞典 [M]. 北京：化学工业出版社.
林翔云，2013. 调香术 [M]. 3 版. 北京：化学工业出版社.
林翔云，王丽萍，林君如，等，2015. 自然界气味关系图 [J]. 香料香精化妆品 (1)：66-73.
刘彬，刘青华，周志春，等，2020. 马尾松 β-蒎烯合酶基因克隆以及对松材线虫侵染的响应 [J]. 林业科学研究，33 (6)：1-12.
刘东焕，赵世伟，施文彬，2016. 26 种园林植物对臭氧响应的研究 [C] //中国园艺学会观赏园艺专业委员会，国家花卉工程技术研究中心. 中国观赏园艺研究进展. 北京：中国林业出版社，2016：823-828.
刘俊，2017. 油茶林害虫植物源引诱剂研制 [D]. 长沙：中南林业科技大学.
刘荣家，2018. 杭州半山国家森林公园典型常绿阔叶树种及其混交林挥发性有机物释放研究 [D]. 北京：中国林业科学研究院.
刘树文，2009. 合成香料技术手册 [M]. 北京：中国轻工业出版社.
刘五梅，2012. 羟基脲衍生物体外抗肿瘤作用的初步研究 [D]. 南昌：南昌大学.
刘欣怡，王雅丽，王昊，等，2022. 4 种沉香树叶片挥发油化学成分 GC-MS 分析 [J]. 热带作物学报，43 (1)：196-206.
刘一博，2021. 植物花朵挥发物对蜜蜂吸引效应研究 [D]. 南昌：江西农业大学.
卢昌利，欧阳春平，王超军，等. 异佛尔酮合成技术研究进展 [J]. 广东化工，47 (13)：83-84+92.
吕铃钥，李洪远，杨佳楠，2015. 中国植物挥发性有机化合物排放估算研究进展 [J]. 环境污染与防治，37 (11)：83-89.
吕杨，2019. 3 种绿化树种的挥发物对小鼠行为的影响 [D]. 泰安：山东农业大学.
马卫华，李磊，武文卿，等，2018. 红富士苹果花挥发性成分分析

[J]. 中国农学通报，34 (15)：60-65.

马亚荣，杜勇军，李倩，等，2017. 山茱萸叶挥发性成分的 SHS-GC-MS 分段分析 [J]. 西北大学学报：自然科学版，47 (3)：401-413.

马志春，2015. 食醋中醋酸对食品指标微生物的作用研究 [J]. 食品安全导刊 (16)：30-32.

乜兰春，孙建设，陈华君，等，2006. 苹果不同品种果实香气物质研究 [J]. 中国农业科学，39 (3)：641-646.

牛彪，金川，梁剑平，等，2019. 三种植物精油化学成分分析及体外抑菌活性研究 [J]. 动物医学进展，40 (12)：18-23.

乔飞，丛汉卿，党志国，等，2015b. 山刺番荔枝叶片挥发性成分的 SPME-GC/MS 分析 [J]. 果树学报，32 (5)：929-933.

乔飞，江雪飞，丛汉卿，等，2015a. 杧果'汤米·阿京斯'香气特征分析 [J]. 热带农业科学，35 (12)：63-66.

乔飞，江雪飞，徐子健，等，2016.'阿蒂莫耶'番荔枝花期挥发性成分和香味特征分析 [J]. 果树学报，33 (12)：1502-1509.

谯正林，胡慧贞，鄢波，等，2021. 花香挥发性苯/苯丙素类化合物的生物合成及基因调控研究进展 [J]. 园艺学报，48 (9)：1815-1826.

郄光发，王成，彭镇华，2005. 森林生物挥发性有机物释放速率研究进展 [J]. 应用生态报 (6)：1151-1155.

邱珊莲，林宝妹，郑开斌，等，2022. 嘉宝果不同发育期花果叶的挥发性成分分析 [J]. 热带亚热带植物学报，30 (3)：423-433.

商天其，2018. 短时高温、CO_2 浓度倍增以及叶片生长阶段对香樟 (*Cinnamomum camphora*) 单萜释放和光合生理的影响 [D]. 杭州：浙江农林大学.

商天其，孙志鸿，2019. 香樟幼龄林不同叶龄叶片的光合特征和单萜释放规律 [J]. 应用与环境生物学报，25 (1)：89-99.

申慧珊，2019. 马铃薯方便粉丝调味料研制及其风味物质检测分析 [D]. 杨凌：西北农林科技大学.

申慧珊，2019. 马铃薯方便粉丝调味料研制及其风味物质检测分析

［D］. 杨凌：西北农林科技大学.
孙启祥，彭镇华，张齐生，2004. 自然状态下杉木木材挥发物成分及其对人体身心健康的影响［J］. 安徽农业大学学报，31（2）：158-163.
孙延军，张伟，王一钦，等，2019. 深圳地区8种常见生态公益林树种VOCs测定及其保健作用［J］. 林业与环境科学，35（2）：67-74.
田卫环，张蓓，2017. 4种不同产地青、红花椒挥发油成分及香气特征研究［J］. 香料香精化妆品（2）：7-11.
王金凤，周琦，陈卓梅，2022. 木荷枝叶挥发性有机物（VOCs）的季节差异及春季日变化［J］. 植物资源与环境学报，31（1）：53-60.
王举位，于新，裴淑玮，等，2011. 夏季油松排放单萜烯质量浓度日变化规律及其对O_3生成的影响［J］. 安全与环境学报，11（3）：119-123.
王君怡，2020. 北京地区8种典型景观树种释放挥发性有机物（BVOCs）动态变化特征研究［D］. 沈阳：沈阳农业大学.
王茜，2015. 福州旗山森林公园毛竹游憩林生态保健功能研究［D］. 北京：中国林业科学研究院.
王茜，任彬彬，张中霞，2019. 园林植物挥发物释放的影响机理［J］. 农村实用技术（8）：87-88.
王秋亚，景晓卉，2018. 花椒精油化学成分、提取方法及抑菌活性研究进展［J］. 中国调味品，43（12）：187-190+195.
王威，曹翠平，陈颖，等，2010. 棕榈酸诱导胰岛素瘤细胞MIN6细胞凋亡［J］. 基础医学与临床，30（4）：401-405.
王元成，张萌，周晓星，等，2022. 基于GC-MS的五种石斛花朵挥发性成分鉴定与差异性分析［J］. 林业科学研究，35（1）：132-140.
王志辉，张树宇，陆思华，等，2003. 北京地区植物VOCs排放速率的测定［J］. 环境科学，24（2）：7-12.
卫强，杨俊杰，2019. 安徽4地红豆杉叶中挥发油成分分析［J］. 淮海工学院学报：自然科学版，28（3）：26-31.
魏恬恬，臧姝，曾雨倩，等，2017. 植物单萜类化合物的代谢调控［J］. 扬州大学学报：农业与生命科学版，38（2）：122-126.
吴炳方，邢强，2015. 遥感的科学推动作用与重点应用领域［J］. 地球科学进展，30（7）：751-762.
吴静，2017. 花椒精油的提取工艺、化学成分分析与抗菌活性研究［D］. 合肥：合肥工业大学.
夏琪涵，2019. 植物 VOCs 有益成分的分子康养作用机理研究［D］. 杭州：浙江农林大学.
夏荃，鲍倩，梁家怡，等，2018. 岭南特色炮制工艺对枳壳挥发油成分的影响［J］. 中国实验方剂学杂志，24（5）：13-19.
谢绍东，张远航，唐孝炎，2000. 我国城市地区机动车污染现状与趋势［J］. 环境科学研究（4）：22-25+38.
谢小洋，2016. 西安市主要绿化树种 VOCs 组成及释放规律研究［D］. 杨凌：西北农林科技大学.
谢小洋，冯永忠，王得祥，等，2016. 5 种园林树木挥发性成分分析［J］. 西北农林科技大学学报：自然科学版，44（7）：146-153.
辛建创，刘丹，王趯，2013. 具抗病毒活性的金刚烷胺衍生物的研究进展［J］. 中国现代应用药学，30（5）：552-558.
熊皓平，何国庆，袁长贵，等，2004. 叶醇的研究进展［J］. 中国食品添加剂（6）：34-37+45.
熊唯琛，2020. 合欢花减轻对乙酰氨基酚诱导的急性肝损伤的有效成分及其作用机制研究［D］. 武汉：湖北中医药大学.
熊颖，吴雪茹，涂兴明，等，2009. 樟脑的药学研究进展［J］. 检验医学与临床，6（12）：999-1001.
徐晓俞，李程勋，李爱萍，等，2020. 栀子鲜花精油挥发性成分分析［J］. 福建农业科技（11）：12-19.
徐杨斌，冒德寿，王德懿，等，2018. 基于保留指数的 GC-TOF/MS 法分析缬草油中挥发性成分［J］. 香料香精化妆品（5）：1-5.
徐应文，吕季娟，吴卫，等，2009. 植物单萜合酶研究进展［J］. 生态学报，29（6）：3188-3197.

许金钗，刘建阳，徐桂花，等，2020. 香薰疗法联合愉快因子刺激对乳腺癌化疗患者焦虑及依从性的影响 [J]. 中国乡村医药，27（22）：11-12.

延芳芳，2012. 陆地生态系统碳通量观测方法的研究进展 [J]. 科技促进发展（s1）：158-159.

闫秋菊，王海鸥，朱华，等，2019. 冻干水蜜桃挥发性风味成分的变化及迁移 [J]. 食品与机械，35（7）：20-25.

阎秀峰，2001. 植物次生代谢生态学 [J]. 植物生态学报（5）：639-640，622.

杨克玉，李燕敏，黄佳，等，2016. 固相微萃取结合气-质联用分析侧柏叶中的挥发性成分 [J]. 化学研究与应用，28（4）：462-471.

杨水萌，2018. 十三种药用植物挥发性成分的 SHS/GC-MS 研究 [D]. 西安：西北大学.

杨伟伟，王成，郄光发，等，2010. 北京西山春季侧柏游憩林内挥发物成分及其日变化规律 [J]. 林业科学研究，23（3）：462-466.

杨文渊，谢红江，陶冶，等，2022. ‘金冠’苹果及优系（SGP-1）果实品质与挥发性物质比较分析 [J/OL]. 果树学报，139（12）：2277-2288.

姚贻烈，郑华，陆小峰，等，2015. 红树植物桐花树的自然挥发物组成及其应用评价 [J]. 安徽农业科学，43（6）：177-178+181.

袁亚丽，2019. 北亚热带东部地区园林阔叶树种 BVOCs 释放特性的研究 [D]. 杭州：浙江农林大学.

岳金方，朱立，贾爽，等，2018. 水蒸气法提取黑松松针挥发油及组分分析 [J]. 化工技术与开发，47（11）：37-40.

运方华，王连喜，安兴琴，等，2013. 结合气象模式与 GloBEIS 模式研究气象条件对 BVOCs 排放的影响 [J]. 南京信息工程大学学报：自然科学版，5（3）：236-243.

张福珠，苗鸿，鲁纯，1994. 落叶阔叶林释放异戊二烯的研究 [J]. 环境科学（1）：1-5+92.

张红，2021. 设施番茄花香气味对传粉蜂访花行为的调控作用 [D].

北京：中国农业科学院.
张继文，1997. 植物为什么释放异戊二烯［J］. 植物杂志（2）：47.
张倩，李洪远，贺梦璇，等，2018. 天津市常用绿化树种挥发性有机物排放潜力估算［J］. 环境科学研究，31（2）：245-253.
张树臣，叶金梅，1979. 对-伞花烃祛痰作用的研究［J］. 中国药学杂志，14（4）：152-154.
张薇，程政红，刘云国，等，2007. 植物挥发性物质成分分析及抑菌作用研究［J］. 生态环境（5）：1455-1459.
张文君，王颖，李慧冬，等，2020. 不同种间杂交梨果的 SPME-GC/MS 香气成分分析［J］. 食品工业科技，41（11）：251-260+266.
张晓燕，龚苏晓，王磊，等，2017. 六经头痛片中辛夷和细辛 GC 指纹图谱研究［J］. 中草药，48（20）：4203-4207.
赵学丽，舒钰，王丹，2019. 红松松针挥发油氨基酸组分及化合物成分［J］. 东北林业大学学报，47（6）：40-44.
赵颖，徐薇薇，王莹，等，2022. 石菖蒲抗癫痫药效物质及其机制研究进展［J］. 环球中医药，15（10）：1751-1758.
周琦，王金凤，徐永勤，等，2020. 樟树叶片挥发性有机物释放季节动态和日动态变化规律［J］. 广西植物，40（7）：1021-1032.
周小虎，2014. 龙脑对药物经皮渗透作用的影响［J］. 河南中医，34（1）：156-157.
祝婧，黄艺，袁恩，等，2019. “宽中除胀”功效关联的樟帮蜜麸枳壳饮片质量标志物（Q-marker）成分库预测分析［J］. 中草药，50（19）：4713-4728.
AGUILAR-ÁVILA D S，FLORES-SOTO M E，TAPIA-VÁZQUEZ C，et al.，2019. β-Caryophyllene，a natural sesquiterpene，attenuates neuropathic pain and depressive-like behavior in experimental diabetic mice［J］. Journal of Medicinal Food，22（5）：460-468.
BAI J，GUENTHER A B，TURNIPSEED A，et al.，2016. Seasonal variations in whole-ecosystem BVOC emissions from a subtropical bamboo plantation in China［J］. Atmospheric environment，124：

12-21.

BALDOCCHI D, GUENTHER A B, HARLEY P, et al., 1995. The Fluxes and Air Chemistry of Isoprene above a Deciduous Hardwood Forest [J]. Philosophical Transactions of the Royal Society of London A Mathematical and Physical Sciences, 350: 279296.

BANDYOPADHYAY D, GHOSAL N, 2016. Oleic acid, one of the major components of ethyl acetate partitioned fraction of aqueous extract of bark of Terminalia arjuna, protects against adrenaline induced myocardial injury in male albino rats [J]. Journal of Pharmacy Research, 10 (8): 543-565.

BORGES D G L, BORGES F A, 2016. Plants and their medicinal potential for controlling gastrointestinal nematodes in ruminants [J]. Nematoda, 3 (1): e92016.

BUSINGER J A, ONCLEY S P, 1990. Flux measurement with conditional sampling [J]. Journal of Atmospheric & Oceanic Technology, 7 (2): 349-352.

CALFAPIETRA C, FARES S, MANES F, et al., 2013. Role of Biogenic Volatile Organic Compounds (BVOCs) emitted by urban trees on ozone concentration in cities: A review [J]. Environmental Pollution, 183: 71-80.

CASER M, CHITARRA W, D'ANGIOLILLO F, et al., 2018. Drought stress adaptation modulates plant secondary metabolite production in Salvia dolomitica Codd [J]. Industrial Crops & Products, 129: 85-96.

CHEN W Q, XU B, MAO J W, et al., 2014. Inhibitory Effects of α-Pinene on Hepatoma Carcinoma Cell Proliferation [J]. Asian Pacific Journal of Cancer Prevention, 15 (7): 3293-3297.

CONSTABLE J V H, LITVAK M E, GREENBERG J P, 1999. Monoterpene emission from coniferous trees in response to elevated CO_2 concentration and climate warming [J]. Global Change Biology, 5 (3): 252-267.

DARINEE D K, WACHAREE L, 2015. Effect of citral on the cytotoxicity of doxorubicin in human B - lymphoma cell [J]. Pharmaceutical Biology, 53 (2): 262-268.

DONG Y, FU J, XU P, 1999. Research advance on essential oil of plant [J]. Henan for Science Technology, 19 (4) : 23-26.

DOWTHWAITE S V, FLAVORS T, LTD. F I C, 1999. Training the ABCs of perfumery [J]. Perfumer & Flavorist, 24: 31-45.

FALL R, HEWITT C N, 1999. Biogenic emissions of volatile organic compounds from higher plants [C] //In: Hewitt C N. Reactive Hydrocarbons in the Atmosphere [M]. New York : Academic Press.

FENG Z Z, YUAN X Y, FARES S, et al., 2019. Isoprene is more affected by climate drivers than monoterpenes: A meta - analytic review on plant isoprenoid emissions [J]. Plant, Cell & Environment, 42 (6): 1939-1949.

FUENTES J D, GU L, LERDAU M, et al., 2000. Biogenic hydrocarbons in the Atmospheric Boundary Layer : A review [J]. Bulletin of the American Meteorological Society, 81 (7) : 1537-1575.

FUENTES J D, WANG D, NEUMANN H H, et al., 1996. Ambient biogenic hydrocarbons and isoprene emissions from a mixed deciduous forest [J]. Journal of Atmospheric Chemistry, 25 (1) : 67-95.

GAO Y, JIN Y J, LI H D, et al., 2005. Volatile organic Compounds and their roles in bacteriostasis in five conifer species [J]. Journal of Integrative Plant Biology, 47 (4): 499-507.

GERON C, HARLEY P, GUENTHER A B, 2001. Isoprene emission capacity for US tree species [J]. Atmospheric Environment, 5 (19) : 3341-3352.

GERON CHRIS, REI R, ROBERT R A, et al., 2000. A review and synthesis of monoterpene speciation from forests in the United States [J]. Atmospheric Environment, 34 (11): 1761-1781.

GHELARDINI C, GALEOTTI N, MANNELLI L D C, et al., 2001. Local anaesthetic activity of β-caryophyllene [J]. Farmaco, 56 (5-

7): 387–389.

GUENTHER A B, HILLS A J, 1998. Eddy covariance measurement of iso–prene fluxes [J]. Journal of Geophysical Research: Atmospheres (1984–2012), 103 (D11) : 13145–13152.

GUENTHER A B, KARL T, HARLEY P, 2006. Estimates of global terres–trial isoprene emissions using MEGAN (Model of Emissions of Gases and Aerosols from Nature) [J]. Atmospheric Chemistry and Physics Discussions, 6 (1): 107–173.

GUENTHER A B, MONSON R K, Fall R, 1991. Isoprene and monoterpene emission rate variability : observations with eucalyptus and emission rate algorithm development [J]. Journal of Geophysical Research : Atmospheres, 96 (D6): 10799–10808.

GUENTHER A B, ZIMMERMAN P, WILDERMOTH M, 1994. Natural volatile Organic compound emission rate estimates for U. S woodland and Landscapes [J]. Atmospheric Environment (28): 1197–1210.

GUIDOLOTTI G, PALLOZZI E, GAVRICHKOVA O, et al., 2019. Emission of constitutive isoprene, induced monoterpenes, and other volatiles under high temperatures in Eucalyptus camaldulensis: A 13C labelling study [J]. Plant, Cell & Environment, 42 (6): 1929–1938.

GUZMÁN G, SILVIA L, BONILLA J H, et al., 2015. Linalool and β–pinene exert their antidepressant–like activity through the monoaminergic pathway [J]. Life Sciences, 128: 24–29.

GUZMÁN G, SILVIA L, GÁMEZ C R, et al., 2012. Antidepressant activity of Litsea glaucescens essential oil: Identification of β–pinene and linalool as active principles [J]. Journal of Ethnopharmacology, 143 (2): 673–679.

HAKOLA H, TARVAINEN V, LAURILA T, et al., 2003. Seasonal variation of VOC concentrations above a boreal coniferous forest [J]. Atmospheric Environment, 37 (12): 1623–1634.

HANSEN J S, NØRGAARD A W, KOPONEN I K, et al., 2016. Limonene and its ozone–initiated reaction products attenuate allergic lung inflammation in mice [J]. Journal of Immunotoxicology, 13 (6): 793-803.

HELMIG D, KLINGER L F, GUENTHER A B, 1999. Biogenic Volatile Organic Compound emissions (BVOCs) I. Identifications fromthree continental sites in the US [J]. Chemosphere, 38 (9): 2163-2187.

HOLST T, ARNETH A, HAYWARD S, et al., 2010. BVOC ecosystem fluxmeasurements at a high latitude wetland site [J]. Atmospheric Chemistry & Physics, 10: 1617-1634.

JANSON R W, 1993. Monoterpene emissions from Scots pine and NorwegianSpruce [J]. Journal of Geophysical Research, 98 (D2): 2839-2850.

KALIL D M, SILVESTRO L S, AUSTIN P N, 2014. Novel preoperative pharmacologic methods of preventing postoperative sore throat due to tracheal intubation [J]. Aana Journal, 82 (3): 188-197.

KARL T, MISZTAL P K, JONSSON H H, et al., 2013. Airborne Flux Measurements of BVOCs above Californian Oak Forests : Experimental Investigation of Surface and Entrainment Fluxes, OH Densities, and Damköhler Numbers [J]. Journal of the Atmospheric Sciences, 70 (10): 3277-3287.

KELLY C, PAUL I P, ROBERT J D, et al., 2000. Satellite observations of formaldehyde over North America from GOME [J]. Joursnal of Geophysical Research, 27: 3461-3464.

KHEDIVE E, SHIRVANY A, ASSAREH M H, et al., 2017. In situ emission of bvocs by three urban woody species [J]. Urban Forestry & Urban Greening, 21: 153-157.

KIM D S, LEE H J, JEON Y D, et al., 2015. Alpha-pinene exhibits anti-inflammatory activity through the suppression of MAPKs and the NF-κB pathway in mouse peritoneal macrophages [J]. The American Journal of Chinese medicine, 43 (4): 731-742.

KIM J C, 2001. Factors controlling natural VOC emissions in a southeastern US pine forest [J]. Atmospheric Environment, 35

(19): 3279-3292.

KLINGER L F, LI Q, GUENTHER A B, et al., 2002. Assessment of volatile organic compound emissions from ecosystems of China [J]. Journal of Geophysical Research: Atmospheres (107): 1-21.

KONIG G, BRUNDA M, PUXBANM H, 1995. Relative contribution of oxygenated hydrocarbons to the total biogenic VOC emissions of selected Mid-European agriculture and natural plant species [J]. Atmospheric Environment, 29 (8): 861-874.

KOSTAS T, MARIA K, 2002. Importance of volatile organic compounds photochemistry over a forested area incentral Greece [J]. Atmospheric Environment (36): 3137-3146.

KUZMA J, FALL R, 1993. Leaf isoprene emsission rate is dependent on leaf development and the level of isoprene syntheses [J]. Plant Physiology, 101: 435-440.

LERDAU M, GERSHENZON J, 1997. Allocation in plants and animals [J]. San Diego: Academic press.

LEUNG D Y C, WONG P, CHEUNG B K H, et al., 2010. Improved land cover and emission factors for modeling biogenic volatile organic compounds emissions from Hong Kong [J]. Atmospheric Environment, 44 (11): 1456-1468.

LI Q, KLINGER L F, 2000. The correlation between the volatile organic compound emissions and the vegetation succession of the ecosys-tems in different climatic zones of China [J]. Acta Botanica Sini-ca, 43 (10): 1065-1071.

LI Q, ZHU X, XIE Y, et al., 2021a. Antifungal properties and mechanisms of three volatile aldehydes (octanal, nonanal and decanal) on Aspergillus flavus [J]. Grain & Oil Science & Technology, 4 (3): 131-140.

LI S J, YUAN X, XU Y, et al., 2021b. Biogenic volatile organic compound emissions from leaves and fruits of apple and peach trees during fruit development [J]. Journal of Environmental Sciences, 108

(2): 152-163.

LIU J, CHEN B, SUN X, 2005. Inhibitory effect of potential metastasis in SGC-7901 cells induced by β-ionone [J]. Journal of Hygiene Research, 34 (4): 435-438.

LIU J, CHEN B, YANG B, et al., 2004a. Apoptosis of human gastric adenocarcinoma cells induced by β-ionone [J]. World Journal of Gastroenterology, 10 (3): 348-351.

LIU J, YANG B, CHEN B, et al., 2004b. Inhibition of β-ionone on SGC-7901 cell proliferation and upregulation of metalloproteinases-1 and -2 expression [J]. World Journal of Gastroenterology, 10 (2): 167-171.

LUN X, LIN Y, CHAI F, et al., 2020. Reviews of emission of biogenic volatile organic compounds (BVOCs) in Asia [J]. Journal of Environmental Sciences, 95 (9): 266-277.

MENG X, LIAO S, WANG X, et al., 2014. Reversing P-glycoprotein mediated multidrug resistance in vitro by α-asarone and β-asarone, b ioactive cis-trans isomers from *Acorus tatarinowii* [J]. Biotchnology Letters, 36 (4): 685-691.

MOCHIZUKI T, TANI A, TAKAHASHI Y, et al., 2014. Longterm measure-ment of terpenoid flux above a Larixkaempferi forest using a relax-ed eddy accumulation method [J]. Atmospheric Environment, 83: 53-61.

MORE G P, BHAT S V, 2013. Facile lipase catalysed syntheses of (S)-(+)-4-hydroxy-β-ionone and (S)-(+)-4-hydroxy-β-damascone: chiral flavorants and synthons [J]. Tetrahedron Letters, 54 (32): 4148-4149.

OGATA J, MINAMI K, HORISHITA T, et al., 2005. Gargling with sodium azulene sulfonate reduces the postoperative sore throat after intubation of the trachea [J]. Anesthesia & Analgesia, 101 (1): 290-293.

ORHAN I K, PELI E, ASLAN M, et al., 2006. Bioassay-guided

evaluation of anti - inflammatory and antinociceptive activities of pistachio, Pistacia vera L [J]. Journal of Ethnopharmacology, 105 (1-2): 235-240.

OWEN S M, BOISSARD C, HEWITT C N, 2001. Volatile organic compounds emitted from 40 Mediterranean plant species [J]. Atmospheric Environment (5): 5393-5409.

PADHY P, VARSHNEY C, 2005. Emission of volatile organic compounds (VOC) from tropical plant species in India [J]. Chemosphere, 59 (11): 1643-1653.

PARASCHOS S, MAGIATIS P, GOUSIA P, et al., 2011. Chemical investigation and antimicrobial properties of mastic water and its major constituents [J]. Food Chemistry, 129 (3): 907-911.

PENUELAS J, LIUSIA J, 2003. BVOCs: plant defense against climate warming [J]. Trends in Plant Science, 8 (3) : 105-109.

PIO C A, 2005. Diurnal and seasonal emissions of volatile organic compounds from cork oak (*Quercus suber*) trees [J]. Atmospheric Environment, 39: 1817-1827.

RADWAN A, KLEINWÄCHTER M, SELMAR D, 2017. Impact of drought stress on specialised metabolism: biosynthesis and the expression of monoterpene synthases in sage (*Salvia officinalis*) [J]. Phytochemistry, 141: 20-26.

RAJENDRAN J, PACHAIAPPAN P, SUBRAMANIYAN S, 2019. Dose-dependent chemopreventive effects of citronellol in DMBA - induced breast cancer among rats [J]. Drug Development Research, 80 (1): 1-10.

RE L, BAROCCI S, SONNINO S, et al., 2017. Linalool modifies the nicotinic receptor - ion channel kinetics at the mouse neuromuscular junction [J]. Pharmacological Research, 2000, 42 (2): 177-182.

REIS D, JONES T. 2017. Aromatherapy: Using essential oils as a supportive therapy [J]. Clinical Journal of Oncology Nursing, 21 (1): 16-19.

SIMON V, LUCHETTA L, TORRES L, 2001. Estimating the emission of volatile organic compounds (VOC) from the French forest ecosystem [J]. Atmospheric Environment, 35: 115-126.

SMITH D, 2011. Direct, rapid quantitative analyses of BVOCs using SIFT-MS and PTR-MS obviating sample collection [J]. Trends in Analytical Chemistry, 30 (7): 945-959.

STREET R A, OWEN S, DUCKHAM S C, et al, 1997. Effect of habitat and age on variations in volatile organic compound (voc) emissions from Quercus ilex and *Pinus pinea* [J]. Atmospheric Environment, 31 (1): 89-100.

THE ROYAL SOCIETY, 2008. Ground-level ozone in the 21st century: future trends, impacts and policy implications [M]. London: Franziska Hinz.

TZITZIKALAKI E, KALIVITIS N, KOUVARAKIS G, et al., 2015. Observations of ambient monoterpenes at a costal site in the East Mediterranean [J]. Geophysical Research Abstracts, 17: 13326.

WENT F W, 2006. Organic matter in the atmosphere, and its possiblerelation to petroleum formation [J]. Proceedings of the National A-cademy of Sciences of the United States of America, 1960, 46 (2): 212.

YATAGAI M, HONG Y, 2011. Chemical Composition of the Essential Oil of Pinus massoniana Lamb [J]. Taylor & Francis Group, 9 (4): 485-487.

ZANNONI N, GROS V, LANZA M, 2015. OH reactivity and concen-trations of Biogenic Volatile Organic Compounds in a Mediterra-nean forest of downy oak trees [J]. Atmospheric Chemistry & Physics Discussions, 15 (16): 22047-22095.

ZHOU D, WANG Z, LI M, et al., 2018. Carvacroland eugenol effectively inhibit Rhizopus stolonifer and control postharvest soft rot decay in peaches [J]. Journal of Applied Microbiology, 124 (1): 166-178.